MATTHES & SEITZ BERLIN
PAPER·BACK

Peter Godfrey-Smith

DER KRAKE, DAS MEER UND DIE TIEFEN URSPRÜNGE DES BEWUSSTSEINS

Aus dem Englischen von Dirk Höfer

Matthes & Seitz Berlin

Gewidmet all denen, die sich für den Schutz der Ozeane einsetzen

Das Bedürfnis nach Kontinuität hat sich in weiten Bereichen der Wissenschaft als von wahrhaft prophetischer Kraft erwiesen. Wir sollten uns deshalb ernsthaft mit jeder Möglichkeit auseinandersetzen, die Heraufkunft des Bewusstseins in einer Weise zu erwägen, die es *nicht* als den Einbruch einer neuen, bis dahin nicht existenten Natur in das Universum erscheinen lässt.

William James, *The Principles of Psychology*, 1890

Nach hawaiianischer Auffassung ist das Drama der Schöpfung in verschiedene Stadien unterteilt ... Zunächst entstehen die niedrigen Zoophyten und Korallen, auf diese folgen die Würmer und Schalentiere, wobei offenbar jede Art ihre Vorläufer in einem Existenzkampf, in dem der Stärkste überlebt, überwältigt und zerstört. Gleichzeitig mit dieser Evolution der tierischen Lebensformen beginnt sich auf dem Land und im Meer pflanzliches Leben zu etablieren - erst in Form von Algen, auf die Seetang und Binsen folgen. Art folgt auf Art, und mit dem sich ansammelnden Schleim ihres Verfalls hebt sich das Land aus dem Wasser, in welchem, einsamer Überlebender einer einstigen Welt, der Krake, dies alles betrachtend, schwimmt.

Roland Dixon, *Oceanic Mythology*, 1916

Inhalt

1
Begegnungen auf dem Stammbaum des Lebens

Zwei Begegnungen und eine Verzweigung

An einem Frühlingsmorgen des Jahres 2009 warf Matthew Lawrence irgendwo inmitten einer blauen Meeresbucht an der Ostküste Australiens den Anker seines kleinen Boots aus und sprang über Bord. Mit einem Tauchgerät auf dem Rücken ging er unter Wasser an die Stelle, wo sein Anker lag, hob ihn auf und wartete. Die auf dem Wasser herrschende Brise erfasste das Boot, das ins Treiben geriet, und Matt folgte, den Anker in der Hand.

Die Bucht ist bekannt für ihre guten Tauchgründe, aber für gewöhnlich suchen die Taucher nur einige wenige spektakuläre Stellen auf. Angesichts der Größe der Bucht, die zudem ziemlich ruhig ist, hatte Matt, ein in der Nähe lebender Tauchenthusiast, mit einem Programm zur Unterwassererkundung begonnen. Er ließ das leere Boot über sich von der Brise forttragen, bis sich sein Luftvorrat dem Ende neigte und er dem Ankertau entlang wieder nach oben schwamm. Als er auf einem seiner Tauchgänge über ein flaches und sandiges, mit Kammmuscheln übersätes Gebiet streifte, stieß er auf etwas Ungewöhnliches. Rund um eine Art einzelnen Felsbrocken herum hatte sich ein Haufen leerer Muschelschalen - es waren Tausende - angelagert. Auf dem Muschelbett befanden sich Kraken, etwa ein Dutzend, jeder in einer flachen ausgehobenen Mulde. Matt ließ sich hinabsinken und verweilte in ihrer Nähe. Die Kraken waren so groß wie Fußbälle, manche auch etwas kleiner. Ihre Arme hatten sie unter den Körper geschlagen. Meistens waren sie braungrau, doch sie wechselten jeden Moment ihre Farbe. Sie besaßen große Augen, die denen des Menschen gar nicht so unähnlich sind, wären da nicht die dunklen horizontalen Pupillen gewesen - auf die Seite gekippte Katzenaugen.

Die Kraken beobachteten Matt und behielten sich auch gegenseitig im Auge. Ein paar begannen umherzuwandern. Sie hievten sich aus ihren Höhlen und bewegten sich schlurfend und im Schlendergang über das Muschelbett. Meistens gab es keine Reaktion von den anderen, gelegentlich aber verknäuelten sich zwei der Tiere in einem vielarmigen Ringkampf. Offenbar waren die Kraken einander weder freundlich noch feindlich gesonnen, sondern schienen in komplizierter Weise zusammenzuleben. Und als ob die Szene nicht schon eigenartig genug gewesen wäre, lagen unzählige Babyhaie, jeder etwa 15 Zentimeter lang, ruhig auf den Muscheln, während die Kraken um sie herumstrichen.

Ein paar Jahre zuvor schnorchelte ich in einer anderen bei Sydney gelegenen Bucht, einer Stelle voller Felsbrocken und Riffe. Unter einem Vorsprung sah ich, wie sich etwas bewegte, etwas überraschend Großes, und ich tauchte hinab, um es mir anzusehen. Was ich dann sah, sah aus wie ein an eine Schildkröte gehefteter Krake. Das Tier besaß einen flachen Körper, einen markanten Kopf und acht Arme, die direkt aus dem Kopf kamen. Die Arme waren beweglich und mit Saugnäpfen ausgestattet, in etwa so wie die Arme eines Kraken. Sein Rücken war von einer Art Rock gesäumt, ein paar Zentimeter breit, der sich sanft bewegte. Das Tier schien alle Farben gleichzeitig anzunehmen - rot, grau, blaugrün. Die Muster kamen und gingen in Sekundenbruchteilen. Zwischen den Farbflecken zogen sich, glühenden Stromleitungen gleich, Silberadern. Das Tier schwebte eine Handbreit über dem Meeresboden und kam dann näher, um mich anzusehen. Wie ich bereits von oben an der Wasseroberfläche vermutet hatte, war diese Kreatur groß - einen knappen Meter lang. Die Arme wanderten in alle Richtungen, die

Farben kamen und gingen, und das Tier bewegte sich vor und wieder zurück.

Es handelte sich um eine Riesensepia. Die Sepien oder echten Tintenfische sind Verwandte der Kraken. Noch enger verwandt sind sie mit den Kalmaren. Diese drei - Kraken, Sepien und Kalmare - sind Mitglieder der Kopffüßer oder Cephalopoden. Eine weitere bekannte Gruppe der Kopffüßer sind die Perlboote, Schalentiere, die in den Tiefen des Pazifiks vorkommen und sich in ihrer Lebensweise deutlich von den Kraken und ihren Vettern unterscheiden. Kraken, Sepien und Kalmaren ist darüber hinaus eines gemeinsam: Sie besitzen ein großes und komplexes Nervensystem.

Ich tauchte wiederholt hinab, hielt die Luft an, um das Tier zu beobachten. Schon bald war ich erschöpft, zögerte aber zugleich, davon abzulassen, da die Kreatur an mir ebenso interessiert schien, wie ich an ihr (an ihm?). Das war meine erste Erfahrung mit einem Aspekt dieser Tiere, der mich seither nicht mehr losgelassen hat - das Gefühl gegenseitigen Interesses, das man mit ihnen erleben kann. Sie betrachten einen eingehend, halten dabei für gewöhnlich Distanz, häufig jedoch nicht allzu sehr. Manchmal, wenn ich einer Riesensepia sehr nahe kam, streckte sie einen Arm aus, nur ein paar Zentimeter, um den meinen zu berühren. Gewöhnlich erfolgte bloß eine Berührung, dabei blieb es. Kraken hingegen zeigen ein stärkeres taktiles Interesse. Wenn man vor ihrer Höhle sitzt und eine Hand ausstreckt, strecken sie häufig ein oder zwei Arme aus, zunächst zur Erkundung und dann, absurd genug, um dich in ihren Unterschlupf zu ziehen. Zweifellos handelt es sich dabei meistens um den allzu ehrgeizigen Versuch, dich zu einer Mahlzeit zu machen. Kraken sind aber, wie nachgewiesen wurde, auch an Gegenständen interessiert, von denen sie ziemlich genau wissen, dass sie sie nicht fressen können.

Um solche Begegnungen zwischen Menschen und Kopffüßern zu verstehen, müssen wir an ein genau entgegengesetztes

Ereignis zurückgehen, an ein Auseinandergehen, eine Verzweigung. Die Verzweigung fand lange vor diesen Begegnungen statt, gut 600 Millionen Jahre früher. Sie hatte mit im Ozean lebenden Tieren zu tun. Niemand weiß, wie diese Tiere im Detail ausgesehen haben. Vielleicht hatten sie die Gestalt kleiner, abgeflachter Würmer. Sie mögen lediglich ein paar Millimeter lang gewesen sein, vielleicht auch etwas größer. Möglicherweise schwammen sie über den Meeresboden, oder sie krochen, vielleicht auch beides. Sie mögen einfache Augen besessen haben, zumindest aber wohl lichtempfindliche Flecken auf beiden Seiten. Wenn dem so war, wird es nicht viel mehr gegeben haben, was auf Kopf und Schwanz hingewiesen hätte. Sie besaßen ein Nervensystem. Die Nerven mögen sich netzförmig über den ganzen Körper verteilt haben, vielleicht haben sie sich sogar stellenweise zu einem kleinen Gehirn verdichtet. Was diese Tiere gefressen und wie sie sich fortgepflanzt haben – all das ist unbekannt. Aber sie besaßen ein Merkmal, das aus evolutionärer Sicht von großem Interesse ist, ein Merkmal, das nur rückblickend sichtbar wird. Diese Kreaturen waren die letzten gemeinsamen Vorfahren der Säugetiere und der Kopffüßer, der Kraken und uns selbst. Sie sind die letzten gemeinsamen Vorfahren im Sinne von die *jüngsten*, die letzten in einer Reihe.

Die Geschichte der Tiere hat die Form eines Baums. Aus einer einzigen Wurzel entspringt, wenn wir dem Entwicklungsprozess in der Zeit folgen, eine Reihe von Abzweigungen. Eine Art spaltet sich in zwei Arten auf und diese beiden Arten spalten sich wiederum auf – falls sie zuvor nicht aussterben. Wenn sich eine Art aufspaltet und beide Seiten überleben und sich wiederholt spalten, entwickeln sich womöglich zwei oder mehr Gruppierungen von Arten, wobei sich die einzelnen Gruppen von den anderen jeweils so stark unterscheiden, dass sie mit einem Familiennamen – *Säugetiere*, *Vögel* – abgehoben werden können. Die gewaltigen Unterschiede zwischen heute lebenden Tieren – etwa zwischen Käfern und Elefanten - haben ihren Ursprung in diesen winzigen, unbedeutenden Aufspaltungen, die vor vielen Millionen Jahren eingetreten sind. Eine Verzweigung erfolgte, und es bildeten sich zwei neue Gruppen von Organismen, eine auf jeder Seite, die sich anfangs noch glichen, sich seither aber unabhängig entwickelten. Stellen Sie sich einen Baum vor, der von Weitem gesehen eine auf dem Kopf stehende dreieckige oder konische Form aufweist und in seinem Inneren äußerst unregelmäßig ist - etwa in dieser Art:

Stellen Sie sich nun vor, Sie sitzen oben auf dem Baum und schauen hinunter. Sie sitzen ganz oben, weil sie heute leben (nicht weil sie höherstehend sind) und um Sie herum befinden sich all die anderen Organismen, die es momentan auf der Welt gibt. In Ihrer Nähe befinden sich Ihre heute lebenden Cousins und Cousinen, etwa Schimpansen und Katzen. Wenn Sie in horizontaler Linie über den Baumwipfel blicken, sehen Sie, etwas weiter weg, jene Tiere, mit denen Sie entfernter verwandt sind. Der vollständige *Stammbaum* des Lebens enthält auch Pflanzen, Bakterien, Protozoen und anderes mehr, wir wollen uns hier aber auf die Tiere beschränken. Wenn Sie nun nach unten in Richtung Wurzel schauen, sehen Sie Ihre Vorfahren, sowohl die aus jüngerer Zeit als auch die weit zurückliegenden. Für jede paarweise Anordnung von heute lebenden Tieren (Sie und ein Vogel, Sie und ein Fisch, ein Vogel und ein Fisch) lassen sich den Baum abwärts zwei Abstammungslinien verfolgen, die an einem bestimmten Punkt bei einem gemeinsamen Vorfahren, einem Vorfahren beider Tiere, zusammentreffen. Auf diesen gemeinsamen Vorfahren wird man stoßen, wenn man ein kurzes oder auch ein längeres Stück den Baum abwärts geht. Bei Mensch und Schimpanse gelangen wir relativ schnell zu einem gemeinsamen Vorfahren, der etwa vor sechs Millionen Jahren gelebt hat. Bei sehr unterschiedlichen Paarungen - etwa Mensch und Käfer - müssen wir die Abstammungslinien viel weiter nach unten verfolgen.

Wenn Sie, im Baum sitzend, ihre näheren und entfernteren Verwandten überblicken, richten Sie ihr Augenmerk auf eine besondere Gruppe, auf jene Tiere, die wir gewöhnlich für klug halten, also die mit den großen Gehirnen, die ein komplexes und flexibles Verhalten an den Tag legen. Neben dem Menschen werden dazu mit Sicherheit Schimpansen und Delfine, aber auch Hunde und Katzen gehören. Auf dem Baum befinden sich all diese Tiere in Ihrer Nähe. Von einem evolutionären Standpunkt aus betrachtet, sind sie Ihre näheren Verwandten. Um diese Übung richtig durchzuführen, sollten wir auch Vögel mit einschließen. Zu den wichtigsten Entwicklungen in der Tierpsychologie der letzten Jahrzehnte gehörte die Einsicht, dass auch Krähen und Papageien überaus intelligent sind. Dabei handelt es sich zwar nicht um Säugetiere, aber als Wirbeltiere stehen sie uns noch immer recht nahe, wenn auch nicht so nahe wie Schimpansen. Nun, da wir all diese Vögel und Säugetiere zusammengesammelt haben, ergibt sich die Frage, wie ihr jüngster gemeinsamer Vorfahre ausgesehen und wann er gelebt haben mag. Wenn wir also den Baum hinabblicken, dorthin, wo sich ihre Abstammungslinien vereinigen, welche Lebensform werden wir dort vorfinden?

Die Antwort: ein eidechsenähnliches Tier. Es lebte ungefähr vor 320 Millionen Jahren, kurz vor dem Zeitalter der Dinosaurier. Dieses Tier besaß eine Wirbelsäule, war von mittlerer Größe und an das Leben an Land angepasst. Seine Architektur war mit vier Gliedmaßen, einem Kopf und einem Skelett der unseren nicht unähnlich. Es wanderte umher, nutzte ähnliche Sinnesorgane wie wir und verfügte über ein gut entwickeltes Zentralnervensystem.

Nun wollen wir den gemeinsamen Vorfahren finden, der diese erste Tiergruppe, zu der wir selbst gehören, mit dem Kraken verbindet. Um auf dieses Tier zu stoßen, müssen wir die Äste viel weiter nach unten klettern. Wir entdecken es 600 Millionen Jahre vor unserer Zeit, es ist jene wurmähnliche Kreatur, die ich bereits beschrieben habe.

Der nötige Sprung zurück in der Zeit ist beinahe doppelt so groß wie der Schritt, den wir unternehmen mussten, um den gemeinsamen Vorfahren von Vögeln und Säugetieren zu finden. Der Vorfahre von Mensch und Krake lebte zu einer Zeit, als noch kein Organismus das Land betreten hatte und die größten Tiere – neben ein paar Kuriositäten, die ich im nächsten Kapitel besprechen werde – wahrscheinlich Schwämme und Quallen waren.

Nehmen wir an, wir sind auf genau dieses Tier gestoßen, sodass wir nun den Aufbruch, die Verzweigung, im Moment ihres Geschehens betrachten können. In einem trüben Ozean (auf dem Meeresboden oder in der Wassersäule) beobachten wir unzählige solcher Würmer und wie sie leben, sterben und sich fortpflanzen. Aus Gründen, die wir nicht kennen, spalten sich, herbeigeführt durch eine Häufung von zufälligen Veränderungen, einige von den übrigen ab und beginnen eine andersgeartete Lebensweise. Im Laufe der Zeit entwickeln ihre Nachfahren unterschiedliche Körper. Die beiden Seiten der Verzweigung spalten sich immer weiter auf, und schon bald blicken wir nicht nur auf zwei verschiedene Ansammlungen von Würmern, sondern auf zwei gewaltige Äste des evolutionären Stammbaums.

Von dieser im Wasser stattfindenden Spaltung führt ein Pfad zu unserem Ast auf dem Stammbaum. Er führt unter anderem zu den Wirbeltieren und innerhalb dieser zu den Säugetieren und schließlich zu den Menschen. Der zweite Pfad führt zu einem breiten Spektrum von Wirbellosen, darunter Krebse, Bienen und ihre

Verwandten, verschiedene Arten von Würmern, und zu den Weichtieren, der Gruppe, zu der Kammmuscheln, Austern und Schnecken gehören. Der Ast beherbergt nicht alle Tiere, die gemeinhin zu den Wirbellosen gezählt werden, aber auf ihm sitzen mit den Spinnen, den Hundertfüßern, den Jakobsmuscheln, den Faltern die bekanntesten.

Auf diesem Ast sind, von Ausnahmen abgesehen, die meisten Tiere ziemlich klein, und sie besitzen nur ein kleines Nervensystem. Manche Insekten und Spinnentiere bilden äußerst komplexe, insbesondere soziale Verhaltensweisen aus, sie verfügen aber dennoch nur über kleine Nervensysteme. So sieht es im Allgemeinen auf diesem Ast aus, mit einer Ausnahme, den Kopffüßern. Diese stellen eine Untergruppe der Weichtiere dar; sie sind also mit den Muscheln und Schnecken verwandt, entwickelten jedoch ein großes Nervensystem und die Fähigkeit zu einem Verhalten, das sich von dem anderer Wirbelloser stark unterscheidet. Dieses komplexe Verhalten entwickelten sie auf einem evolutionären Pfad, der sich von dem unseren völlig unterscheidet. In einem Ozean von wirbellosen Tieren bilden Kopffüßer eine Insel mentaler Komplexität. Weil unser jüngster gemeinsame Vorfahr so einfach gebaut war und so weit in der Zeit zurückliegt, sind die Kopffüßer ein unabhängiges Experiment der Evolution großer Gehirne und komplexer Verhaltensweisen. Wenn wir mit den Kopffüßern als fühlenden Wesen Kontakt aufnehmen können, dann nicht aufgrund einer gemeinsamen Geschichte oder eines Verwandtschaftsverhältnisses, sondern weil die Evolution den Geist zweimal erfunden hat. Wahrscheinlich werden wir der Erfahrung, einem intelligenten Alien zu begegnen, nie näher kommen.

~ Übersicht

Zu den klassischen Problemen meines Fachs, der Philosophie, gehört das Verhältnis von Geist und Materie. Wie fügen sich

Empfindung, Intelligenz und Bewusstsein in die materielle Welt? So gewaltig dieses Problem auch ist, in diesem Buch möchte ich der Lösung einen Schritt näher kommen. Ich nehme mich des Problems an, indem ich einem evolutionären Pfad folge; ich möchte wissen, wie Bewusstsein aus jenen Ausgangsmaterialien entstehen konnte, die in Lebewesen vorkommen. Vor sehr langer Zeit gehörten Tiere zu den vielen verschiedenen unregelmäßigen Zellhaufen im Meer, die damit begonnen hatten, in Verbänden zu leben. Doch einige von ihnen haben in der Folge eine besondere Lebensweise angenommen. Sie schlugen einen Weg ein, der ihnen zu Mobilität und Aktivität verhalf, ihnen Augen und Fühler wachsen ließ und ihnen Mittel verlieh, Gegenstände in ihrer Umgebung zu manipulieren. Sie entwickelten das Kriechen der Würmer, das Sirren der Stechmücken, die globalen Wanderungen der Wale. Als Teil dieser Entwicklung kam in einem nicht näher bestimmbaren Stadium die Evolution des subjektiven Erlebens hinzu. Bei einigen Tieren entstand etwas, das sie fühlen ließ, ein solches Tier zu sein. Es entstand eine Art Selbst, das erlebt, was vor sich geht.

Mein Interesse gilt dem Erleben und all seinen Formen, in denen es sich entwickelte, aber in diesem Buch kommt den Kopffüßern besondere Bedeutung zu. Dies vor allem deshalb, weil sie so bemerkenswerte Geschöpfe sind. Wenn sie sprechen könnten, hätten sie uns eine Menge zu erzählen. Doch ist dies nicht der einzige Grund, warum sie durch das vorliegende Buch kraxeln und schwimmen. Die Tiere lenkten meinen Gang durch die philosophischen Probleme; ihnen durch das Meer zu folgen und herauszufinden, was sie tun, wurde zu einem wichtigen Teil meines Wegs.

Beschäftigt man sich mit dem Verstand von Tieren und den sich daraus ergebenden Fragen, geschieht es leicht, dass man zu sehr von sich selbst ausgeht. Denn wenn wir uns vom Leben und dem Erleben einfacherer Tiere ein Bild machen wollen, endet dies allzu oft damit, dass wir uns verkleinerte Versionen unserer selbst vorstellen. Durch die Kopffüßer kommen wir mit etwas ganz anderem in Berührung. Wie sieht die Welt für diese Tiere aus? Das Auge eines Kraken ähnelt dem unsrigen. Es ist wie eine Kamera gebaut und verfügt über eine verstellbare Linse, die ein scharfes Bild auf eine Netzhaut wirft. Die Augen ähneln sich, doch die Gehirne dahinter unterscheiden sich in beinahe jeder Hinsicht. Wenn wir einen andersartigen Verstand verstehen möchten, ist der Verstand - oder der Geist - der Kopffüßer so andersartig wie kein anderer.

Philosophie gehört zu den Berufen, bei denen der Körper eine denkbar geringe Rolle spielt. Sie bietet gewissermaßen ein rein geistiges Leben. Keine Ausrüstung, die man organisieren müsste, keine Arbeitsorte, keine Feldstationen. Das ist nichts Verwerfliches - das Gleiche gilt ja auch für Mathematik und Dichtkunst. Doch für das vorliegende Projekt war auch der körperliche Aspekt bedeutsam. Auf die Kopffüßer bin ich zufällig gestoßen, da ich viel Zeit im Wasser verbracht habe. Ich bin ihnen auf ihren Wegen gefolgt und begann schließlich über ihr Leben nachzudenken. Das vorliegende Buch ist stark von ihrer körperlichen Präsenz und Unberechenbarkeit beeinflusst. Ebenso stark ist es von den Tausenden praktischen Dingen geprägt, die ein Aufenthalt unter Wasser mit sich bringt - Ausrüstung, Gasflaschen, Wasserdruck und alles, was dabei zu beachten ist, die verminderte Schwerkraft im grünblauen Licht. Im Aufwand, den der Mensch betreiben muss, um mit diesen Dingen zurechtzukommen, spiegeln sich die Unterschiede zwischen dem Leben an Land und dem im Wasser; und die ursprüngliche Heimat des Geistes, oder zumindest seiner ersten vagen Ausprägungen, ist das Meer.

An den Anfang des Buchs habe ich ein Motto gestellt, das aus der Feder des Ende des neunzehnten Jahrhunderts wirkenden Philosophen und Psychologen William James stammt. James wollte verstehen, wie das Bewusstsein ins Universum kam. Er orientierte sich dabei an der Idee der Evolution, und zwar in einem erweiterten Sinn, der nicht nur die biologische, sondern auch die Evolution des Kosmos als Ganzes beinhaltete. Nach seinem Dafürhalten brauchte es eine Theorie, die auf Kontinuität und begreifbaren Übergängen basierte; nicht auf plötzlichen Ereignissen oder Sprüngen.

Wie James möchte ich verstehen, wie sich Geist und Materie zueinander verhalten, und ich denke, dass es die Geschichte der schrittweisen Entwicklung ist, die hier erzählt werden muss. Der eine oder andere wird nun einwerfen, dass wir diese Geschichte in groben Zügen bereits kennen: Gehirne entwickeln sich, immer mehr Neuronen kommen hinzu, manche Tiere werden klüger als andere, und das war es auch schon. Wer dies behauptet, sieht jedoch davon ab, sich mit den eher verzwickten Fragen zu beschäftigen: Wie waren die ersten und einfachsten Tiere beschaffen, bei denen eine Art subjektives Erleben auftrat? Welche Tiere fühlten als Erste, dass sie verletzt wurden, und welche spürten dies zum Beispiel als Schmerzen? Wie fühlt es sich an, einer dieser mit großen Gehirnen ausgestatteten Kopffüßer zu sein, oder sind diese Tiere lediglich biochemische Maschinen, deren Inneres für sie selbst dunkel bleibt? Die Welt hat zwei Seiten, die irgendwie zusammenpassen müssen, sich aber offenbar nicht auf eine Weise zusammenfügen, die wir gegenwärtig nachvollziehen können. In der einen Welt gibt es Empfindungen und andere mentale Vorgänge, die von einem Akteur gefühlt werden. Die andere ist die Welt der Biologie, der Chemie und der Physik.

Die genannten Fragen werden hier nicht völlig beantwortet werden können, doch sollten Fortschritte möglich sein, indem man die Evolution der Sinne, der Körper und des Verhaltens nachzeichnet. Denn irgendwo in diesem Prozess fand auch die Evolution des Geistes statt. Das Buch ist also ein philosophisches Buch, aber ebenso eines über Tiere und Evolution. Dass es hier um Philosophie geht, bedeutet nicht, dass das Buch in einem obskuren und unzugänglichen Bereich angesiedelt ist. Philosophie zu betreiben ist vor allem eine Sache des Zusammensetzens; man versucht, die

Teile eines sehr großen Puzzles so zusammenzufügen, dass sie eine Art Sinn ergeben. Gute Philosophie ist opportunistisch. Alles, was ihr an Informationen und Instrumenten nützlich erscheint, setzt sie auch ein. Ich hoffe, dass im Verlauf dieses Buchs der Bereich der Philosophie über Schwellen betreten und wieder verlassen wird, die Sie kaum bemerken werden.

Das Buch beschäftigt sich also mit dem Geist und seiner Evolution und möchte dies in einiger Breite und Tiefe tun. Breite soll heißen, dass über sehr unterschiedliche Tiere nachgedacht wird. Tiefe bedeutet hier zeitliche Tiefe, da das Buch die langen Zeitspannen und den Verlauf der Ereignisse in der Geschichte des Lebens umfasst.

Der Anthropologe Roland Dixon schrieb den Hawaiianern die Evolutionslegende zu, die ich als zweites Motto verwendet habe: »Zunächst entstehen die niedrigen Zoophyten und Korallen, auf diese folgen die Würmer und Schalentiere, wobei offenbar jede Art ihre Vorläufer in einem Existenzkampf, in dem der Stärkste überlebt, überwältigt und zerstört ...«. Die Geschichte aufeinanderfolgender Eroberungen, die Dixon erzählt, fand so nicht wirklich statt, und der Krake ist keineswegs der »einsame Überlebende einer einstigen Welt«. Der Krake steht aber in einer besonderen Beziehung zur Geschichte des Geistes. Er ist kein Überlebender, sondern in ihm findet das, was bereits vorhanden war, zu einem zweiten Ausdruck. Der Krake ist nicht Ismael aus *Moby Dick*, der als einziger davongekommen ist, um seine Geschichte zu erzählen, sondern ein entfernter Verwandter, der einer ganz anderen Linie entstammt und folglich eine völlig andere Geschichte zu erzählen hat.

2
Eine Geschichte der Tiere

Anfänge

Die Erde ist ungefähr 4,5 Milliarden Jahre alt, und das Leben selbst begann etwa vor 3,8 Milliarden Jahren. Tiere tauchten erst viel später auf - vielleicht vor einer Milliarde Jahren, wahrscheinlich aber einige Zeit danach. Leben gab es die meiste Zeit in der Erdgeschichte, allerdings keine Tiere. Was es über lange Zeitspannen gab, war eine Welt einzelliger Organismen im Meer. Ein großer Teil des Lebens findet auch heute noch in genau dieser Form statt.

Wenn man sich von der langen Ära vor der Entstehung der Tiere ein Bild machen möchte, wird man sich zunächst die einzelligen Organismen als monadische Wesen vorstellen: Zahllose winzige Inselchen, die nichts anderes tun, als sich treiben zu lassen, irgendwie Nahrung aufzunehmen und sich zu teilen. Doch das einzellige Leben ist und war wahrscheinlich um einiges mehr ineinander verflochten, als das Bild suggerieren mag. Zahlreiche dieser Organismen leben im Verbund mit anderen, manchmal in einfacher, friedlicher Koexistenz, manchmal in echtem Zusammenwirken. Einige dieser Kollaborationen waren möglicherweise so eng, dass sie sich tatsächlich von einer einzelligen Lebensweise verabschiedeten, aber sie waren keineswegs auf eine Weise organisiert, wie es die Körper der Tiere sind.

Wenn wir uns diese Welt vor Augen führen, werden wir wohl auch annehmen, dass es, da es ja keine Tiere gibt, auch kein Verhalten und keine Sinneswahrnehmung der Welt da draußen gibt. Doch auch dies ist nicht zutreffend. Einzellige Organismen sind in der Lage, zu empfinden und zu reagieren. Vieles von dem, was sie tun, wird wohl nur in einem sehr weit gefassten Sinn als Verhalten zählen, doch sie können steuern, wie sie sich – je nachdem, was sie in ihrer Umgebung spüren – bewegen und welche chemischen Stoffe sie produzieren. Damit ein Organismus dies leisten kann, muss er einesteils rezeptiv, das heißt in der Lage sein, zu sehen, zu schmecken oder zu hören, und andernteils aktiv, also fähig sein, etwas Zweckmäßiges geschehen zu lassen. Der Organismus muss auch eine Art Verbindung, einen Bogen, zwischen diesen beiden Teilen herstellen.

Ein solches System liegt in dem bekannten und überaus gründlich untersuchten Bakterium *Escherichia coli* vor, das in immenser Zahl in unserem Körper und in unserer Umgebung vorkommt. E. coli hat einen Geschmacks- oder Geruchssinn; es kann chemische Stoffe in seiner Umgebung spüren und darauf reagieren, indem es sich auf vorteilhafte Konzentrationen solcher Stoffe zubewegt und von den anderen wegbewegt. Die Zellhülle von E. coli ist mit einer Reihe von Sensoren ausgestattet – Molekülansammlungen, die in der Zellmembran eine Brücke zwischen innen und außen bilden. Das ist der Input-Teil des Systems. Der Output-Teil besteht aus Flagellen, langen fadenförmigen Gebilden, mit denen die Zelle schwimmt. Ein E.-coli-Bakterium bewegt sich hauptsächlich auf zwei Arten: Es kann vorwärts schwimmen oder taumeln. Wenn es vorwärts schwimmt, bewegt es sich auf einer geraden Linie, und wenn es taumelt, ändert es, wie unschwer zu erraten, die Richtung nach dem Zufallsprinzip. Eine Zelle wechselt beständig zwischen diesen beiden Aktivitäten. Wenn sie jedoch eine Zunahme der Nährstoffkonzentration spürt, schwächen sich die Taumelbewegungen ab.

Ein Bakterium ist so klein, dass seine Sensoren allein nicht ausreichen, die Richtung anzuzeigen, aus der ein guter oder schlechter chemischer Stoff kommt. Zur Bewältigung dieses Problems, das heißt, um mit dem Raum zurande zu kommen, setzt das Bakterium auf Zeit. Die Zelle ist nicht daran interessiert, in welcher Menge ein chemischer Stoff zu einem gegebenen Zeitpunkt vorliegt, sondern ob die Konzentration steigt oder abnimmt. Wenn also die Zelle einfach deshalb geradeaus schwimmt, weil die Konzentration eines erwünschten chemischen Stoffes hoch ist, könnte sie sich, je nachdem, in welche Richtung sie weist, anstatt in ein chemisches Nirwana hinein, aus diesem hinausbewegen. Das Bakterium löst dieses Problem auf ingeniöse Weise. Spürt es die Reize seiner Welt, registriert ein Mechanismus, welche Bedingungen gerade vorliegen, und ein anderer zeichnet auf, wie die Dinge wenige Augenblicke zuvor lagen. Das Bakterium schwimmt so lange geradeaus, wie die erspürten chemischen Stoffe in höherer Konzentration vorliegen, als die, die es einen Moment zuvor gespürt hat. Ist dies nicht mehr gegeben, ist es günstiger, den Kurs zu ändern.

Bakterien stellen nur eine von zahlreichen Formen einzelligen Lebens dar, und sie sind in vieler Hinsicht einfacher gebaut als jene Zellen, die schließlich zusammenfanden, um zu Tieren zu werden. Diese Zellen, die Eukaryoten, sind größer und besitzen eine aufwendigere innere Struktur. Sie entstanden ungefähr vor 1,5 Milliarden Jahren und entstammen einem Vorgang, bei dem eine kleine bakterienartige Zelle eine andere schluckte. Häufig sind einzellige Eukaryoten mit komplexeren Fähigkeiten zu schmecken und zu schwimmen ausgestattet, und sie sind schon dabei, einen besonders wichtigen Sinn auszubilden: das Sehen.

Für Lebewesen spielt das Licht eine doppelte Rolle. Als solches ist es für viele eine bedeutende Ressource, eine Energiequelle. Es kann aber auch als Informationsquelle dienen, als ein Hinweis auf andere Gegebenheiten. Diese zweite uns so vertraute Verwendung ist von einem winzigen Organismus nicht ohne Weiteres zu meistern. Meistens verwenden einzellige Organismen das Licht als Solarenergie; wie die Pflanzen nehmen sie Sonnenbäder. Viele Bakterien können Licht spüren und auf sein Vorhandensein reagieren. Organismen, die so klein sind, haben aber Schwierigkeiten, die Richtung, aus der das Licht kommt, zu bestimmen oder gar ein Bild zu fokussieren, doch eine Reihe von einzelligen Eukaryoten und wohl auch ein paar besondere Bakterien verfügen über die Anfänge des *Sehens*. Die Eukaryoten besitzen Augenflecken, lichtempfindliche Stellen, die in Verbindung mit einem Element das einfallende Licht abschatten oder fokussiern und es informativer macht. Manche Eukaryoten suchen das Licht, andere meiden es, und manche reagieren einmal so und einmal so. Sie folgen dem Licht, wenn sie Energie tanken möchten, und meiden es, wenn ihre Energievorräte angefüllt sind. Andere gehen ins Licht, solange es nicht zu stark ist, und meiden es, wenn seine Intensität gefährlich wird. In all diesen Fällen existiert ein Kontrollsystem, das den Augenfleck mit einem Mechanismus verknüpft, der die Zelle zum Schwimmen befähigt.

Was diese winzigen Organismen an Sinnesempfindungen besitzen, zielt meist darauf ab, Nahrung zu finden und Giftstoffe zu meiden. Doch offenbar zeichnete sich bereits in den frühesten Forschungen zu E. coli ab, dass noch etwas anderes eine Rolle spielt. Die Bakterien wurden nämlich ebenso von chemischen Stoffen angezogen, die ihnen nicht als Nahrung dienten. Biologen, die diese Organismen untersuchen, tendieren mehr und mehr zu der Ansicht, dass deren Sinne auf das Vorhandensein und die Aktivitäten anderer Zellen in ihrer Umgebung und nicht nur auf Konzentrationen verwertbarer oder nicht verwertbarer Stoffe eingestellt sind. Die Rezeptoren, die sich auf der Oberfläche der Bakterienzellen befinden, reagieren auf viele Dinge, darunter auch Stoffe, die die Bakterien selbst aus vielerlei Gründen ausscheiden – mitunter einfach nur als Überschuss von Stoffwechselvorgängen. Das klingt nicht nach besonders viel, aber es öffnet eine wichtige Tür. Denn sobald chemische Stoffe gleichzeitig erspürt und produziert werden können, ergibt sich für die Zellen die Möglichkeit, sich untereinander zu koordinieren. Damit sind wir bei der Entstehung sozialen Verhaltens.

Ein Beispiel dafür ist das *Quorum sensing*. Wenn ein chemischer Stoff von einer bestimmten Art Bakterien sowohl produziert als auch erspürt wird, können diese Bakterien damit ermessen, wie viele Individuen der gleichen Art sich in ihrer Umgebung aufhalten. Sie können also abschätzen, ob genug Bakterien in der Nähe sind und es sich lohnt, einen chemischen Stoff zu produzieren, der seine Aufgabe nur dann erfüllt, wenn ihn ausreichend viele Zellen gleichzeitig herstellen.

Ein Fall von *Quorum sensing*, der schon früh entdeckt wurde, betrifft – wie für dieses Buch geschaffen – das Meer und einen Kopffüßer. Bakterien, die in einem vor Hawaii vorkommenden Zwergtintenfisch leben, erzeugen Licht mittels einer chemischen Reaktion, allerdings nur dann, wenn genug andere Bakterien vorhanden sind, die mitmachen können. Die Bakterien steuern ihre Beleuchtung, indem sie die örtliche Konzentration eines Indikator-Moleküls feststellen, das von den Artgenossen produziert wird und den einzelnen Individuen ein Gespür dafür verleiht, wie viele weitere potenzielle Lichtproduzenten in ihrer Umgebung sind. Die Bakterien fangen nicht nur an zu leuchten, sondern folgen darüber hinaus der Regel, je mehr von diesem chemischen Stoff sie spüren, umso mehr davon produzieren sie.

Wenn genug Licht produziert wird, gewinnen die Zwergtintenfische, die die Bakterien beherbergen, einen Vorteil, denn das Licht dient ihnen zur Tarnung. Die Tintenfische jagen nachts, wenn das Mondlicht den Schatten ihres Körpers auf die unter ihnen schwimmende Beute wirft. Doch ihr von innen kommendes Licht hebt den Schatten auf. Die Bakterien wiederum profitieren offenbar von der gastlichen Umgebung, die ihnen der Tintenfisch bietet.

Genau dieses aquatische Szenario sollten wir im Kopf behalten, wenn wir über die frühen Stadien in der Geschichte des Lebens nachdenken, auch wenn wir uns in der Evolutionsgeschichte an einem Punkt befinden, an dem es noch lange keine Tintenfische gab. Die Chemie des Lebens ist an das Wasser gebunden.

Wir können an Land nur deshalb zurechtkommen, weil wir eine enorme Menge Salzwasser mit uns herumtragen. Und viele der in diesen frühen Stadien stattfindenden Entwicklungsschritte der Evolution, mit denen Wahrnehmung, Verhalten und Koordination in die Welt kamen, hingen von der freien Bewegung chemischer Stoffe im Meerwasser ab.

Alle Zellen, denen wir bislang begegnet sind, reagieren auf äußere Reize. Manche verfügen darüber hinaus über eine spezielle Reizempfindlichkeit gegenüber anderen Organismen, darunter auch die der eigenen Art. In dieser Kategorie wiederum weisen manche Zellen eine Empfindlichkeit gegenüber chemischen Stoffen auf, die andere Organismen nicht nur als Stoffwechselnebenprodukte erzeugen, sondern um wahrgenommen zu werden. Mit dieser letzten Kategorie - den Stoffen, die hergestellt werden, weil andere Organismen sie spüren und darauf reagieren werden - gelangen wir an die Schwelle der Signalgebung und Kommunikation.

Wir erreichen aber nicht nur eine, sondern gleich zwei Schwellen. Wir haben gesehen, wie in einer Welt aquatischen, einzelligen Lebens Individuen ihre Umgebung spüren und ihren Artgenossen Signale mitteilen können. Zugleich verfolgen wir den Übergang von einzelligem Leben zu vielzelligem Leben. Im Zuge dieses Übergangs wird das Signalisieren und das Spüren, womit sich die Einzelorganismen untereinander verbanden, zur Grundlage neuer Interaktionen, die innerhalb der neu entstehenden Lebensformen stattfinden. Aus der *zwischen* Organismen erfolgenden Wahrnehmung und Signalgebung entsteht die Wahrnehmung und Signalgebung innerhalb eines Organismus. Das Vermögen der Zelle, die äußere Umgebung zu spüren, wird zu einem Mittel, wahrzunehmen, was andere Zellen im gleichen Organismus vorhaben und was sie womöglich mitzuteilen haben. Die Umwelt einer Zelle besteht weitgehend aus anderen Zellen, und die Lebensfähigkeit des neuen, größeren Organismus hängt von der Koordination zwischen diesen Teilen ab.

~ Zusammenleben

Tiere sind Vielzeller. Wir enthalten viele Zellen, die gemeinsam handeln. Die Evolution der Tiere setzte ein, als einige Zellen ihre Individualität unterdrückten und Teil großer Gemeinschaftsunternehmen wurden. Der Übergang zu vielzelligen Lebensformen erfolgte mehrmals und führte zu Tieren, zu Pflanzen und andere Male zu Pilzen, verschiedenen Tangen und weniger ins Auge fallenden Organismen. Der Ursprung der Tiere resultierte sehr wahrscheinlich nicht aus einer Begegnung einzelner Zellen, die auf irgendeine Weise zusammengetrieben wurden. Eher scheint es, dass Tiere aus einer Zelle entstanden, deren Tochterzellen sich während der Zellteilung nicht vollständig trennten. Wenn sich ein einzelliger Organismus teilt, gehen die Tochterzellen für gewöhnlich, jedoch nicht immer, ihren eigenen Weg. Man führe sich einen Zellhaufen vor Augen, entstanden aus einer Zellteilung, deren Teilungsresultate zusammenbleiben, wobei dieser Vorgang sich mehrere Male wiederholt. Die Zellen der im Meer umhertreibenden Klumpen fraßen wahrscheinlich Bakterien.

Die folgenden Stadien der Entwicklungsgeschichte sind unklar. Es liegen konkurrierende Szenarien vor, die auf unterschiedlichen Befunden aufbauen. Dem mehrheitlich favorisierten Szenario zufolge gaben einige Zellhaufen ihr schwebendes Dasein auf und siedelten sich am Meeresboden an. Dort begannen sie mit der Nahrungsaufnahme, indem sie Wasser filterten, das durch Kanäle in ihren Körpern strömte. Damit nahm die Evolution der Schwämme ihren Anfang.

Ein Schwamm? Man kann sich wohl kaum einen weniger plausiblen Ahnen aussuchen: Schwämme bewegen sich nicht fort. Das lässt auf eine Sackgasse schließen. Doch nur der adulte Schwamm ist sesshaft. Bei seinen Larven ist das anders. Sie sind oft Schwimmlarven, die nach einem Ansiedlungsplatz suchen und dann zu einem adulten Schwamm auswachsen. Schwammlarven besitzen kein Gehirn, sie verfügen aber auf ihrem Körper über Sensoren, mit denen sie ihre Welt erschnüffeln. Vielleicht entschieden sich einige dieser Larven, das Schwimmen beizubehalten und nicht sesshaft zu werden. Sie blieben mobil, erlangten im Wasser schwebend ihre Geschlechtsreife und begannen eine neue Lebensweise. Diese Larven, die ihre sesshaften Verwandten auf dem Meeresboden zurückließen, wurden die Mütter aller anderen Tiere.

Das soeben beschriebene Szenario verdankt sich der Ansicht, dass Schwämme unsere am weitesten entfernten lebenden Verwandten sind. Entfernt meint hier nicht alt; heute lebende Schwämme sind ebenso sehr Ergebnis einer langen Evolution wie wir selbst. Doch auch wenn Schwämme sich sehr früh abzweigten, dachte man, sie hätten einige Hinweise zu bieten, wie die frühesten Tiere beschaffen waren. Jüngste Untersuchungen legen jedoch nahe, dass die Schwämme gar nicht die uns am entferntesten verwandten Tiere sind. Dieser Titel geht womöglich an die Rippenquallen über.

Eine Rippenqualle oder Ctenophore hat das Aussehen einer sehr zarten Qualle. Sie hat die Gestalt einer fast durchsichtigen Kugel mit farbigen Bändern, die in haarähnlichen Strängen, den Rippen, ihren Körper entlanglaufen. Rippenquallen wurden oft als Cousinen der Quallen angesehen, die ins Auge fallenden Ähnlichkeiten dürften allerdings irreführend sein; Rippenquallen haben sich womöglich schon vor den Schwämmen von der zu anderen Tieren führenden Linie abgespalten. Sollte dies zutreffen, heißt das nicht, dass unser Urahn so wie eine heutige Rippenqualle ausgesehen hat. Doch das Rippenquallen-Szenario veranlasst zu einem anderen Bild der frühen Evolutionsstadien. Wir setzen zwar wieder bei einem Zellklumpen an, stellen uns dann aber vor, dass besagter Klumpen sich zu einer hauchdünnen, kugelähnlichen Form faltet und, in der Wassersäule schwebend, in einem einfachen Rhythmus schwimmt. An diesem Punkt - bei einer schwebenden, geisterhaften Mutter und nicht bei einer sich windenden Schwammlarve, die sich weigerte sesshaft zu werden - nimmt die Evolution der Tiere demnach ihren Anfang.

Wenn vielzellige Organismen entstehen, beginnen die Zellen, die einst eigenständige Organismen waren, als Teil größerer Einheiten zu arbeiten. Soll der neue Organismus mehr als nur ein Klumpen aneinandergeklebter Zellen sein, braucht es Koordination. Weiter oben habe ich die Wahrnehmungs- und Aktionsformen beschrieben, die einzelliges Leben aufweist. In vielzelligen Organismen werden diese Systeme der Wahrnehmung und des Verhaltens komplizierter. Zudem beruht schon allein die Existenz dieser neuen Einheiten - der Tierkörper - auf der Fähigkeit, wahrzunehmen und zu agieren. Wahrnehmung und Signalübermittlung zwischen Organismen führen zur Wahrnehmung und Signalübermittlung innerhalb der Organismen. Die Fähigkeiten von Zellen, die einst als vollständige Organismen lebten, sich zu »verhalten«, werden zur Grundlage der Koordination innerhalb der neuen Vielzeller.

Bei den Tieren kommen dieser Koordination verschiedene Aufgaben zu. Eine davon ist auch in anderen vielzelligen Organismen, etwa den Pflanzen, zu beobachten: Signalübermittlung zwischen den Zellen wird eingesetzt, um den Organismus aufzubauen, ihn überhaupt erst entstehen zu lassen. Eine andere Aufgabe findet in einem schnelleren zeitlichen Maßstab statt und ist insbesondere für tierisches Leben charakteristisch. Bei nahezu allen Tieren - es gibt nur wenige Ausnahmen - werden die chemischen Wechselwirkungen zwischen bestimmten Zellen zur Grundlage eines kleineren oder größeren Nervensystems. Und bei manchen dieser Tiere wurde eine örtlich verdichtete Anzahl dieser Zellen, die einen chemoelektrischen Sturm umfunktionierter Signalübermittlung entfachten, zu einem Gehirn.

~ Neuronen und Nervensysteme

Ein Nervensystem besteht aus vielen Teilen, am signifikantesten jedoch sind die ungewöhnlich geformten, als Neuronen bezeichneten Zellen. Ihre langen Stränge und ausgetüftelten Verästelungen bilden ein Labyrinth, das sich durch Kopf und Körper zieht. Die Aktivität der Neuronen hängt von zwei Dingen ab. Zum einen von ihrer elektrischen Erregbarkeit, die sich insbesondere im Aktionspotenzial zeigt, einem elektrischen Zucken, das wie in einer Kettenreaktion eine Zelle entlangläuft. Zum anderen von chemischer Sensorik und Signalübermittlung. Ein Neuron entlässt einen winzigen chemischen Sprühnebel in die Lücke oder den sogenannten Spalt zwischen ihm und einem anderen Neuron. Werden diese chemischen Stoffe auf der gegenüberliegenden Seite registriert, lösen sie in der anliegenden Zelle ein Aktionspotenzial aus (in manchen Fällen unterdrücken sie es auch). Diese chemische Einwirkung ist das nach innen verlagerte Überbleibsel der alten, einst zwischen den Organismen herrschenden Signalübermittlung. Auch das Aktionspotenzial kam bereits in den Zellen vor, bevor sich die Tiere entwickelten, und besteht auch heute noch unabhängig von ihnen. Tatsächlich wurde im neunzehnten Jahrhundert das erste Aktionspotenzial auf Veranlassung Charles Darwins in einer Pflanze gemessen, in der Venusfliegenfalle. Sogar in einigen Einzellern kommen Aktionspotenziale vor.

Bei der normalen Signalübermittlung von Zelle zu Zelle spielen die Nervenzellen keine Rolle, sie ermöglichen indes eine besondere Art der Signalübertragung. Nervensysteme sind vor allem schnell. Pflanzen agieren, von der Venusfliegenfalle abgesehen, auf einer weit langsameren Zeitskala. Durch seine langen, dünnen Fortsätze ist das Neuron in der Lage, im Gehirn oder im Körper Entfernungen zu überbrücken und auf entferntere Zellen einzuwirken; die Einwirkung ist also zielgerichtet. Die Evolution hat die Signalübermittlung von Zelle zu Zelle von einer Aktivität, bei der die Zellen ihre Signale für alle aussenden, die nah genug sind und gewissermaßen zuhören, in etwas ganz anderes umgeformt: in ein organisiertes Netzwerk. Mit dem Ergebnis, dass in einem Netzwerk wie dem unseren ein beständiges elektrisches Getöse herrscht, eine Symphonie winziger zellulärer Aufwallungen, die über die Lücken hinweg, an denen die Zellen in Kontakt treten, von chemischen Sprühnebeln veranlasst werden.

Dieser innere Tumult ist zudem eine teure Angelegenheit. Betrieb und Instandhaltung der Neuronen kosten eine Menge Energie. Die elektrischen Zuckungen entsprechen einem fortwährenden, hundert Mal in der Sekunde erfolgenden Laden und Entladen einer Batterie. In einem tierischen Organismus wie dem unseren wird ein Großteil, in unserem Fall fast ein Viertel, der über die Nahrung aufgenommen Energie allein dazu verwendet, das Gehirn auch nur betriebsbereit zu halten. Ein Nervensystem ist eine äußerst kostspielige Maschine. Der Geschichte dieser Maschine, der Frage also, wann sie sich entwickelt hat und wie, wende ich mich in Kürze zu. Zunächst möchte ich jedoch etwas Zeit auf die allgemeine Frage nach dem Warum aufwenden.

Warum lohnt es sich, ein komplexes Gehirn oder allgemein ein Nervensystem zu besitzen? Wozu ist es da? So wie ich es sehe, wird das Denken über diese Fragen von zwei Vorstellungen geleitet. Sie werden in der Forschung sichtbar, und ebenso durchdringen sie die Philosophie. Ihre Wurzeln liegen tief. Der ersten Sicht zufolge liegt die ursprüngliche und grundlegende Funktion des Nervensystems darin, Wahrnehmung und Handeln miteinander zu verbinden. Gehirne steuern das Handeln, und die einzige Art, das Handeln in sinnvoller Weise zu steuern, liegt darin, das, was zu tun ist, mit dem, was gesehen, ertastet und geschmeckt wird, zu verknüpfen. Die Sinne verfolgen, was sich in der Umgebung abspielt, und die Nervensysteme ziehen diese Information heran, um herauszufinden, was zu tun ist. Ich nenne dies die *sensomotorische* Sicht eines Nervensystems und seiner Funktion.

Zwischen den Sinnen auf der einen Seite und den effektorischen Mechanismen auf der anderen Seite muss es also etwas geben, das die Lücke überbrückt, etwas, das die durch die Sinne gewonnene Information verwendet. Dieses Grundlayout kommt sogar in Bakterien vor, wie wir an E. coli gesehen haben. Tiere indes besitzen komplexere Sinnesorgane, führen komplexere Handlungen aus und besitzen einen komplexeren, Sinne und Handlungen verknüpfenden Mechanismus. Der sensomotorischen Sicht zufolge bestand die Hauptaufgabe des Nervensystems in dieser Mittlerrolle – sie war entscheidend am Anfang, sie ist es jetzt und war es in jedem Stadium seiner Entwicklung.

Diese erste Sichtweise ist so intuitiv, dass sie anscheinend keinen Raum für Alternativen übrig lässt. Es gibt aber eine andere Vorstellung, die leicht aus dem Blick geraten kann. Dass wir auf Ereignisse, die außerhalb von uns stattfinden, reagieren und unser Handeln dementsprechend modifizieren müssen, ist klar, aber es muss darüber hinaus noch etwas anderes geschehen, etwas, das unter bestimmten Umständen grundlegender ist und weit schwieriger zu bewerkstelligen. Das Handeln selbst muss erzeugt werden. Was also befähigt uns überhaupt, zu handeln?

Weiter oben habe ich gesagt: Man nimmt wahr, was vor sich geht, und als Reaktion darauf tut man etwas. Aber etwas zu tun, wenn man aus vielen Zellen besteht, ist keine triviale Angelegenheit, nichts, was man einfach so voraussetzen kann. Es verlangt eine gehörige Menge an Koordination zwischen den einzelnen Teilen. Keine große Sache, wenn man ein Bakterium ist, doch bei einem größeren Organismus verhält es sich anders. Dann ist man mit der Aufgabe konfrontiert, aus den zahllosen winzigen Outputs – den winzigen Kontraktionen, Verrenkungen und Zuckungen – der einzelnen Teile eine kohärente, vom Gesamtorganismus ausgehende Handlung zu generieren. Eine Vielzahl an Mikro-Handlungen muss zu einer Makro-Handlung umgeformt werden.

Wir kennen dies als das Teamwork-Problem in sozialen Situationen. Die Spieler einer Fußballmannschaft müssen ihre Handlungen so koordinieren, dass sich ein Ganzes ergibt, und zumindest bei einigen Varianten dieser Sportart ist das eine substanzielle Aufgabe, selbst dann, wenn die gegnerische Mannschaft ihre Spielzüge nicht variiert. Auch ein Orchester muss dieses Problem lösen. Dem Problem, das Mannschaften und Orchester zu gewärtigen haben, müssen sich auch manche Einzelorganismen stellen. Das gilt vor allem für Tiere; es ist ein Problem für vielzellige Organismen, nicht für einzellige, und auch nur ein Problem für jene Vielzeller, deren Lebensweise komplexe Handlungen verlangt - also nicht unbedingt ein Problem für Bakterien und auch kein großes Problem etwa für Seetang.

Die Interaktionen zwischen Neuronen habe ich bereits als eine Art Signalübermittlung beschrieben. Die Analogie deckt zwar nicht alles ab, sie ist aber durchaus hilfreich, wenn wir die verschiedenen Auffassungen über die Rolle der frühen Nervensysteme verstehen wollen. Man erinnere sich an die Geschichte von Paul Revere und seinem Ritt zu Beginn der Amerikanischen Revolution von 1775, wie sie (mit einiger poetischer Freiheit) von Henry Wadsworth Longfellow erzählt wurde. Der Küster der Old North Church in Boston sah sich in die Lage versetzt, die Bewegungen der Britischen Armee zu beobachten, und er nutzte ein Laternensignal, um eine Nachricht an Paul Revere zu übermitteln (»eins, wenn über Land; zwei, wenn übers Meer«). Der Küster entsprach einem Sensor, Revere einem Muskel, und die Laterne des Küsters entsprach einer Nervenverbindung.

Reveres Geschichte wird häufig herangezogen, um den Menschen ein klares Bild vom Wesen der Kommunikation vor Augen zu führen. Zu Recht. Sie stößt aber auch dazu an, über eine besondere Form von Kommunikation nachzudenken, mit der sich ein ganz bestimmtes Problem lösen lässt. Eine andere, aber durchaus vertraute Situation soll hier als Beispiel dienen. In einem Boot sitzen mehrere Ruderer, die alle ein Ruder führen. Zusammen werden die Ruderer das Boot vorantreiben können, doch selbst wenn sie kräftig sind, werden ihre Einzelaktionen das Boot nur dann irgendwohin bringen, wenn sie sich in ihrem Tun koordinieren. Wann sie sich in die Riemen legen, spielt keine Rolle, solange sie es nur gleichzeitig tun. Diese Situation lässt sich zum Beispiel lösen, indem eine Person den Schlag vorgibt.

Im Alltag dient die Kommunikation beiden genannten Funktionen. Es gibt eine Küster-Revere- oder sensomotorische Funktion, die auf der Aufteilung zwischen jenen, die sehen, und jenen, die handeln, basiert, und es gibt wie bei den Ruderern eine rein koordinierende Funktion. Beide Funktionen können gleichzeitig zum Einsatz kommen, und es besteht kein Konflikt zwischen ihnen. Um ein Boot anzutreiben, braucht es die Koordination von Mikroaktionen, aber es braucht auch jemanden, der aufpasst, wohin das Boot fährt. Die Person, die den Schlag vorgibt, der Steuermann oder die Steuerfrau, ist gewöhnlich das Auge der Mannschaft, und zugleich koordiniert sie die Mikroaktion. In einem Nervensystem ist die gleiche Kombination zu finden.

Obwohl es keinen wirklichen Konflikt zwischen den beiden Funktionen gibt, ist die Unterscheidung selbst von Belang. Fast das gesamte zwanzigste Jahrhundert hindurch wurde die sensomotorische Sicht des Nervensystems einfach vorausgesetzt, und es brauchte einige Zeit, bis die zweite, die interne Koordination in den Blick nehmende Sichtweise deutlich wurde. Diese zweite Auffassung ist in den 1950er-Jahren von dem englischen Biologen Chris Pantin entwickelt und kürzlich von Fred Keijzer, einem Philosophen, reaktiviert worden. Beide Autoren heben zu Recht hervor, dass man leicht der Denkgewohnheit verfallen kann, jede Aktion als einzelne Einheit zu denken, wobei das einzige Problem, das noch zu lösen ist, darin besteht, die Handlungen mit den Sinnen zu koordinieren und herauszufinden, wann X auszuführen ist und wann Y. Je größer die Organismen werden und je mehr sie tun können, desto ungenauer wird dieses Bild. Es vernachlässigt nämlich das Problem, wie ein Organismus überhaupt in der Lage ist, X oder Y auszuführen. Auf eine Alternative zur sensomotorischen Theorie zu drängen, war also eine gute Sache. Diese Sicht auf die Rolle, die die frühen Nervensysteme einnehmen, möchte ich als *handlungsformende* Sichtweise bezeichnen.

Kehren wir zur Naturgeschichte zurück: Wie sahen die ersten Tiere aus, die über ein Nervensystem verfügten? Wie haben wir uns ihr Leben vorzustellen? Wir wissen es noch nicht. Die Forschung hat sich meist den Nesseltieren, den *Cnidaria*, gewidmet, einem Tierstamm, zu dem Quallen, Seeanemonen und Korallen gehören. Diese Tiere sind sehr entfernte Verwandte von uns, sie stehen uns aber näher als die Schwämme, und sie besitzen Nervensysteme. Obwohl die frühen Abzweigungen im Stammbaum der Tiere noch unklar sind, herrscht die Auffassung vor, dass das Tier mit dem ersten Nervensystem einer Qualle ähnelte - weich, ohne Schale oder Skelett - und wohl im Wasser trieb. Man vergegenwärtige sich ein hauchdünnes Gebilde in Form einer Glühbirne, in dem zum ersten Mal die Rhythmen der Nervenaktivität einsetzen.

Geschehen sein könnte dies vielleicht vor ungefähr 700 Millionen Jahren. Das Datum beruht allein auf genetischen Befunden; es gibt keine Fossilien von derart frühen Tieren. Schaut man die Gesteine jener Zeit an, gewinnt man leicht den Eindruck, dass damals alles reglos und still war. Aber DNA-Befunde legen nahe, dass viele der entscheidenden Verzweigungen in der Geschichte des Tierreichs zu jener Zeit stattgefunden haben müssen, und das bedeutet, dass sich damals tierisches Leben auf die eine oder andere Weise geregt haben muss. Möchte man Einblicke in die Evolution von Gehirn und Verstand gewinnen, ist die Unsicherheit über diese entscheidenden Stadien frustrierend. Sobald wir uns aber der Gegenwart annähern, wird das Bild nach und nach klarer.

~ Der Garten

Im Jahr 1946 erkundete der australische Geologe Reginald Sprigg stillgelegte Minen im Outback Südaustraliens. Er war beauftragt, herauszufinden, ob bei bestimmten Stollen eine Wiederaufnahme der Förderung lohnenswert wäre. Sprigg befand sich einige Hundert Kilometer von der nächsten Küste entfernt, in einer entlegenen Gegend, die unter dem Namen Ediacara Hills bekannt war. Wie die Geschichte will, war der Geologe gerade dabei, sein Mittagessen zu verzehren, als er einen Stein umdrehte und etwas bemerkte, das wie das zarte Fossil einer Qualle aussah. Als Geologe wusste er, dass der Fund aufgrund des hohen Alters des Gesteins bedeutsam war. Sprigg war jedoch kein anerkannter Fossilienforscher, und als er einen Artikel dazu veröffentlichen wollte, nahmen ihn nur sehr wenige Leute ernst. Die Zeitschrift *Nature* lehnte den Text ab, und Sprigg schrieb eine Zeitschrift nach der anderen an, bis 1947 sein Artikel über »Frühkambrische (?) Quallen« neben Artikeln wie »Über das Gewicht einiger australischer Säugetiere« in den *Transactions of the Royal Society of South Australia* erscheinen konnte. Anfangs erregte der Text kaum Aufmerksamkeit, und es brauchte weitere zehn Jahre, bevor überhaupt jemand bemerkte, welche Entdeckung Sprigg gemacht hatte.

Wissenschaftlern, die mit der Fossilüberlieferung vertraut waren, war die Bedeutsamkeit der vor 542 Millionen Jahren einsetzenden kambrischen Periode indessen sehr wohl bewusst. In der sogenannten kambrischen Explosion erschienen zum ersten Mal zahlreiche heute bekannte Baupläne der Tiere. Spriggs Entdeckungen sollten sich als die ersten fossilen Überlieferungen von Tieren herausstellen, die vor dieser Zeit lebten. Dem Geologen selbst war dies 1947 noch nicht bewusst gewesen. Er datierte »seine Qualle« auf das untere Kambrium. Als jedoch an anderen Orten auf der Welt ähnliche Fossilien gefunden wurden und man von Spriggs Outback-Quallen mehr Notiz nahm, wurde deutlich, dass sie weit vor dem Kambrium einzuordnen und in den meisten Fällen wahrscheinlich überhaupt keine Quallen waren. Die heute als Ediacarium bekannte Periode der Erdgeschichte – benannt nach den Hügeln, die Sprigg erkundete – begann vor 635 Millionen Jahren und endete vor etwa 542 Millionen Jahren. Mit den Fossilien aus dem Ediacarium haben wir die ersten unmittelbaren

Anhaltspunkte dafür, wie das Leben sehr früher Tiere ausgesehen haben mochte - wie groß sie waren, wie zahlreich und wie sie gelebt haben.

Die nächste große Stadt in der Nähe von Spriggs Fundort ist Adelaide, wo eine große Sammlung von Ediacara-Fossilien im South Australian Museum aufbewahrt wird. Dort führte mich Jim Gehling, der Spriggs noch gekannt hatte und seit 1972 über die Fossilien forscht, durch die Ausstellung. Ich war überrascht, wie üppig das Leben in der damaligen Umwelt war. Im Ediacarium kamen keineswegs nur ein paar verlorene Individuen vor. Viele der von Gehling gehorteten Steinplatten enthalten Dutzende von Fossilien unterschiedlicher Größe. Zu den prominenteren gehört *Dickinsonia*, die feine, streifenähnliche Segmente aufweist und ein bisschen wie ein Seerosenblatt oder eine Badematte aussieht.

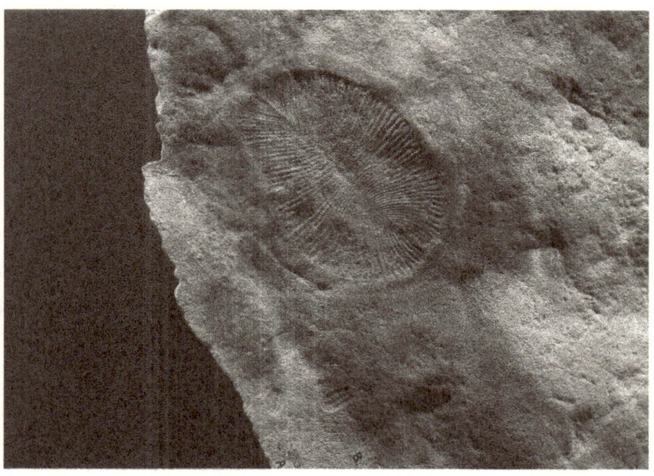

Hat man aber nur die größeren Fossilien im Blick, entgehen einem die meisten vorhandenen Lebensformen. Etliche Male ging Gehring zu einem eher fragmentarischen und unauffälligen Gesteinsstück und presste etwas Hüpfknete auf die Oberfläche; als er die Masse wieder abzog, enthüllte sie einen feinen und detaillierten Abdruck eines winzigen Tieres.

Ediacara-Tiere waren nicht unbedingt klein; viele waren mehrere Zentimeter lang, manche bis zu einem knappen Meter. Offenbar lebten sie vornehmlich auf dem Meeresboden, auf oder in Matten aus lebendem Material - Ansammlungen von Bakterien und anderen Mikroben. Ihre Welt bestand aus einer Art unterseeischem Sumpf. Als adulte Tiere bewegten sich einige von ihnen wahrscheinlich nicht mehr und saßen fest verankert an einer Stelle. Bei manchen dürfte es sich um frühe Schwämme und Korallen gehandelt haben. Andere wiesen Körperformen auf - drei- und vierseitige Entwürfe, mitunter mit aufgesteppten Arrangements pflanzenartiger Wedel -, die von der Evolution bald wieder fallen gelassen worden sind. Die Ediacara-Tiere scheinen mehrheitlich ein ziemlich ruhiges Leben mit sehr eingeschränkter Beweglichkeit auf dem Meeresboden geführt zu haben.

DNA-Befunde allerdings lassen darauf schließen, dass es damals bereits Nervensysteme gegeben hat - wahrscheinlich bei manchen der in Adelaide ausgestellten Tiere. Doch welche? Es gibt unter den Ausstellungsstücken Lebewesen, die sich anscheinend aus eigener Kraft fortbewegt haben. Das ist wohl am deutlichsten bei *Kimberella* der Fall. Das Tier, das rechts oben abgebildet ist, sah offenbar aus wie die obere Hälfte eines Macarons, allerdings eines ovalen Macarons, mit Vorder- und Hinterseite und vielleicht mit einem zungenartigen Anhängsel an einem Ende. Die Spuren, die es zurückgelassen hat, lassen darauf schließen, dass es das Sediment vor sich hergeschoben hat und die Oberflächen, über die es kroch, wohl zur Nahrungsaufnahme abkratzte. *Kimberella* wird mitunter als Weichtier beschrieben oder auch als einer aufgegebenen Evolutionslinie zugehörig, die den Weichtieren nahestand. Wenn *Kimberella* kriechen konnte, dann verfügte das Tier, vor allem da es mehrere Zentimeter groß werden konnte, mit ziemlicher Sicherheit über ein Nervensystem.

Kimberella scheint der offensichtlichste Fall eines sich selbst bewegenden Ediacara-Tieres, aber es gab höchstwahrscheinlich noch andere. In der Nähe von *Dickinsonia*-Fossilien finden sich häufig blassere Spuren, die die gleiche Form wie das Fossil aufweisen. Das Tier schien am Boden zu sitzen und eine Weile zu fressen, bevor es sich weiterbewegte. Manche Rekonstruktionen des Lebens im Ediacarium zeigen einige wenige schwimmende Tiere, darunter auch die nach ihrem Entdecker Reginald Sprigg benannte *Spriggina*. Gehling hält dieses Szenario für unwahrscheinlich, weil die Fossilien von *Spriggina* immer in der gleichen Lage gefunden werden. Wenn das Tier schwimmend unterwegs gewesen und durch irgendein kleines Unglück getötet geworden wäre, hätte zumindest die Chance bestanden, dass es auch umgekehrt auf dem Boden landete. Gehling geht deshalb davon aus, dass *Spriggina* wie *Kimberella* kriechend unterwegs war.

Manche Biologen haben die These aufgestellt, dass die Ediacara-Fauna ein Experiment der Evolution sei, bei dem zwar tier*ähnliche* Wesen, aber keine echten Tiere in Erscheinung traten. Anstatt auf jenem Ast des Lebensstammbaums zu sitzen, der zu den Tieren führt, würden sie einen anderen Weg darstellen, auf dem sich Zellen zu einem Organismus zusammenfügen können. Die fremdartigen dreiseitigen Formen und die wie aufgesteppt wirkenden Wedel mögen eine derartige Auffassung stützen. Eine gängigere Interpretation lautet, dass manche Ediacara-Tiere wie *Kimberella* einer vertrauten Tiergruppe angehörten, während andere Fossilien zusammen mit urtümlichen Algen und anderen Lebensformen evolutionäre Abwege darstellten. Ein Motiv allerdings, dass einigermaßen konstant auftaucht, besagt, dass es in der Ediacara-Welt ziemlich friedlich, ohne Konflikt und räuberisches Verhalten zuging.

Der Ausdruck Frieden dürfte nicht ganz zutreffend sein, denn er suggeriert eine Art Freundschaft oder einen absichtlichen Waffenstillstand. Indes scheint es eher so, als hätten die Ediacara-Tiere wenig miteinander zu tun gehabt. Sie weideten auf den Bakterienmatten, filterten Nahrung aus dem Wasser, und manche wanderten auch herum. Wenn die fossilen Befunde überhaupt ein Anhaltspunkt sind, standen die Tiere kaum miteinander in Wechselwirkung.

Womöglich ist der Fossilbericht aber kein guter Wegweiser. Im ersten Teil dieses Kapitels habe ich dargelegt, dass die Welt der einzelligen Organismen voller verborgener, von chemischen Signalen vermittelter Wechselwirkungen ist. Dies könnte auch für das Ediacarium zutreffend sein, wobei diese Interaktionsform keine fossilen Spuren hinterlässt. Und mit Sicherheit konkurrierten die Ediacara-Tiere in einem evolutionären Sinne miteinander - das ist in einer Welt sich reproduzierender Organismen unvermeidlich. Einige der offensichtlichsten Formen der Wechselwirkung zwischen Organismen schienen aber tatsächlich zu fehlen. Insbesondere fehlen Hinweise auf räuberisches Verhalten, es gibt keine Überreste halb aufgefressener Tiere. (Bei einem Tier, *Cloudina*, weisen einige wenige Fossilien womöglich Anzeichen von Verletzungen auf, die auf räuberisches Verhalten zurückgehen, aber auch das ist nicht gesichert.) Auf jeden Fall handelte es sich nicht um eine Welt des Fressens und Gefressenwerdens. Vielmehr scheint es, um einen Ausdruck des amerikanischen Paläontologen Mark McMenamin zu bemühen, ein *Garten Ediacara* gewesen zu sein.

Doch auch von den aus dem Ediacarium überlieferten Körpern können wir etwas über das Leben lernen. Die damals lebenden Geschöpfe scheinen keine großen und komplexen Sinnesorgane gehabt zu haben. Es gibt keine großen Augen, keine Fühler. Sie verfügten zwar mit einiger Sicherheit über eine Empfänglichkeit für

Licht und chemische Spuren, ließen aber, soweit wir das beurteilen können, keine große Energie in die Verbesserung dieser Mechanismen fließen. Weder Klauen, Stacheln noch Gehäuse liegen vor, keine Waffen und keine Schilde, um sich gegen die Waffen zu verteidigen. Das Leben schien ein Leben ohne Konflikte und komplizierte Interaktionen gewesen zu sein; jedenfalls entwickelte sich kein aus solchen Interaktionen vertrautes Instrumentarium. Es war ein Garten relativ autarker und selbstgenügsamer Wesen. Macarons, die aneinander vorbeiziehen.

All das hat mit dem heutigen Leben der Tiere nur wenig gemein. Unsere näheren tierischen Verwandten sind gegenüber ihrer Umgebung stets auf der Hut; sie beobachten Freunde, Feinde und zahlreiche landschaftliche Merkmale mit gespannten Sinnen. Das müssen sie tun, denn was um sie herum geschieht, ist entscheidend; oft ist es eine Sache auf Leben und Tod. Die Ediacara-Lebewesen weisen keine Anzeichen einer solchen in jedem Moment überlebenswichtigen Verzahnung mit ihrer Umwelt auf. Wenn dem tatsächlich so war, ist es sehr wahrscheinlich, dass unsere Ediacara-Urahnen ihre Nervensysteme, sollten sie denn welche besessen haben, anders eingesetzt haben, als sie in den rezenten Tieren zur Geltung kommen. Es könnte also insbesondere eine Zeit gewesen sein, als diese Nervensysteme in ihrer Funktion der zweiten Theorie der Evolution der Nervensysteme entsprachen, jener Sichtweise, die ich weiter oben angeführt habe und die, anstatt die sensomotorischen Steuerung zu favorisieren, auf die interne Koordination setzt. Nervensysteme waren dazu ausgelegt, Bewegungen Gestalt zu geben, Rhythmen einzuhalten, das Kriechen und (vielleicht) das Schwimmen zu ermöglichen. Dafür wäre es bis zu einem gewissen Grad erforderlich gewesen, die Umgebung wahrzunehmen, aber eben nur bis zu einem gewissen Grad.

Hypothesen wie diese mögen irrig sein; vielleicht nämlich fand in hohem Maße Wahrnehmung und Interaktion unter Verwendung von Organen statt, die aus weichem Gewebe bestanden und keine Spur hinterließen. Und noch etwas hat mich bei den Erörterungen über die friedvolle Ediacara-Fauna stutzig gemacht: die Rolle der Quallen. Die Fossilien, die Sprigg gefunden hatte, waren, anders als gedacht, keine Quallen, doch man vermutet, dass Quallen damals bereits vorkamen, in der Regel aber keine Spuren hinterließen. Nesseltiere allgemein, aber insbesondere Quallen, haben Nesselzellen, und ein Garten mit stechenden Quallen ist, wie jeder Australier versichern wird, alles andere als ein Garten Eden.

Als die Royal Society of London 2015 eine Konferenz über frühe Tiere und die ersten Nervensysteme abhielt, war das Alter des ersten Quallenstichs Thema einer verwirrenden Diskussion. Alles spricht dafür, dass die Nesseln der *Cnidaria* sich früh entwickelten; das lässt sich aus der Tatsache schließen, dass die evolutionäre Aufspaltung zwischen den beiden Hauptzweigen dieser Gruppe offenbar im Ediacarium oder sogar noch früher datiert und dass die Nesseln bei Tieren auf beiden Seiten der Aufspaltung gleich beschaffen sind. Die Nesseln der *Cnidaria* sind Waffen. Erfüllten sie offensive oder defensive Aufgaben? Damals existierten weder die Beutetiere noch die Fressfeinde der modernen Nesseltiere. Wem also galten die Stiche? Wir wissen es nicht.

Gleich, ob das Leben im Ediacarium längst nicht so friedfertig war, wie bisweilen angenommen, eine völlig andere Welt dämmerte bereits herauf.

Vor etwa 542 Millionen Jahren setzte die sogenannte Kambrische Explosion ein. In einer relativ plötzlichen Kette von Ereignissen entstanden die meisten tierischen Grundformen, die wir heute kennen. Zu diesen tierischen Grundformen gehören noch keine Säugetiere, wohl aber die Wirbeltiere in Form von Fischen. Auch die Gliederfüßer gehören dazu – Tiere mit einem Außenskelett und gelenkigen Gliedern, wie etwa die Trilobiten – sowie Würmer und einige andere.

Warum ist die Kambrische Explosion damals eingetreten, und warum erfolgte sie so schnell? Der Zeitpunkt dürfte mit klimatischen und chemischen Veränderungen auf der Erde zu tun haben. Das Ereignis selbst aber wird weitgehend von einer Art evolutionärem Feedback angetrieben worden sein, der sich den Wechselwirkungen zwischen den Organismen verdankte. Im Kambrium wurden die Tiere auf neue Weise, insbesondere durch räuberisches Verhalten, jeweils Teil des Lebens anderer Tiere. Das heißt, wenn eine Art sich nur ein bisschen weiterentwickelte, änderte sie die Umwelt für andere Tiere, die sich dann entsprechend anpassten. Seit dem unteren Kambrium gab es mit Sicherheit räuberisches Verhalten und mit ihm alles, was dadurch begünstigt wird: Aufspüren, Jagen, Verteidigen. Wenn ein Beutetier sich zu verstecken oder zu verteidigen beginnt, verbessern Beutegreifer ihre Fähigkeit, es aufzuspüren und zu überwältigen, was wiederum auf der Seite des Beutetiers zu verbesserten Abwehrmaßnahmen führt. Eine Art Wettrüsten setzt ein. Schon früh im Kambrium weist die Fossilüberlieferung der Tiere Elemente auf, die im Ediacarium nicht festzustellen waren: Augen, Fühler und Klauen. Die Evolution des Nervensystems ging neue Wege.

Auch die Revolution des Verhaltens, die sich im Kambrium andeutete, trat zum großen Teil deshalb auf, weil in einem speziellen Körperbau angelegte Möglichkeiten sich entfalten konnten. Bei einer Qualle gibt es oben und unten, nicht aber links und rechts. Man spricht in diesem Fall von Radialsymmetrie. Menschen, Fische, Kraken, Ameisen und Regenwürmer sind Bilateria oder bilateralsymmetrische Tiere. Wir verfügen über eine Vorder- und eine Rückseite und von daher über eine linke und rechte Seite und eine Ober- sowie eine Unterseite. Die ersten Bilateria, zumindest einige ihrer frühen Vertreter, könnten in etwa so ausgesehen haben:

Ich habe dem Tier Augenflecken auf jeder Seite seines Kopfes gegeben, obwohl dies umstritten ist (zudem sind die Augen übertrieben groß dargestellt, sie werden wahrscheinlich winzig gewesen sein). Ich war also großzügig mit den frühen Bilateria.

Von einigen Tieren aus dem Ediacarium nimmt man an, dass sie Bilateria waren, auch die ein paar Seiten zuvor abgebildete *Kimberella*. Falls *Kimberella* zu den bilateralsymmetrisch aufgebauten Tieren gehörte, dann führten diese Tiere bereits kurz vor dem Kambrium ein etwas aktiveres Leben als die anderen Lebewesen. Doch im Kambrium waren sie nicht mehr aufzuhalten. Der bilaterale Körperbauplan ist zur Bewegung prädestiniert - Gehen ist solch eine bilaterale Sache -, und der Bauplan hat sich für viele Formen komplexen Verhaltens als günstig erwiesen. Die im Kambrium erfolgende Diversifizierung und Verflechtung des Lebens war in der Hauptsache ein Werk der Bilateria.

Bevor wir mit der Welt der bilateralen Evolution weitermachen, sollten wir kurz innehalten und uns fragen, welches Tier ohne einen bilateralen Körperbauplan ein hoch entwickeltes Verhalten an den Tag legt, welches also das intelligenteste ist. Fragen wie diese unvoreingenommen zu beantworten, ist bekanntlich nicht einfach, doch in diesem Fall ist die Antwort eindeutig: Die Tiere mit dem höchstentwickelten Verhalten außerhalb der Bilateria sind die schrecklichen Würfelquallen, die *Cubozoa*.

Angesichts ihrer weichen Körper und der spärlichen Fossilüberlieferung ist es nicht leicht auszumachen, wann sich die verschiedenen Quallenarten entwickelt haben, aber von den Würfelquallen nimmt man an, dass sie Spätankömmlinge sind und erst im Kambrium oder danach auftraten. Ein allen Nesseltieren gemeinsames Merkmal ist, wie bereits erwähnt, die Ausstattung mit Nesseln. Einige Würfelquallen besitzen ein wahrhaft brutales Gift in ihren Nesselzellen, stark genug, um etliche Menschen gleichzeitig zu töten. Mit der Ankunft der Würfelquallen leeren sich jeden Sommer die Strände in Nordostaustralien komplett;

ein Großteil des Jahres ist es außer in mit Netzen gesicherten Arealen zu gefährlich, überhaupt ins Meer hinauszuschwimmen. Um dem Problem noch eins aufzusetzen: Diese Quallen sind im Wasser nicht zu sehen. Sie besitzen zudem das komplexeste Verhalten aller nicht bilateralsymmetrisch aufgebauten Tiere. Rund um ihre Körperoberseite sitzen zwei Dutzend hoch entwickelte Augen, die wie die unseren mit Linse und Retina ausgestattet sind. Die *Cubozoa* können etwa drei Knoten schnell schwimmen, und einige können sogar navigieren, indem sie sich an Landmarken an der Küste orientieren. Auch die Würfelquallen, diese tödliche, die Evolution der Nicht-Bilateria krönende Spezies, sind Hervorbringungen jener neuen Welt, die im Kambrium entstand.

~ Sinne

Nervensysteme entwickelten sich noch vor dem bilateralen Körperbauplan, doch erst dieser erweiterte die Möglichkeiten ihrer Anwendung immens. Während des Kambriums wurden die Beziehungen zwischen den Tieren zu einem wichtigeren Faktor für die einzelnen Lebensformen. Das Verhalten - beobachten, ergreifen und entweichen - richtete sich immer stärker auf andere Tiere aus. Seit dem unteren Kambrium sind Fossilien auszumachen, die mit den Mechanismen dieser Interaktionen ausgestattet sind: Augen, Klauen, Fühler. Zudem weisen die Tiere mit Beinen und Flossen Merkmale auf, die eindeutig auf Bewegung schließen lassen. Beine und Flossen künden nicht zwangsläufig davon, dass die Tiere miteinander interagierten. Klauen hingegen lassen kaum einen Deutungsspielraum zu.

Im Ediacarium mögen sich in der Umgebung eines Tieres andere Tiere aufgehalten haben, ohne für dieses sonderlich relevant gewesen zu sein. Im Kambrium wird jedes Tier zu einem wichtigen Teil der Umwelt anderer Tiere. Diese enge Verflechtung des Lebens und ihre evolutionären Folgen sind dem Verhalten und den Mechanismen, die es kontrollieren, zuzuschreiben. Von diesem Punkt an entwickelte sich der Geist in Reaktion auf den Geist anderer Tiere.

Sie werden nun einwenden, dass der Ausdruck »Geist« hier unangebracht ist. Dazu möchte ich in diesem Kapitel noch nicht viel sagen. Nicht abzustreiten allerdings ist, dass die Sinne, die Nervensysteme und das Verhalten eines Tieres sich als Reaktion auf die Sinne, Nervensysteme und das Verhalten anderer Tiere entwickelten. Die Handlungen eines Tieres schufen Möglichkeiten für und Anforderungen an andere Tiere. Wenn ein schnell schwimmender, fast ein Meter langer *Anomalocaris* wie ein riesiger Raubkakerlak mit zwei angriffsbereiten und ausgefahrenen Greifarmen an seinem Kopf heranschießt, ist es gut, zu *wissen*, dass dies gerade geschieht, und ein Ausweichmanöver zu starten.

Die Sinne dürften für die Lebewesen des Kambriums absolut entscheidend gewesen sein: Die Organismen öffneten sich der Welt, öffneten sich aber vor allem den anderen Lebewesen gegenüber. So traten offenbar die ersten hoch entwickelten Augen auf, Augen, die ein Bild erzeugen können. Im Kambrium erschienen sowohl die Facettenaugen, wie wir sie heute von Insekten kennen, als auch die Kameraaugen, mit denen auch unsereins ausgestattet ist. Man vergegenwärtige sich die Folgen, die sich für das Verhalten und die Evolution ergeben, wenn man das erste Mal Gegenstände in seiner Umgebung erkennt, insbesondere solche, die etwas entfernt sind und sich bewegen. Der Biologe Andrew Parker hat die These aufgestellt, dass die Erfindung des Auges das für das Kambrium entscheidende Ereignis war. Andere haben etwas umfassendere Ansichten entwickelt, aber mit dem gleichen Tenor. Dem Paläontologen Roy Plotnick und seinen Kollegen zufolge führte die Entwicklung der Sinnesorgane zu einer »kambrischen Informationsrevolution«. Mit dem Zustrom von Sinnesinformationen entsteht Bedarf nach komplexer interner Verarbeitung. Je mehr Wissen vorliegt, desto komplizierter werden die Entscheidungen.

(Wird mich der *Anomalocaris* eher erwischen, wenn ich in dieses oder in jenes Loch fliehe?) Ein bilderzeugendes Auge ermöglicht Handlungen, die ohne es undenkbar wären.

Jim Gehling, mein Führer durch das Ediacarium, und der britische Paläontologe Graham Budd haben Szenarien entwickelt, wie der zu den besagten Veränderungen führende Rückkopplungsprozess in Gang kam. Gehling vermutet, dass gegen Ende des Ediacariums die ersten Aasfresser auftraten, auf die bald räuberisches Verhalten folgte. Tiere gingen vom Abweiden mikrobischer Matten über zum Fressen verendeter Tiere und begannen dann, die lebenden zu jagen. Nach Budds Auffassung veränderte das Verhalten der Tiere selbst die Art und Weise, wie im Ediacarium Ressourcen verteilt wurden. Man stelle sich eine Welt vor, in der sich essbare Mikrobenmatten wie eine endlose sumpfige Wiese erstreckten. Grasende Tiere wandern in langsamen Bewegungen über die Matten und weiden eine ziemlich gleichförmige Nahrungsquelle ab. Es gibt jedoch Tiere, die sich ernähren, ohne sich zu bewegen. Diese Lebewesen werden dann zu einer neuen Ressource; sie stellen große Konzentrationen von nahrhaften Kohlenstoffverbindungen dar. Die Nahrung ist von nun an nicht mehr so ausgebreitet wie früher. Sie gibt es nur noch stellenweise. Die betreffenden Tiere sind zunächst wohl nur gefressen worden, nachdem sie gestorben waren. Doch dies änderte sich rasch. Das Fressen von Aas entwickelte sich zu räuberischem Verhalten.

Wenn man den Fossilbericht für bare Münze nimmt, so gab offenbar eine Gruppe das Tempo vor: die Gliederfüßer. Zu dieser Gruppe gehören heute Insekten, Krebse und Spinnen. Schon früh im Kambrium ist das Aufkommen der Trilobiten festzustellen, prototypische Gliederfüßer mit Panzerung, Gliederbeinen und Facettenaugen. In der Fotografie des *Dickinsonia*-Fossils auf Seite 39 sieht man zwei weit kleinere Fossilien über den Buchstaben A und B. Diese Tiere sind nur wenige Millimeter lang, und Gehling glaubt, sie könnten Vorläufer von Trilobiten sein – noch mit weichem Körper, aber mit Hinweisen auf einen Trilobiten-Bauplan. In der Abbildung erscheint *Dickinsonia* in der klassischen Ediacara-Weise, ohne dass Glieder, Kopf oder Schutzhüllen erkennbar wären, während zielbewusste kleine Käfer in seiner Nähe lauern. Das Bild erinnert mich an eine Zeichnung in einem Buch über Dinosaurier und ihren Niedergang, das ich als Kind besaß. Dort ragte ein riesiger Dinosaurier über ein paar zu seinen Füßen schelmisch dreinblickenden Säugetieren, spitzmausähnlichen Kreaturen, auf. Ich glaube, sie hatten ihren Blick auf ein Gelege von Dinosauriereiern gerichtet. Die Trilobiten-Vorläufer mit der nichts ahnenden Seerosenblatt-Badematten-*Dickinsonia* darüber haben es offenbar auf ein ähnliches Ziel abgesehen.

Michael Trestman, auch ein Philosoph, hat eine interessante Perspektive auf diese Tiere zu bieten. Man führe sich die Kategorie jener Tiere vor Augen, die komplexe, aktive Körper besitzen. Es sind Tiere, die sich schnell bewegen und Gegenstände erfassen und manipulieren können. Ihre Körper verfügen über Glieder, die sich in vielerlei Richtungen bewegen können, und sie haben Sinnesorgane, wie etwa Augen, die entfernte Gegenstände aufspüren können. Trestman sagt nun, dass lediglich drei der großen Tierstämme Arten mit komplexen, aktiven Körpern hervorgebracht hätten. Die betreffenden Gruppen sind die Gliederfüßer, die Chordatiere (Tiere, die wie wir über einen am Rücken liegenden Nervenstrang verfügen) und eine Untergruppe der Weichtiere, die Kopffüßer. Diese drei scheinen bereits eine große Kategorie zu bilden, da sie zu jenen Lebewesen gehören, die uns in den Sinn kommen, wenn wir an Tiere denken. In vielerlei Hinsicht handelt es sich jedoch nur um eine kleine Gruppe. Es gibt ungefähr 34 Tierstämme, die sich in ihren Bauplänen grundlegend unterscheiden. Nur drei dieser Stämme beherbergen Tiere mit komplexen, aktiven Körpern, wobei in einem davon, dem der Weichtiere, nur die Kopffüßer dazuzählen.

Mit diesen weit zurückliegenden Stadien der Naturgeschichte vor Augen, wende ich mich wieder der Aufteilung zwischen der sensomotorischen und der handlungsformenden Sichtweise des Nervensystems und seiner Evolution zu. Die Unterscheidung habe ich bereits eingeführt und sie mit den zwei Funktionen verknüpft, die Signale im sozialen Leben einnehmen können (Küster und Revere oder Ruderboot). Ich habe angemerkt, dass die beiden Funktionen zwar unterschiedlich, aber auch miteinander kompatibel sind. Worin liegt die historische Bedeutung dieser Unterscheidung? Lässt sie sich dem Gang durch die Millennien vom Ediacarium zum Kambrium und zu jüngeren Epochen auf natürliche Weise einfügen? Dass sich die Funktion der Nervensysteme verändert hat, liegt durchaus im Bereich des Möglichen. Die Außenwelt bis zu einem gewissen Grad abzutasten, dürfte immer lohnenswert sein, im Kambrium wird dieser Lebensaspekt aber offenbar deutlich wichtiger. Auf einmal gibt es mehr, was zu sehen sich auszahlt, und mehr, was als Reaktion darauf getan werden muss. Nicht aufmerksam zu sein, hat nun zum ersten Mal zur Folge, von den herabschießenden *Anomalocariden* gefressen zu werden. Die frühesten Nervensysteme dürften in erster Linie wohl der Bewegungskoordination gedient haben. Was zunächst den Körper der ursprünglichen Nesseltiere in Bewegung versetzte, formte später die Aktionen der Ediacara-Tiere. Doch wenn es eine solche Zeit überhaupt gegeben hat, dann war sie mit dem Kambrium vorbei.

Dies ist jedoch nur eine Möglichkeit. Unsere Vorstellungen, die von einem in modernen Körpern stattfindenden Leben geformt sind, dürften die Bandbreite der Optionen unterschätzen. Es gibt unzählige Möglichkeiten, wie etwa jene, die von dem Biologen Detlev Arendt und seinen Kollegen entwickelt wurde: Sie vertreten die Hypothese, dass die Nervensysteme zweimal entstanden. Sie meinen damit nicht, dass sie in zwei verschiedenen Tieren entstanden sind, sondern zweimal in denselben Tieren, an verschiedenen Stellen des Körpers. Man stelle sich ein quallenähnliches Tier vor, das wie eine Kuppel geformt ist, mit einem Mund an der Unterseite. Ein Nervensystem entwickelt sich an der Spitze der Kuppel und nimmt Licht wahr, jedoch nicht als Handlungsanleitung. Es verwendet das Licht zur Kontrolle der körperlichen Abläufe und zur Hormonregulierung. Zur Überwachung von Bewegungen bildet sich ein zweites Nervensystem aus, anfangs lediglich zur Kontrolle der Mundbewegungen. In einem gewissen Stadium beginnen die Systeme innerhalb des Körpers zu wandern und in eine neue Beziehung zueinander zu treten. Für Arendt ist das einer der entscheidenden Momente, der die Bilateria im Kambrium einen so großen Sprung machen ließ. Ein Teil des Körperkontrollsystems wanderte in den oberen Teil des Tieres, wo das lichtempfindliche System saß. Dieses steuerte lediglich chemische Veränderungen und Zyklen, nicht aber das Verhalten. Doch als sich die beiden Systeme verbanden, erhielten sie eine neue Funktion.

Was für ein erstaunliches Bild: In einem langen evolutionären Prozess wanderte ein Gehirn, das Bewegungen steuert, in den Kopf hinauf, um dort auf ein paar lichtempfindliche Organe zu treffen, die dann zu Augen werden.

~ Die Gabelung

Der Körperbauplan der Bilateria entstand in kleinen und unbedeutenden Formen vor dem Kambrium, aber er wurde zu dem Grundgerüst, in dem sich in einer langen Reihe von Schritten eine zunehmende Verhaltenskomplexität festschrieb. Den frühen bilateralsymmetrischen Tieren kommt in diesem Buch noch eine andere Rolle zu. Einige Zeit, nachdem sie erschienen waren, sehr wahrscheinlich noch im Ediacarium, fand eine Abzweigung statt, eine der zahllosen evolutionären Gabelungen, die im Laufe der Jahrmillionen auftreten. Eine Population dieser Tiere spaltete sich auf. Die Tiere, die die beiden unterschiedlichen Pfade eingeschlagen hatten, dürften zu Anfang wie kleine, abgeflachte

Würmer ausgesehen haben. Sie besaßen Neuronen und vielleicht sehr einfache Augen, aber noch nichts von der Komplexität, die noch folgen sollte. Ihre Größe bemaß sich wohl in Millimetern.

Nach der harmlosen Abspaltung entwickelten sich die Tiere auseinander und wurden zu Urahnen jeweils eines großen und dauerhaften Astes auf dem Stammbaum des Lebens. Eine Seite führte zu einer Gruppe, zu der neben einigen überraschenden Mitgliedern wie den Seesternen auch die Wirbeltiere gehören, während die zweite zu einer großen Bandbreite anderer Wirbelloser führte. Der Zeitpunkt kurz vor dieser Aufspaltung ist der letzte Moment, an dem wir die Evolutionsgeschichte mit der großen Gruppe der Wirbellosen teilen, zu der Käfer, Hummer, Nacktschnecken, Ameisen und Falter gehören.

Im Folgenden ist ein Diagramm zu sehen, das den Teil des Stammbaums zeigt, der für uns eine Rolle spielt. Viele Gruppen außerhalb wie innerhalb der abgebildeten Zweige sind in der Abbildung weggelassen worden. Der Moment, von dem wir hier sprechen, ist mit »Die Gabelung« bezeichnet.

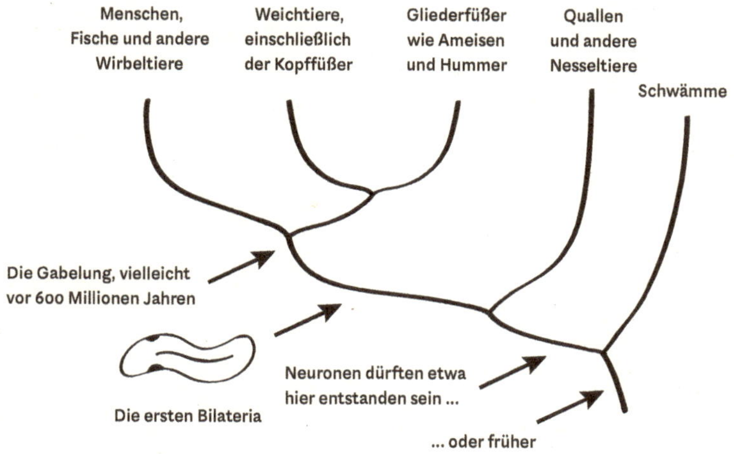

Auf jedem von der Gabelung wegführenden Pfad traten weitere Abzweigungen auf. Auf der einen Seite erscheinen erst die Fische, dann die Dinosaurier und die Säugetiere. Das ist die Seite des Menschen. Auf der anderen führen spätere Verzweigungen zu den Gliederfüßern, den Weichtieren und weiteren Gruppen. Auf beiden Seiten erfährt das Leben, vom Ediacarium bis ins Kambrium und noch weiter, eine zunehmende Verflechtung, die Sinne öffnen sich, und die Nervensysteme werden größer. Bis sich, in einem winzigen Beispiel dieser miteinander verflochtenen Wahrnehmungen und Verhaltensweisen, ein in Gummi gehülltes Säugetier und ein in allen Farben changierender Kopffüßer im Pazifischen Ozean begegnen und sich gegenseitig anstarren.

3
Schabernack und Listigkeit

Schabernack und Listigkeit müssen schlechterdings als Wesensmerkmale dieser Kreatur angesehen werden.

Claudius Aelianus, 3. Jahrhundert n. Chr., über den Polypen

Im Schwammgarten

Etwas beobachtet dich, aufmerksam, aber du kannst es nicht sehen. Dann, irgendwie von seinen Augen angezogen, erkennst du es.

Du befindest dich mitten in einem Schwammgarten, der Meeresboden ist mit buschigen Klumpen helloranger Schwämme übersät. Mit einem dieser Schwämme und dem graugrünen Seetang ringsum verwoben, verbirgt sich ein Tier von der Größe einer Katze. Dabei scheint sein Körper überall und nirgends zu sein. Fast nichts an ihm besitzt eine bestimmte Form. Das Einzige, woran du dich festhalten kannst, ist ein kleiner Kopf und die beiden Augen. Wenn du um den Schwamm herumschwimmst, dann tun es auch diese Augen, sie bleiben auf Distanz und achten darauf, dass sich immer ein Stück Schwamm zwischen euch befindet. Die Farbe des Tieres passt haargenau, geradezu perfekt, zu dem Seetang ringsum, nur sind manche Bereiche seiner Haut zu winzigen turmartigen Erhebungen aufgefaltet, und die Spitzen dieser Erhebungen passen – fast ebenso perfekt – zu dem Orange des Schwamms.

Langsam bewegst du dich auf seine Seite des Schwamms, und erst dann reckt es seinen Kopf hervor und schießt mit seinem Strahlantrieb davon.

Eine zweite Begegnung mit einem Kraken: diesmal in einem Unterschlupf. Vor dem Bau liegen Muscheln, durchsetzt von einigen alten Glasscherben. Du stoppst vor seinem Haus, und ihr seht euch an. Dieser Krake ist klein, von der Größe eines Tennisballs. Du streckst eine Hand aus, dann einen Finger, und langsam entringelt sich ein Oktopusarm, wandert nach draußen, um dich zu berühren. Die Saugnäpfe bekommen deine Haut zu fassen, der Griff ist beunruhigend fest. Mit den angedockten Saugnäpfen zerrt er an deinem Finger und zieht dich sachte zu sich hin. Auf seinem Arm sitzen unzählige Sensoren, Hunderte in jedem der dutzendweise vorhandenen Saugnäpfe. Er *schmeckt* deinen Finger, während er ihn zu sich heranzieht. Der Arm selbst ist lebendig, voller Neuronen, die ein dichtes Geflecht nervlicher Aktivität bilden. Unentwegt spähen von hinter dem Arm große, runde Augen nach dir. Hunderte Millionen von Jahren nach den in Kapitel 2 berichteten Ereignissen ist dies einer der Orte, an dem die Evolution der Tiere nun angelangt ist.

~ Die Evolution der Kopffüßer

Kraken und andere Kopffüßer sind Weichtiere - sie gehören zu einer großen Tiergruppe, die auch Muscheln, Austern und Schnecken umfasst. Die Evolution der Weichtiere ist also in Teilen auch die Geschichte der Kraken. Im vorigen Kapitel waren wir beim Kambrium angekommen, jener Periode in der Naturgeschichte, als in der Fossilüberlieferung ein breites Spektrum an Körperbauplänen zutage trat. Die meisten dieser Tierstämme, einschließlich der Weichtiere, muss es schon vor dem Kambrium gegeben haben. Im Kambrium aber werden die Weichtiere aufgrund ihrer Schalen augenfällig.

Schalen waren die Antwort der Mollusken auf eine anscheinend abrupte Veränderung im Leben der Tiere: die Erfindung räuberischen Verhaltens. Ist man unversehens von Kreaturen umgeben, die einen sehen können und gerne fressen würden, bieten sich verschiedene Wege an, darauf zu reagieren, und eine besonders von den Weichtieren favorisierte Möglichkeit besteht darin, sich eine harte Schale wachsen zu lassen und darin oder darunter zu leben. Die Abstammungslinie der Kopffüßer geht wahrscheinlich auf ein frühes Weichtier zurück, das unter einer harten, wie eine Mütze zugespitzten Schale auf dem Meeresboden kroch. Dieses Tier hatte in etwa das Aussehen einer Napfschnecke, also jener einfachen Schalentiere, wie sie heute in den Gezeitentümpeln auf den Steinen haften. Die Mütze wuchs im Laufe der Evolution wie Pinocchios Nase und nahm langsam die Form eines Horns an. Die Tiere waren klein, und das Hörnchen war nicht länger als zwei Zentimeter. Wie bei anderen Weichtieren verankerte eine Art Fuß, ein Muskel, das unter der Schale lebende Tier auf dem Meeresboden, sodass es kriechen konnte. In einer späteren Phase des Kambriums lösten sich manche dieser Tiere vom Meeresboden und stiegen in die Wassersäule auf. Auf trockenem Land ist es für ein Tier unmöglich, sich ohne Anstrengung in die Luft zu erheben; ein solcher Schritt würde die aufwendige Ausbildung von Flügeln oder Ähnlichem erfordern. Im Meer hingegen ist es ein Leichtes, abzuheben, getragen zu werden und zu warten, wohin man treibt.

Eine nach oben zugespitzte, dem Schutz dienende Schale kann, wenn sie mit Gas gefüllt wird, in eine Art Auftriebskörper umgewandelt werden. Frühe Kopffüßer haben offenbar genau das getan. Der Schale Auftrieb zu verleihen, mag anfänglich das Kriechen erleichtert haben, und viele der damaligen Kopffüßer dürften sich halb kriechend, halb schwimmend über den Meeresboden bewegt haben. Einige jedoch stiegen höher und stießen weiter oben auf eine Welt voller Chancen. Eine kleine Menge

Luft in der Schale vermag eine Napfschnecke in einen Zeppelin zu verwandeln.

Da sich die Zeppelinkopffüßer vom Boden gelöst hatten, war ihr Fuß nicht mehr zum Kriechen zu gebrauchen, und sie erfanden den Strahlantrieb, indem sie Wasser durch einen röhrenartigen *Sipho* leiteten, der in verschiedene Richtungen gelenkt werden konnte. Der Fuß selbst war nun frei geworden, um Gegenstände zu ergreifen und zu manipulieren, und ein Teil davon blühte zu einem Büschel von Tentakeln auf. Von Aufblühen zu sprechen, dürfte für das Tier am anderen Ende der Tentakel, jener Beute also, die ergriffen wurde, unangemessen klingen, da die Fangarme mit Dutzenden scharfen Haken besetzt waren. Mit dem Aufstieg in die Wassersäule war den Kopffüßern die Möglichkeit gegeben, sich von anderen Tieren zu ernähren und selbst Beutegreifer zu werden. Dies taten sie mit großem evolutionärem Enthusiasmus. Zahlreiche Formen erschienen auf der Bildfläche, mit lang gestreckten und schneckenförmig eingerollten Schalen, die Größten erreichten eine Länge von fünfeinhalb Metern oder mehr. Kopffüßer, anfangs so winzig wie Napfschnecken, waren zu den furchterregendsten Raubtieren des Meeres geworden.

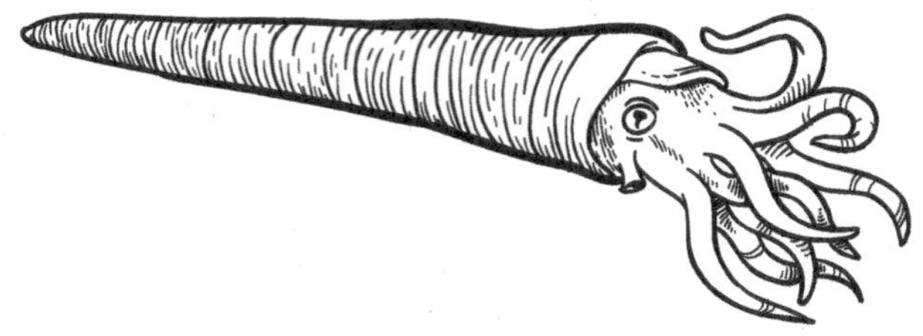

Einige Kopffüßer waren keine Zeppeline geworden, sondern streiften als Luftkissenboote und Panzer über den Meeresboden; es gibt Schalen aus dieser Zeit, die für einen Transport im offenen Wasser zu sperrig scheinen. Heute sind – mit einer wenig Furcht einflößenden Ausnahme, dem Nautilus – all diese Tiere ausgestorben. Sie gingen während einem der großen Massenaussterben zugrunde, die die Geschichte des Lebens unterbrechen, wahrscheinlich aber auch, weil die räuberischen Kopffüßer von den Fischen, die an Größe zulegten und mit immer besseren Waffen ausgestattet waren, langsam verdrängt wurden. Die Zeppeline waren von Flugzeugen angegriffen und schließlich besiegt worden.

Der auch als Perlboot bezeichnete Nautilus allerdings überlebte bis heute. Niemand weiß, weshalb. Am Anfang des Buchs habe ich einen hawaiianischen Schöpfungsmythos zitiert, der den Kraken als »einsamen Überlebenden« einer früheren Welt bezeichnet. Der eigentliche Überlebende, tatsächlich ein Kopffüßer, ist jedoch eher der Nautilus als der Krake. Die im Pazifik lebenden Perlboote haben sich seit 200 Millionen Jahren kaum verändert. Heute leben sie in ihren schneckenförmig gedrehten Schalen als Aasfresser. Sie besitzen einfache Augen und ein Bündel Tentakel und driften in einem Rhythmus, der noch nicht gänzlich erforscht ist, von der Tiefsee bis kurz unter die Oberfläche nach oben und wieder hinab. Offenbar halten sie sich nachts in den höheren Wasserschichten auf und tagsüber in den tieferen.

In der Evolution der Kopffüßer sollte aber noch ein weiterer wichtiger Wandel erfolgen. Einige Cephalopoden haben, offenbar noch vor dem Zeitalter der Dinosaurier, ihre Schalen aufgegeben. Die schützenden Gehäuse, die zu Auftriebskörpern geworden waren, verschwanden, wurden reduziert oder wanderten nach innen. Damit nahm zwar die Bewegungsfreiheit zu, allerdings um den Preis einer deutlich gestiegenen Verwundbarkeit. Das Ganze kam einer Art Wette gleich, aber immerhin wurde dieser Weg mehrere Male eingeschlagen. Der letzte gemeinsame Vorfahr der modernen Kopffüßer ist nicht bekannt, doch an einem Punkt spaltete sich die Abstammungslinie in zwei Hauptäste auf, in eine achtarmige Gruppe mit den Kraken und eine zehnarmige Gruppe, zu der Kalmare und Sepien gehören. Diese Tiere reduzierten ihre Schalen in unterschiedlicher Weise. Bei den Sepien wurde eine nach innen verlegte Schale, der Schulp, beibehalten, der dem Tier dabei hilft, im Wasser zu schweben. Bei den Kalmaren ist nur noch eine schwertartige, Gladius genannte innere Struktur erhalten geblieben. Kraken haben ihre Schale völlig verloren. Als ungeschützte Tiere mit einem weichen Körper begannen zahlreiche Kopffüßer an Riffen im flachen Meer zu leben.

Das erste vermutlich von einem Kraken stammende Fossil ist 290 Millionen Jahre alt. Ich verweise ausdrücklich auf die unsichere Befundlage, denn es gibt nur ein Exemplar und es ist nicht viel mehr als ein Fleck auf einem Stein. Danach weist die Überlieferung eine Lücke auf, und dann, mit einem Alter von etwa 164 Millionen Jahren, liegt ein klarerer Fall vor, ein Fossil, das mit seinen acht Armen und einer oktopusartigen Pose unleugbar wie ein Krake aussieht. Da Kraken nicht gut erhalten bleiben, ist ihre fossile Überlieferung dürftig. Doch ab einem gewissen Zeitpunkt fächerten sie sich in zahlreiche Arten auf; etwa 300 sowohl in der Tiefsee vorkommende als auch an Riffen lebende Spezies sind heute bekannt. Ihre Größe reicht von gerade mal zwei Zentimetern Länge bis zur Gestalt eines Pazifischen Riesenkraken, der bis zu 45 Kilo wiegen kann und dessen ausgestreckte Tentakel eine Spannweite von sechs Metern erreichen.

Das also ist die Reise des Cephalopodenkörpers, ein Weg, der von dem Ediacara-Macaron über das napfschneckenähnliche Schalentier bis zum räuberischen Luftkissentier und Zeppelin führt. Die Behinderung durch die äußere Hülle wurde abgeschafft und die Schale in den Körper verlagert oder wie beim Kraken völlig aufgegeben. Damit kam dem Kraken eine fest umrissene Körperform völlig abhanden. Komplett auf Skelett und Schale zu verzichten, ist ein ungewöhnlicher evolutionärer Schritt für eine

Kreatur dieser Größe und Komplexität. Ein Oktopus besitzt so gut wie keine harten Teile mehr - Augen und Schnabel sind noch die größten - und deshalb kann er sich durch ein Loch zwängen, das ungefähr die Größe seines Augapfels hat, und seine Körperform nahezu beliebig modifizieren. Die Evolution der Kopffüßer hat dem Kraken einen Körper gegeben, dem so gut wie keine Möglichkeit versperrt bleibt.

Als ich eine frühere Version dieses Kapitels schrieb, verbrachte ich einige Tage damit, im felsigen Flachwasser ein Krakenpärchen zu beobachten. Ich sah, wie sie sich einmal paarten und dann, wie es schien, den nächsten Nachmittag lediglich dasaßen. Das Weibchen bewegte sich eine kleine Strecke heraus, kehrte jedoch zu ihrem Unterschlupf zurück, als die Sonne sank. Das Männchen hatte den Tag an einem offeneren Platz keine dreißig Zentimeter vor ihrer Höhle verbracht. Dort befand es sich auch, als sie zurückkam.

Während zweier Nachmittage beobachtete ich sie immer wieder, dann kamen Stürme. Winde mit 100 Kilometer in der Stunde peitschten die Küste, und Wellen rollten aus dem Süden heran. Die Bucht, in der die Kraken leben, ist vor diesem Ansturm geschützt, wenn auch nur leidlich. An ihrem Eingang überschlugen sich die Wellen und verwandelten das Wasser in eine kochende weiße Suppe. Vier Tage lang wurde die Küste von diesen Stürmen in die Mangel genommen. Wohin verziehen sich die Kraken, wenn die Wellen auf ihre Felsen donnern? Ins Wasser zu gehen, um dies festzustellen, daran war nicht zu denken. Für die Sepien ist das alles kein Problem. Ist das Wetter schlecht, verschwinden sie über Wochen. Sie starten ihren Strahlantrieb und ziehen in tiefere, bislang unbekannte Gegenden. Vielleicht ziehen auch die Kraken weiter hinaus in die See, wahrscheinlicher aber klettern sie in einen Felsspalt, verweilen dort über viele Tage und erinnern sich an ihre Vorfahren, die sich unter ihren mützenförmigen Schalen am Fels festhielten.

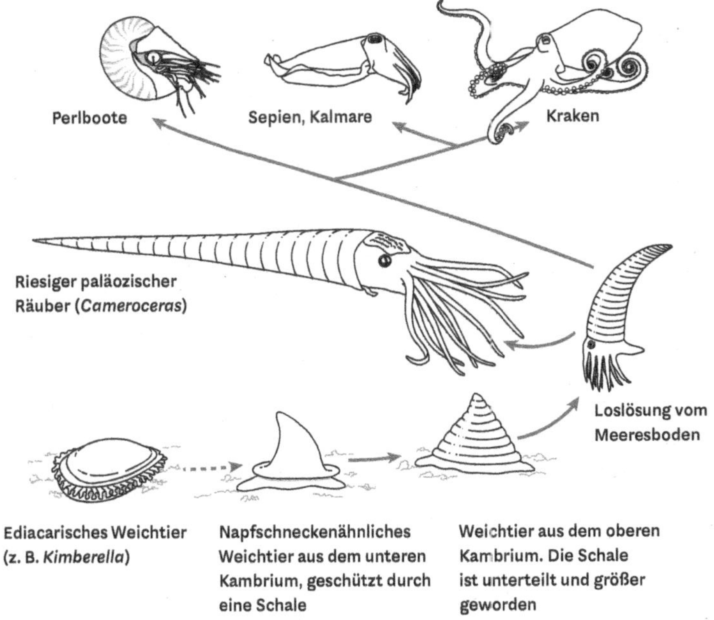

Die Evolution der Kopffüßer: Die Abbildung ist bei Weitem nicht maßstabsgetreu und repräsentiert nicht die eigentlichen Abstammungslinien zwischen den Arten. Sie stellt lediglich eine chronologische Abfolge von Formen dar, die in der Evolution der Kopffüßer aufgetreten sind, und bezeichnet die wichtigsten Verzweigungen auf diesem Weg, der vor über 500 Millionen Jahre einsetzte und bis in die Gegenwart reicht. *Kimberella* ist hier als ein mögliches frühes Stadium angeführt, auch wenn dies umstritten ist. Das napfschneckenähnliche Schalentier wird Urmützenschnecke genannt und gehört der Gattung der Einschaler oder *Monoplacophora* an. Das nächste Tier mit der in Abschnitte unterteilten Schale entspricht in etwa einer *Tannuella*. Geteilter Meinungen ist man, ob *Plectronoceras*, das darauf folgende Stadium, sich schon vom Grund gelöst oder noch auf dem Meeresboden befunden hat. Das Tier wird jedoch aufgrund unterschiedlicher innerer

Merkmale häufig als der erste echte Kopffüßer angesehen. *Cameroceras* ist der Riese unter den großen, räuberischen Kopffüßern, dessen Länge konservativ auf bis zu fünfeinhalb Meter geschätzt wird. Der Krake und die Kalmare sind Nachfahren unbekannter Cephalopoden, die, anders als das Perlboot, das sein Gehäuse behalten und überlebt hat, ihre äußeren Schalen aufgegeben haben und ausgestorben sind.

~ Das Rätsel der Intelligenz

In der Entwicklung der Kopffüßer zu ihren heutigen Formen fand eine weitere Veränderung statt: Manche von ihnen wurden klug.

Über das Adjektiv »klug« kann man streiten, also sollten wir schrittweise vorgehen. Erstens, die Tiere entwickelten große Nervensysteme mit großen Gehirnen. Aber inwiefern groß? Ein Gewöhnlicher Krake (*Octopus vulgaris*) besitzt in seinem Körper ungefähr 500 Millionen Neuronen. Das ist in fast jeder Hinsicht und gemessen am Standard eine riesige Menge. Der Mensch besitzt weit mehr - ungefähr 100 Milliarden -, aber der Krake befindet sich damit auf der gleichen Stufe wie einige kleinere Säugetiere, in der Nähe der Hunde. Zudem besitzen die Kopffüßer weit umfangreichere Nervensysteme als alle anderen Wirbellosen.

Absolute Größe spielt eine Rolle, in der Regel gilt sie jedoch als weniger aussagekräftig als die relative Größe - die Größe des Gehirns im Vergleich zur Körpergröße. Letztere gibt Auskunft darüber, wie viel ein Tier für sein Gehirn sozusagen investiert. Für diesen Vergleich wird das Gewicht berücksichtigt, gezählt werden aber nur die Neuronen des Gehirns. Auch bei dieser Messmethode schneiden die Kraken gut ab und liegen in etwa auf einer Stufe mit Vertebraten, jedoch nicht mit den Säugetieren. Allerdings betrachten Biologen die Wertungen nach Größe nur als sehr groben Anhaltspunkt für die Gehirn*leistung* eines Tieres. Gehirne sind unterschiedlich organisiert, manche haben mehr, andere weniger Synapsen, und die Synapsen wiederum können mehr oder weniger kompliziert verbaut sein. Zu den faszinierendsten Befunden in den jüngsten Forschungen zur Intelligenz der Tiere gehört die Intelligenz bestimmter Vögel, insbesondere von Papageien und Krähen. Absolut gesehen haben Vögel ziemlich kleine, jedoch äußerst leistungsfähige Gehirne.

Wenn wir die Gehirnleistung von Tieren miteinander vergleichen möchten, sind wir zudem damit konfrontiert, dass keine einheitliche Skala existiert, mit der sich Intelligenz vernünftig messen ließe. Jedes Tier ist auf seine Weise in bestimmten Dingen gut, was angesichts der unterschiedlichen Lebensweisen auch sinnvoll ist. Eine Analogie mit einem Werkzeugset bietet sich an: Gehirne sind wie ein Werkzeugkoffer zur Verhaltenssteuerung. Wie es bei den Werkzeugen des Menschen der Fall ist, gibt es einige Elemente, die in allen Metiers zum Einsatz kommen, es gibt aber auch viele Unterschiede. Alle Tiere besitzen eine Art Wahrnehmungsapparat, auch wenn sie die Informationen auf sehr unterschiedliche Weise aufnehmen. Alle (oder fast alle) bilateralsymmetrischen Tiere besitzen eine Art Gedächtnis und die Fähigkeit zu lernen, sodass sie vergangene Erfahrungen auf die Gegenwart anwenden können. Im Werkzeugkoffer befinden sich mitunter auch Fähigkeiten zur Problemlösung und zur Planung. Manche Werkzeuge sind ausgetüftelter und kostspieliger als andere, doch ihre Komplexität kann sich auf verschiedenen Wegen entwickelt haben. Mag ein Tier mit besseren Sinnesorganen ausgestattet sein, legt das andere ein entwickelteres Lernverhalten an den Tag. Je nach Lebensweise gestalten sich auch die Werkzeugsets unterschiedlich.

Vergleicht man Kopffüßer mit Säugetieren, spitzen sich die Schwierigkeiten zu. Kraken und andere Kopffüßer besitzen hervorragende Augen, die nach dem gleichen Grundprinzip aufgebaut sind wie die unseren. Zwei Experimente in der Evolution großer Nervensysteme fanden zu ähnlichen Weisen des Sehens. Die Nervensysteme hinter diesen Augen sind allerdings äußerst unterschiedlich organisiert. Wenn Biologen sich das Gehirn eines Vogels, eines Säugetiers, ja sogar eines Fischs anschauen, können sie zahlreiche Hirnareale von einem Tier zum anderen übertragen. Die Gehirne der Wirbeltiere besitzen eine ähnliche Architektur. Vergleicht man Wirbeltiergehirne mit Krakengehirnen, sind alle Wetten - oder besser gesagt alle Versuche, Kartierungen zu übertragen - vergeblich. Es gibt keine direkte Korrespondenz zwischen den Teilen unseres Gehirns und denen des Krakenhirns. Tatsächlich ist bei den Kraken noch nicht einmal die Mehrzahl der Neuronen im Gehirn zusammengeführt; die meisten Neuronen befinden sich bei ihnen in den Armen. Unter diesen Umständen bleibt der einzige Weg, etwas über die Intelligenz der Tiere herauszufinden, sich auf die Beobachtung dessen zu verlegen, was sie zu tun imstande sind.

Bald jedoch stoßen wir auf ein Rätsel. Im Kern ergibt es sich aus der Unstimmigkeit, die zwischen Laborexperimenten zum Lernverhalten und zur Intelligenz einerseits und einer Reihe von Anekdoten und einmaligen Berichten andererseits herrscht. Solche Diskrepanzen treten in der Tierpsychologie häufig auf, bei den Kraken sind sie allerdings besonders zugespitzt.

Wenn Kraken im Labor getestet werden, erzielen sie recht ordentliche Resultate, ohne sich dabei als Einstein zu erweisen. Sie lernen, durch einfache Labyrinthe zu navigieren. Sie können aufgrund visueller Anhaltspunkte feststellen, in welche von zwei möglichen Umgebungen sie gesetzt worden sind und dann, der Umgebung entsprechend, die richtige Route zu einem Ziel einschlagen. Sie lernen, ein Schraubdeckelglas zu öffnen, um an einen Happen zu gelangen. Doch in all diesen Kontexten lernen Kraken eher langsam. Liest man das Kleingedruckte eines als erfolgreich bezeichneten Experiments, so stellen sich Fortschritte offenbar nur quälend langsam ein. Vor dem Hintergrund dieser eher durchwachsenen Ergebnisse gibt es allerdings Anekdoten, die vermuten lassen, dass deutlich mehr vonstattengeht. Am faszinierendsten finde ich die Fähigkeit der Kraken, sich an neue und ungewöhnliche Umstände anzupassen, zum Beispiel an das Eingesperrtsein in einem Labor, und sich die Apparaturen in ihrer Umgebung ihren eigenen krakenhaften Zwecken dienstbar zu machen.

Erste Forschungen an Kraken wurden Mitte des zwanzigsten Jahrhunderts in Italien unternommen, in der Zoologischen Station Neapel. Peter Dews, ein Wissenschaftler aus Harvard, erforschte vor allem, wie sich Drogen auf das Verhalten auswirken. Ein allgemeineres Interesse galt zudem dem Lernen; bei seinen Experimenten mit Kraken waren keine Drogen im Spiel. Dew war von B. F. Skinner beeinflusst, einem Harvard-Kollegen, dessen Arbeiten zur operanten Konditionierung – dem Lernen von Verhaltensweisen durch Belohnung und Bestrafung – die Psychologie revolutioniert hatten. Dem Gedanken, dass erfolgreiches Verhalten wiederholt und nicht erfolgreiches aufgegeben wird, war bereits um 1900 Edward Thorndike nachgegangen, doch Skinner entwickelte ihn in aller Ausführlichkeit weiter. Wie viele andere war auch Dew davon angetan, wie es Skinner gelang, Tierexperimente stringent und genau durchzuführen.

1959 realisierte Dew einige Standardexperimente zum verstärkenden Lernen mit Kraken. Kraken mögen entfernte Verwandte von Wirbeltieren wie uns sein, aber lernen sie auch auf vergleichbare Weise? Lernen sie zum Beispiel, dass ihnen das Ziehen und Loslassen eines Hebels eine Belohnung verschafft – und dieses Verhalten daraufhin willentlich einzusetzen?

Auf Dews Arbeit bin ich durch eine kurze Erwähnung seines Experiments in Roger Hanlons und John Messengers Buch *Cephalopod Behaviour* gestoßen. Die Autoren bemerken dazu, dass ein Krake im offenen Meer sich gewiss niemals der Aufgabe gegenübersieht, einen Hebel zu ziehen und loszulassen, und insofern Dews Experiment keinen Erfolg verzeichnen konnte. Ich wollte wissen, was damals tatsächlich passiert ist, und habe den Artikel von 1959 selbst gelesen. Als Erstes stellte ich fest, dass das Experiment im Hinblick auf seine wichtigsten Ziele durchaus erfolgreich war. Dews hatte drei Kraken trainiert und herausgefunden, dass alle drei den Hebel betätigten, um etwas zu fressen zu bekommen. Wenn sie den Hebel zogen, ging ein Licht an, und sie erhielten zur Belohnung ein kleines Stück Sardine. Zwei der Kraken mit Namen Albert und Bertram taten dies auf eine »halbwegs konsistente« Weise, wie Dews bemerkt. Das Verhalten des dritten Kraken namens Charles jedoch war anders. Zwar bestand Charles den Test gerade so, doch sein Umgang mit der Situation deckt sich mit vielem, was über das Verhalten von Kraken erzählt wird. Dews schreibt:

> 1. Während Albert und Bertram frei schwimmend den Hebel sachte betätigten, heftete Charles einige seiner Tentakel an die Seite des Beckens, andere um den Hebel und wendete ziemlich viel Kraft auf. Dabei verbog er den Hebel einige Male, und am elften Tag war er zerbrochen, was zu einer vorzeitigen Beendigung des Experiments führte.
>
> 2. Dem knapp über der Wasseroberfläche angebrachten Licht widmeten Albert und Bertram nur wenig »Aufmerksamkeit«. Charles jedoch wand seine Tentakel wiederholt um die Lampe und brachte beträchtliche Kraft auf, um sie in sein Becken zu ziehen. Wie es aussieht, hat dieses Verhalten nur wenig mit dem Ziehen eines Hebels zu tun.
>
> 3. Charles besaß die heftige Neigung, einen Wasserstrahl aus dem Becken zu spritzen; mit Vorliebe auf den Experimentator gerichtet. Das Tier verbrachte viel Zeit mit den Augen über der Oberfläche und richtete einen Wasserstrahl auf jede Person, die sich dem Becken näherte. Dieses Verhalten beeinträchtigte den reibungslosen Ablauf des Experiments und entspricht auch hier ganz klar nicht dem Ziehen des Hebels.

Dews bemerkt dazu trocken: »Die Variablen, die für das Beibehalten und die Verstärkung des Verhaltens hinsichtlich des Zerrens an der Lampe und des Spritzens bei diesem Tier verantwortlich sind, erschließen sich nicht.« Die Sprache, die Dews hier verwendet – die Rede von verantwortlichen Variablen –, zeigt, dass er auf einer Linie mit den Annahmen denkt (oder zumindest schreibt), die Mitte des zwanzigsten Jahrhunderts die Tierverhaltensexperimente prägten. Er geht davon aus, dass Charles die Experimentatoren deshalb anspritzt und sich dem Apparat entzieht, weil etwas in Charles Geschichte diese Verhaltensweisen verstärkt haben muss. In dieser Sicht starten Tiere einer bestimmten Art alle bei den gleichen Voraussetzungen, und wenn sie sich in ihrem Verhalten auseinanderentwickeln, dann deshalb, weil sie Erfahrungen gemacht haben, die belohnt oder eben nicht belohnt wurden. Das ist der theoretische Rahmen, in dem Dews arbeitet. Die Experimente mit den Kraken künden jedoch unter anderem davon, dass es eine ziemlich große, individuelle Bandbreite gibt. Charles war sehr wahrscheinlich kein Krake, der mit denselben Verhaltensroutinen wie die anderen anfing und dann für das Anspritzen der Experimentatoren verstärkend belohnt wurde, sondern einer mit einem besonders draufgängerischen Temperament.

Der Artikel von 1959 ist eines der ersten Beispiele, in dem eine stark kontrollierte und stilisierte wissenschaftliche Arbeit über Tierverhalten und die Idiosynkrasien eines Kraken aufeinandertreffen. Ein beträchtlicher Teil der Tierforschungen wurde unter der Annahme durchgeführt, dass alle Tiere einer gegebenen Art (und womöglich eines gegebenen Geschlechts) sehr ähnlich sind, bis sie unterschiedliche Belohnungen erfahren und den ganzen Tag lang einen Hebel picken, drücken oder ziehen, um immer die gleichen kleinen Bissen Nahrung zu erhalten. Wie viele andere auch setzte Dews auf diese Arbeitsweise, denn er war, wie er sagt, entschlossen, »objektive, quantitative Forschungsmethoden zu benutzen«. Dies befürworte ich auch. Aber mehr als Ratten und Tauben haben Kraken ihre eigenen Ideen: »Schabernack und Listigkeit«, wie es Aelianus im Motto dieses Kapitels formuliert.

Die berühmtesten Anekdoten über Kraken handeln vom Ausbüxen und Stibitzen, Geschichten, in denen sie des Nachts auf Raubzug gehen und in benachbarten Aquarienbecken nach Nahrung suchen. Solche Erzählungen lassen trotz ihres Charmes nicht zwangsläufig auf hohe Intelligenz schließen. Nachbarbecken unterscheiden sich nicht allzu sehr von Gezeitentümpeln, auch wenn es mehr Mühe kostet, sie aufzusuchen und zu verlassen. Es gibt ein Verhalten, dass ich weit faszinierender finde. In mindestens zwei Aquarien haben Kraken gelernt, das Licht abzuschalten, indem sie, wenn sie unbeobachtet waren, einen Wasserstrahl auf die Glühbirne spritzten und damit den Strom kurzschlossen. An der Universität von Otago, Neuseeland, wurde dies so teuer, dass der Krake wieder in die Freiheit entlassen werden musste. Ein Labor in Deutschland hatte das gleiche Problem. Dieses Verhalten scheint in der Tat äußerst schlau zu sein. Allerdings gibt es eine Erklärung, die die Geschichte weniger dramatisch erscheinen lässt. Kraken mögen kein helles Licht, und sie spritzen mit Wasserstrahlen auf alle Dinge, von denen sie sich gestört fühlen (wie Peter Dews feststellen musste). Wasser auf Glühbirnen zu spritzen, ist deshalb nicht schwer zu erklären. Kraken werden zudem mit höherer Wahrscheinlichkeit ihre Höhlen verlassen und auf besagtes Ziel spritzen, wenn kein Mensch in der Nähe ist. Andererseits lassen beide Geschichten für mich den Eindruck entstehen, dass die Kraken sehr schnell lernten, wie gut dieses Verhalten funktioniert, dass es sich lohnt, eine bestimmte Position einzunehmen und auf das Licht zu zielen, um es auszuschalten. Wahrscheinlich könnte man ein Experiment einrichten, mit dem sich zumindest einige der möglichen Erklärungen für diese Verhalten überprüfen lassen.

Der Fall illustriert eine allgemeinere Tatsache: Kraken sind in der Lage, sich an die besonderen Umstände der Gefangenschaft und der sich daraus ergebenden Interaktionen mit den Menschen anzupassen. In der freien Natur sind Kraken ziemlich einzelgängerische Tiere. Von den meisten Arten wird angenommen, dass ihr soziales Leben auf ein Minimum beschränkt ist (gleichwohl werde ich später auf Ausnahmen von diesem Muster eingehen). Im Labor jedoch lernen sie in der Regel rasch, ihr Leben auf die neuen Gegebenheiten einzustellen. Zum Beispiel schien es lange Zeit so, dass Kraken in Gefangenschaft ihre verschiedenen Betreuer erkennen können und sich ihnen gegenüber jeweils anders verhalten. Seit Jahren waren Geschichten dieser Art aus verschiedenen Labors gedrungen. Anfangs schien es sich um reine Anekdoten zu handeln. In dem Labor in Neuseeland, das auch das Licht-aus-Problem hatte, hegte ein Krake aus unerfindlichen Gründen eine Antipathie gegenüber einer Mitarbeiterin des Labors, und wann immer sie den Gang hinter den Becken entlangkam, bekam sie rund zwei Liter Wasser in ihren Nacken gespritzt. Shelley Adamo von der Dalhousie University hatte eine Sepia in ihrer Obhut, die ohne Ausnahme jeden neuen Besucher des Labors mit einem Wasserstrahl bedachte, nicht aber Personen, die sich dort öfter aufhielten. Ein 2010 durchgeführtes Experiment bestätigte, dass ein Pazifischer Riesenkrake tatsächlich verschiedene Personen erkennen kann, sogar dann, wenn diese identische Uniformen tragen.

Stefan Linquist, ein Philosoph, der sich mit dem Verhalten von Kraken im Labor beschäftigt hatte, sagt dazu Folgendes:

> Wenn man mit Fischen arbeitet, dann haben sie keine Ahnung, dass sie sich in einem Becken, also an einem künstlich geschaffenen Ort befinden. Mit Kraken verhält es sich völlig anders. Sie wissen, dass sie sich innerhalb jenes speziellen Orts befinden und du dich außerhalb. Ihr gesamtes Verhalten ist davon geprägt, dass sie sich über ihre Gefangenschaft im Klaren sind.

Linquists Kraken machten sich an ihrem Becken zu schaffen, manipulierten es und testeten es aus. Es gab Probleme mit

Kraken, die absichtlich die Auslassventile der Becken verstopften, indem sie ihre Arme hineindrückten, womöglich, um den Wasserstand zu erhöhen. Natürlich wurde dadurch das ganze Labor überschwemmt.

Jean Boal von der Millersville University in Pennsylvania erzählte eine weitere Geschichte, die Linquists Feststellung veranschaulicht. Boal genießt den Ruf, eine der strengsten und kritischsten Cephalopoden-Forscherinnen zu sein. Sie ist für ihre akribisch angelegten Experimente bekannt und beharrt darauf, dass von Kognition oder Denken bei diesen Tieren hypothetisch nur dann gesprochen werden sollte, wenn die Versuchsergebnisse nicht auf einfacherem Wege zu erklären sind. Doch wie so viele Forscher hat auch sie ein paar Geschichten von Verhaltensweisen parat, die, was sie über das Innenleben dieser Tiere preiszugeben scheinen, verblüffend sind. Eines dieser Ereignisse ist ihr für über ein Jahrzehnt präsent geblieben. Kraken fressen am liebsten Krabben, im Labor aber werden sie häufig mit aufgetauten Shrimps und Tintenfischen gefüttert. Die Kraken brauchen eine gewisse Zeit, bis sie sich an diese zweitklassige Nahrung gewöhnt haben, aber dann fressen sie sie. Eines Tages ging Boal eine Reihe von Becken entlang und fütterte im Vorbeigehen die darin hausenden Kraken mit einem aufgetauten Stück Tintenfisch. Am Ende angelangt, kehrte sie um und ging den Weg zurück. Der Krake im ersten Becken schien auf sie zu warten. Er hatte seinen Tintenfisch nicht gefressen und hielt ihn auffällig vor sich hin. Als Boal anhielt, bewegte sich der Krake langsam in Richtung des Abflussrohrs durch das Becken und behielt sie dabei immer im Auge. Als er am Abfluss ankam, wobei er sie stets im Blick behielt, versenkte er den Tintenfischfetzen in dem Rohr.

Zusammen mit all den Anekdoten über Kraken, die ihre Experimentatoren anspritzen, erinnerte mich diese Geschichte an eine Sache, die ich selbst gesehen hatte. Gefangene Kraken unternehmen oft den Versuch, zu entwischen, und dabei sind sie unfehlbar imstande, genau jenen Moment auszuwählen, in dem niemand sie beobachtet. Hat man zum Beispiel einen Kraken in einem Eimer mit Wasser, macht er oft genug einen zufriedenen Eindruck, ist man in seiner Aufmerksamkeit jedoch auch nur einen Moment abgelenkt und schaut dann wieder hin, kann es sein, dass er seelenruhig über den Fußboden krabbelt.

Lange dachte ich, ich würde mir diese Neigung nur einbilden, bis ich ein paar Jahre später einen Vortrag von David Scheel hörte, der sich von Berufs wegen fast ausschließlich mit Kraken befasst. Auch er stellte fest, dass seine Forschungsobjekte auf sehr subtile Weise verfolgen, ob er sie beobachtet oder nicht, und sich dann bewegen, wenn er gerade wegschaut. Das ist, wie ich vermute, ein sinnvolles, natürliches Verhalten; das Tier wird ja kaum die Flucht ergreifen wollen, wenn ein Barrakuda ihn im Blick hat, sondern dann, wenn er gerade nicht hinschaut. Doch dass Kraken dies so rasch auch bei Menschen tun können - gleich ob mit Taucher-maske oder ohne -, ist überaus beeindruckend.

Da sich Geschichten dieser Art mehren, drängt sich eine Erklärung für die durchwachsenen Ergebnisse, die Kraken bei einigen Standardlernexperimenten erzielen, von selbst auf. Oft wird behauptet, dass sie in diesen Versuchen nicht gut abschneiden, weil die erforderlichen Verhaltensweisen unnatürlich seien. (Dieses Argument führten beispielsweise Hanlon und Messenger gegenüber dem Dews-Versuchs mit den Hebeln an.) Doch das Verhalten der Kraken in einer Labor-Umgebung weist darauf hin, dass die Tiere in der Regel kein Problem mit »unnatürlichen« Umgebungen haben. Kraken können Schraubdeckelgläser öffnen, um an Nahrung zu gelangen, und ein Individuum wurde sogar dabei gefilmt, wie es ein Glas von innen öffnete. Verhaltensweisen wie diese können kaum noch »unnatürlicher« sein. Ich glaube, die Probleme bei dem alten Dews-Experiment ergaben sich zum Teil aus der Annahme, dass Kraken daran interessiert seien, wiederholt einen Hebel zu ziehen, um an ein Stück Sardine zu gelangen und Stück um Stück dieses zweitklassigen Fressens einzusammeln. Ratten und Tauben tun dergleichen, aber Kraken brauchen eine Weile, um sich mit einem Happen anzufreunden, sind womöglich auch nicht imstande, sich vollzustopfen, und verlieren schneller das Interesse. Zumindest für einige von ihnen dürfte es weit interessanter sein, eine Lampe über dem Becken zu ergreifen und sie in ihren Unterschlupf zu zerren - oder auch die Experimentatoren zu bespritzen.

Um der Schwierigkeit beizukommen, die Tiere zu motivieren, haben manche Forscher leider zu Formen von Strafanreizen gegriffen, in diesem Fall zu Elektroschocks, und dies offenbar bereitwilliger, als sie es bei anderen Tieren getan hätten. Bei vielen frühen in der Zoologischen Station Neapel durchgeführten Versuchen wurden Kraken übel behandelt. Es kamen nicht nur Elektroschocks zur Anwendung, bei zahlreichen Experimenten wurden überdies Teile des Gehirns entfernt oder wichtige Nervenbahnen durchschnitten, nur um zu sehen, wie sich die Tiere nach dem Aufwachen verhalten würden. Bis vor Kurzem durften an Kraken Operationen übrigens ohne Betäubung vorgenommen werden. Als Wirbellose fielen sie nicht unter die Tierschutzverordnungen. Für jemanden, der die Kraken als fühlende Wesen betrachtet, ist es oft schmerzlich, von diesen frühen Experimenten zu lesen. In den vergangenen zehn Jahren allerdings sind Kraken in Verordnungen, die ihre Behandlung in Experimenten regeln, häufig als »Wirbeltiere ehrenhalber« aufgelistet worden, insbesondere in der Europäischen Union. Immerhin ein Fortschritt.

Ein weiteres Verhalten, das es von der Anekdote zur experimentellen Untersuchung geschafft hat, ist das Spiel - der Umgang mit Gegenständen um ihrer selbst willen. Jennifer Mather, die, zusammen mit Roland Anderson vom Seattle Aquarium, in der Cephalopodenforschung neue Wege beging, führte die ersten Studien durch. Inzwischen wird das Spielverhalten eingehend studiert. Einzelne Kraken - und wirklich nur einige - vertreiben sich die

Zeit damit, mit ihrem Wasserstrahl Pillenfläschchen durch das Becken zu pusten und eine Flasche in dem aus dem Beckenzufluss kommenden Wasserstrahl vor und zurück hüpfen zu lassen. Das anfängliche Interesse eines Kraken an einem neuen Gegenstand ist für gewöhnlich gustatorischer Art - kann ich ihn fressen? Stellt sich ein Gegenstand als nicht essbar heraus, heißt das nicht immer, dass das Interesse an ihm erlöschen muss. Aktuelle von Michael Kuba unter Laborbedingungen durchgeführte Forschungen haben ergeben, dass Kraken rasch herausfinden, ob sich ein Gegenstand fressen lässt oder nicht, trotzdem zeigen sie aber weiterhin einiges Interesse, ihn zu erkunden und zu manipulieren.

~ Zu Besuch in Octopolis

Im ersten Kapitel habe ich einen Krakenplatz beschrieben, auf den Matthew Lawrence an der Ostküste Australiens gestoßen ist. Matt wollte die Bucht erkunden, warf einen Anker aus seinem kleinen Boot, tauchte hinab, um ihn aufzunehmen und sich bei seinem Streifzug über den Meeresboden von dem treibenden Boot führen zu lassen. (Ich sollte hinzufügen, dass es keine gute Idee ist, alleine tauchen zu gehen. Matt nimmt auf seinen Tauchgängen stets eine zweite, völlig unabhängige Pressluftflasche mit.) 2009 stieß er auf ein Muschelbett, auf dem etwa ein Dutzend Kraken lebten. Scheinbar völlig unbeeindruckt von seiner Gegenwart, streiften sie umher und trugen, während er sie beobachtete, ihre Ringkämpfe aus.

Matt hielt die GPS-Koordinaten der Stelle fest und besuchte sie von da an regelmäßig. Er sah zu und interagierte mit den Kraken. Sie schienen sich absolut nicht an seiner Gegenwart zu stören, und manche waren neugierig genug, mit ihm zu spielen oder seine Ausrüstung zu erforschen. Bald waren seine Kamera und seine Luftschläuche von den Tieren belagert. Andere Kraken allerdings waren zu sehr in Händel mit ihren Artgenossen verstrickt. Manchmal sah er ein Verhalten, das nach reiner Schikane aussah. Ein Krake etwa saß friedlich in seinem Bau. Ein größerer kam auf das Versteck zu, sprang es von oben an und raufte sich heftig mit seinem Artgenossen. Nach einem viele Farben durchlaufenden Gemenge kam der untere Krake wie eine Rakete hervorgeschossen, mit blassem Körper, und landete ein paar Meter entfernt neben dem Muschelbett. Der Aggressor wanderte daraufhin zu seinem Bau zurück.

Im Lauf der Zeit gewann Matt immer mehr Erfahrung im Umgang mit den Tieren, und bis heute habe ich den Eindruck, dass ihn die Kraken auf eine Weise behandelten, die sie sonst nicht an den Tag legen. An einer benachbarten Stelle ergriff ein Krake einmal Matts Hand und zog mit ihm im Schlepptau los. Matt folgte, als würde er von einem sehr kleinen, achtarmigen Kind über den Meeresboden geführt. Nach einer zehnminütigen Tour kamen sie am Bau des Kraken an.

Obwohl er kein Biologe ist, hatte Matt das Gefühl, dass die von ihm entdeckte Stelle ungewöhnlich ist. Er postete ein paar Fotos auf einer Webseite, die als Informationsplattform für Cephalopoden-Amateurforscher und Wissenschaftler diente. Die Biologin Christine Huffard bekam sie zu sehen und fragte mich, ob mir die Stelle bekannt sei. Als ich las, worauf Matt gestoßen war, war ich elektrisiert. Da die besagte Stelle nur ein paar Stunden von Sydney entfernt liegt, kontaktierte ich ihn, als ich das nächste Mal in der Stadt war, fuhr hin und traf mich mit ihm.

Matt, so stellte sich heraus, ist ein Tauchenthusiast. In seiner Garage hat er einen eigenen Kompressor stehen, mit dem er sich eigene Gasmischungen für seine Pressluftflaschen zusammenbraut. Schon bald tuckerten wir in seinem kleinen Boot an eine Stelle in der Mitte der Bucht, wo wir Anker warfen und, nur beobachtet von ein paar kleinen Fischen, das Ankertau entlang hinabtauchten.

Die Stelle, die wir mittlerweile Octopolis nennen, liegt etwa 15 Meter tief. Sie bleibt, bis man ziemlich nahe ist, fast unsichtbar, und auf dem umliegenden Meeresboden gibt es keine Anhaltspunkte für ihr Vorhandensein.Kammmuscheln leben dort in kleinen Ansammlungen oder für sich, und verschiedene Arten Tang wogen auf dem Sand. Auf meinem ersten Ausflug an den Ort, in kaltem Winterwasser, blieb es ruhig. Wir fanden lediglich vier Kraken vor, die nicht viel unternahmen. Aber ich wusste sofort, dass es sich um einen ungewöhnlichen Ort handelte. Wie Matt gesagt hatte, gab es ein aus den leeren Schalen von Kammmuscheln bestehendes Bett von einigen Metern Durchmesser, und offenbar enthielt es Schalen verschiedenen Alters. In der Mitte stand ein überkrustetes felsenähnliches Objekt von etwa dreißig Zentimetern Höhe, das der größte dort lebende Krake als Unterschlupf benutzte. Ich vermaß den Ort, machte Fotos und kehrte von nun an zurück, wann immer es mir möglich war. Schon bald konnte ich selbst das gehäufte Vorkommen und das komplexe Verhalten der Kraken beobachten, denen Matt bei seinen ersten Tauchgängen begegnet war.

Ich weiß nicht, wie lange wir dort unten geblieben wären, wenn wir nur genug Luft und Zeit gehabt hätten. Wenn etwas los ist, ist der Ort einfach fesselnd. Die Kraken beäugen einander aus ihren zwischen den Muscheln eingegrabenen Vertiefungen. Von Zeit zu Zeit hieven sie sich daraus hervor und bewegen sich über das Muschelbett oder weiter auf den Sand. Manchmal kommen sie an den anderen ohne Zwischenfall vorbei, mitunter aber streckt ein Krake einen Arm aus, um sein Gegenüber zu stupsen oder zu sondieren. Als Antwort werden dann vielleicht ein, zwei Arme ausgefahren. Manchmal führt dies zur Beruhigung der Situation, und beide gehen ihres Wegs. In anderen Fällen jedoch endet das Ganze in einem Ringkampf.

Das erste Foto auf der nächsten Seite wurde am Rand der besagten Stelle aufgenommen, und es mag ein Gefühl dafür geben, wie diese Tiere aussehen. Es handelt sich um *Octopus tetricus*, eine mittelgroße Art, die nur vor Australien und Neuseeland vorkommt. Wir haben es hier mit einem relativ großen Exemplar zu tun; die Strecke vom Meeresboden bis zum höchsten Punkt am Ende seines Rückens dürfte etwa einen halben Meter betragen. Das Tier stürzt sich auf einen weiteren Kraken rechts außerhalb des Bilds.

Die nächste Szene spielt auf dem Muschelbett selbst. Der Krake links springt auf den Kraken rechts, der ausgestreckt ist und gerade zur Flucht ansetzt.

Und hier, auf dem Sandboden neben unserer Stelle, findet ein ziemlich ernster Kampf statt:

Um Veränderungen am Muschelbett nachgehen zu können, brachte ich einmal ein paar Pflöcke mit und hämmerte sie, um die ungefähren Grenzen der Stelle abzustecken, in den Meeresboden. Die etwa 15 Zentimeter langen Stöcke waren aus Plastik, und um ihnen mehr Gewicht zu verleihen, befestigte ich mit Klebeband einen schweren Metallbolzen an ihnen. Ich trieb die Pflöcke in jeder der vier Himmelsrichtungen soweit in den Boden, dass nur noch zwei bis drei Zentimeter aus dem Sand ragten. Sie waren äußerst unscheinbar, und wenn man nicht genau wusste, wo man zu suchen hatte, nur schwer zu entdecken. Einige Monate später fuhr ich wieder an die Stelle hinaus. Und musste feststellen, dass einer der Pflöcke herausgezogen und, etwas entfernt, einem der Abfallhaufen vor einem Unterschlupf hinzugefügt worden war. Der Pflock dürfte sich meines Erachtens rasch als ungenießbar herausgestellt haben, und auch als Barrikade taugte er nicht besonders gut. Doch wie es bei den Messbändern, Kameras und zahlreichen anderen Dingen der Fall war, die wir zu der Stelle hinunterbrachten, schien der Pflock schon seiner Neuartigkeit wegen für die Kraken interessant zu sein.

Andere Manipulationen fremder Gegenstände nehmen die Tiere aus praktischeren Gründen vor. In Indonesien staunte 2009 eine Forschergruppe nicht schlecht, als sie in freier Natur beobachtete, wie Kraken ein Paar halbe Kokosnussschalen mit sich herumtrugen, um sie als tragbaren Unterschlupf zu benutzen. Die sauber in der Mitte getrennten Schalen waren wahrscheinlich von Menschenhand entzweigeschnitten und weggeworfen worden. Doch die Kraken wussten etwas damit anzufangen. Zwei Schalenhälften wurden ineinander gestapelt, und der Krake, der wie auf Stelzen über den Meeresboden ging, trug die beiden Hälften unter seinem Körper. Bei Bedarf fügte er die beiden Hälften zu einer Kugel zusammen und verbarg sich selbst in ihrem Inneren. Alle möglichen Tiere benutzen aufgefundene Gegenstände als Unterschlupf (Einsiedlerkrebse zum Beispiel), und manche benutzen Werkzeug, um an Nahrung zu kommen (darunter Schimpansen und etliche Krähenvögel). Dass aber ein Objekt wie die Kokosnussschalen für seinen Einsatz zusammengefügt und wieder auseinandergenommen wird, ist äußerst selten. Es ist tatsächlich nicht ganz klar, womit sich dieses Verhalten vergleichen ließe. Viele Tiere kombinieren mehrere Materialien miteinander, wenn sie ein Nest bauen - Nester sind zusammengesetzte Objekte. Aber sie werden nicht auseinandergenommen, herumgetragen und wieder zusammengefügt.

Im Verhalten, Kokosnüsse als Behausung zu nehmen, zeigt sich, worin meines Erachtens das charakteristische Merkmal der Krakenintelligenz liegt; es macht nämlich die Art und Weise deutlich, in der sie zu klugen Tieren geworden sind. Sie sind klug, insofern sie neugierig und anpassungsfähig sind; sie sind abenteuerlustig und opportunistisch. Da diese Idee nun auf dem Tisch liegt, kann ich meiner Darlegung, welchen Platz die Kraken unter den Tieren und in der Geschichte des Lebens einnehmen, weitere Einzelheiten hinzufügen.

Im vorigen Kapitel habe ich, auf Ideen von Michael Trestman zurückgreifend, angeführt, dass in der großen Bandbreite von tierischen Körperbauplänen nur in drei Gruppen einige Arten mit komplexen aktiven Körpern enthalten sind. Das sind die Chordaten (wie wir), die Gliederfüßer (wie Insekten und Krebse) und mit den Kopffüßern eine kleine Gruppe von Mollusken. Als erste schlugen die Gliederfüßer diesen Weg ein, und zwar im unteren Kambrium vor über 500 Millionen Jahren. Die Art, in der dies geschah, dürfte einen evolutionären Rückkopplungsprozess gestartet haben, der schon bald alle anderen Lebewesen betraf. Die Gliederfüßer waren die ersten, und die Chordaten und Kopffüßer folgten.

Unseren Fall einmal beiseitegelassen, wird zwischen den Pfaden der beiden anderen Gruppen ein Unterschied erkennbar. Zahlreiche Gliederfüßer spezialisieren sich auf soziale Lebensformen und Koordinierung. Dies ist zwar bei Weitem nicht bei allen der Fall, doch viele der großen Errungenschaften dieser Tiergruppe sind, was das Verhalten angeht, sozialer Natur. Besonders bei den Ameisenstaaten und Honigbienenvölkern ist das so, aber auch bei den luftgekühlten Städten der Termiten.

Kopffüßer sind anders. Sie gingen nie an Land (andere Weichtiere schon), und obgleich sie wahrscheinlich später als die Gliederfüßer den Weg zu einem komplexen Verhalten einschlugen, entwickelten sie letztlich größere Gehirne als diese. (Hier denke ich an einen Ameisenstaat nicht als aus einem Organismus, sondern als aus vielen Organismen und aus vielen Gehirnen bestehend.) Bei den Gliederfüßern wird sehr komplexes Verhalten in der Regel durch die Koordinierung zahlreicher Individuen erreicht. Manche Kalmare kennen zwar eine Art Sozialverhalten, aber bei Weitem keines, das mit den Organisationsformen der Ameisen oder Honigbienen vergleichbar wäre. Von einigen Kalmar-Arten abgesehen, haben die Kopffüßer eine nicht soziale Form der Intelligenz erworben. Vor allem der Krake sollte einem Pfad einsamer idiosynkratischer Komplexität folgen.

~ Evolution der Nerven

Sehen wir uns näher an, was sich im Inneren eines Kraken befindet und wie sich das Nervensystem entwickelte, das hinter dem beschriebenen Verhalten steht.

Die Geschichte großer Gehirne hat, sehr grob gesagt, die Form des Buchstabens Y. Am Verzweigungspunkt des Y steht der letzte gemeinsame Vorfahre von Vertebraten und Mollusken. Diesem Punkt entspringen viele Pfade, ich greife aber zwei davon heraus, der eine führt zu uns, der andere zu den Kopffüßern. Welche Merkmale also waren in diesem frühen Stadium vorhanden, dazu ausersehen, auf beiden Pfaden weitergetragen zu werden? Das Ahnentier am Gabelpunkt des Y besaß bereits Neuronen. Es handelte sich mutmaßlich um ein wurmähnliches Wesen, das gleichwohl ein simples Nervensystem besaß. Es wird über einfache Augen verfügt haben und seine Neuronen dürften an seiner Kopfseite teilweise gebündelt gewesen sein, jedoch noch kein Gehirn im eigentlichen Sinn ergeben haben. Von diesem Stadium ausgehend, nimmt die Evolution der Nervensysteme in zahlreichen unabhängigen Linien ihren Lauf. Zwei davon führten zu großen Gehirnen unterschiedlicher Bauart.

Auf unserer Entwicklungslinie entsteht der Bauplan der Chordaten, mit einem am Rücken des Tieres entlanglaufenden Nervenstrang und einem Gehirn an einem Ende. Dieser Bauplan findet sich bei Fischen, Reptilien, Vögeln und Säugetieren. Auf der Seite der Kopffüßer bildete sich ein ganz anderer Körperbauplan heraus und auch ein anderes Nervensystem. Letzteres ist mehr über den Körper verteilt und weniger zentralisiert als das unsere. Die Neuronen der Wirbellosen sind häufig in mehrere Ganglien zusammengeführt, kleine Knoten, die über den Körper verteilt und miteinander verbunden sind. Die Ganglien können paarweise angeordnet und durch Konnektive und Kommissuren miteinander verbunden sein, die wie Längen- und Breitengrade den Körper entlang und quer zu ihm verlaufen. Das Ganze wird mitunter als Strickleiternervensystem bezeichnet, und es sieht tatsächlich aus wie eine in den Körper eingebettete Leiter. Mutmaßlich besaßen die Vorfahren der Kopffüßer Nervensysteme dieser Art, und als sich im Zuge der Evolution die Neuronen vervielfachten, erfolgte dies auf Grundlage des beschriebenen Bauplans.

Bei der Erweiterung des Nervensystems wurden manche Ganglien groß und komplex, und neue kamen hinzu. Neuronen, die an der Kopfseite des Tieres konzentriert vorlagen, formten nach und nach eine Art echtes Gehirn. Das ältere Leitermuster wurde teilweise zurückgedrängt, aber eben nur zum Teil, sodass die Architektur, die dem Nervensystem der Kopffüßer zugrunde liegt, sich nach wie vor deutlich von der unseren unterscheidet.

Einer der sonderbarsten Unterschiede zeigt sich wohl darin, dass der Ösophagus, die Röhre, die die Nahrung vom Mund in den Körper transportiert, mitten durch das Zentralgehirn hindurchführt. Das wirkt irgendwie falsch, und sicherlich war an dieser Stelle nie ein Gehirn vorgesehen. Wenn ein Krake etwas Scharfkantiges frisst, das die Wände seiner Kehle durchschneidet, dringt der Gegenstand direkt in sein Gehirn ein. Es sind Kraken mit genau diesem Problem aufgefunden worden.

Darüber hinaus befindet sich das Nervensystem der Kopffüßer zum großen Teil gar nicht im Gehirn konzentriert, sondern über den gesamten Körper verteilt. Beim Kraken sitzt die Mehrzahl der Neuronen in den Armen – fast doppelt so viele wie im Zentralgehirn. Die Arme verfügen über eigene Rezeptoren und Steuerungselemente. Sie verfügen nicht nur über einen Tastsinn, sondern auch über die Fähigkeit, chemische Stoffe wahrzunehmen, also zu schmecken oder zu riechen. Jeder einzelne Saugnapf auf einem Krakenarm dürfte zur Verarbeitung von Geschmacks- und Tastsinn etwa 10 000 Neuronen besitzen. Ein Arm, der chirurgisch entfernt wurde, ist noch in der Lage, verschiedene basale Bewegungen wie Ausstrecken und Ergreifen durchzuführen. Auf welche

Weise ist dann das Krakengehirn mit seinen Armen verbunden? Frühe, auf Verhalten und Anatomie ausgerichtete Forschungen vermittelten den Eindruck, dass die Arme beträchtliche Unabhängigkeit genießen. Der Nervenkanal, der von den einzelnen Armen zum Zentralgehirn führt, schien demnach ziemlich dünn ausgebildet zu sein. Verhaltensforschungen ließen den Eindruck entstehen, dass Kraken noch nicht einmal verfolgen, wo sich ihre Arme gerade befinden. Roger Hanlon und John Messenger stellen in ihrem Buch *Cephalopod Behaviour* fest, dass die Arme »sonderbar abgelöst« vom Gehirn agieren, zumindest was die Steuerung der grundlegenden Bewegungen anbelangt.

Die Koordination der einzelnen Arme kann auch etwas sehr Anmutiges haben. Wenn ein Krake ein Stück Nahrung zum Mund führt, löst die Greifbewegung am äußersten Ende des Arms zwei Kontraktionswellen aus, wobei die eine von der Spitze nach innen, die andere von der Basis nach außen verläuft. Wo sich diese beiden Wellen treffen, bildet sich ein Gelenk in der Art eines temporären Ellenbogens. Das Nervensystem der einzelnen Arme besitzt zudem Rückkopplungsschleifen in den Neuronen (fachsprachlich rekurrente Nervenverbindungen), die dem Arm ein einfaches Kurzzeitgedächtnis verleihen dürften, auch wenn noch unklar ist, was dieses System für den Kraken bewirkt.

In bestimmten Situationen, vor allem dann, wenn es darauf ankommt, sind die Tiere allerdings in der Lage, sich zu koordinieren. Wenn man, wie zu Beginn dieses Kapitels beschrieben, einem Kraken in der freien Natur begegnet, sich ihm nähert und vor ihm innehält, wird der Krake, zumindest bei einigen Arten, einen Arm ausstrecken, um sein Gegenüber zu inspizieren. Häufig folgt noch ein zweiter Arm, aber es ist anfangs immer nur einer, der, während das Tier beobachtet, ausgefahren wird. Dies lässt auf eine Art Absichtlichkeit schließen, auf eine Aktion, die vom Gehirn gelenkt wird. Das hier abgebildete, in Octopolis aufgenommene Videostandbild legt eine solche Sicht nahe. Im Zentrum des Bilds sieht man einen Kraken, der auf einen anderen rechts von ihm zustürzt, mit einem einzelnen angewinkelten Arm, mit dem er gleich seinen Gegner ergreifen wird.

Hier dürften lokale und Top-down-Steuerung zusammenwirken. Die besten experimentellen Forschungen zu diesem Thema kommen aus dem Labor von Binyamin Hochner an der Hebräischen Universität in Jerusalem. Ein 2011 von Hochner zusammen mit Tamar Gutnick, Ruth Byrne und Michael Kuba verfasster Artikel beschreibt ein ziemlich ausgeklügeltes Experiment. Die Gruppe ging der Frage nach, ob ein Krake lernen kann, einen einzelnen Arm durch einen labyrinthischen Pfad an eine bestimmte Stelle zu lenken, um an Futter zu kommen. Die Aufgabe war so konstruiert, dass die chemischen Rezeptoren des Arms allein nicht ausreichen würden, ihn zu der Nahrungsquelle zu führen; um ans Ziel zu gelangen, musste der Arm an einer Stelle das Wasser verlassen. Die Wände des Labyrinths allerdings waren transparent, sodass der Zielort sichtbar war. Der Krake würde seinen Arm mit den Augen durch das Labyrinth lenken müssen.

Die Tiere brauchten zwar etwas Zeit, um die Aufgabe zu lösen, doch schließlich waren fast alle getesteten Individuen erfolgreich. Die Arme können also über die Augen gesteuert werden.

Der Aufsatz vermerkte zudem, dass, wenn die Kraken mit der Aufgabe gut zurechtkamen, der auf der Suche nach dem Fressen befindliche Arm offenbar beim Wandern, Krabbeln und Herumtasten seine eigenen lokalen Erkundungen vornehmen würde. Offenbar arbeiten also zwei Formen der Steuerung parallel: eine zentrale, die dem Arm über die Augen den Gesamtweg vorgibt, kombiniert mit einer Feinjustierung der Suchbewegungen durch den Arm selbst.

~ Körper und Kontrolle

Eine halbe Milliarde Neuronen - weshalb so viele? Was hat das Tier davon? Im vorigen Kapitel habe ich auf die Kosten dieses Systems hingewiesen. Warum also schlugen die Kopffüßer diesen ungewöhnlichen evolutionären Weg ein? Darauf weiß niemand eine Antwort, aber ich möchte ein paar Möglichkeiten skizzieren. Die Frage stellt sich bis zu einem gewissen Grad für alle Kopffüßer, ich möchte mich aber auf Kraken beschränken. Kraken sind Raubtiere, und sie jagen nicht aus dem Hinterhalt, sondern indem sie sich fortbewegen. Sie streifen umher, häufig über Riffe und flachen Meeresgrund. Wenn Tierpsychologen die Evolution eines großen Gehirns zu erklären versuchen, werfen sie als Erstes einen Blick auf das Sozialleben des untersuchten Tieres. Die vielschichtigen Anforderungen des sozialen Lebens führen offenbar wiederholt zur Entwicklung hoher Intelligenz. Kraken sind nicht unbedingt gesellige Tiere. Im Schlusskapitel werden zwar Ausnahmen davon zur Sprache kommen, aber das soziale Leben der Kraken macht nur einen kleinen Teil ihrer Geschichte aus. Mehr Bedeutung dürfte in diesem Zusammenhang dem Umherziehen und Jagen zukommen. Um dieser Behauptung etwas Kontur zu verleihen, möchte ich ein paar Ideen aufgreifen, die die Primatologin Katherine Gibson in den 1980ern entwickelt hat. Sie suchte nach einer Erklärung, weshalb einige Säugetiere große

Gehirne entwickelt haben, hatte aber nicht in Betracht gezogen, ihre Ideen auch auf Kraken anzuwenden. Ich halte sie aber auch in diesem Fall für relevant.

Gibson unterschied zwei Methoden der Nahrungssuche. Eine besteht darin, sich auf eine Futterquelle zu spezialisieren, bei der nur wenig Manipulation nötig ist und die stets in der gleichen Art behandelt werden kann. Als Beispiel führte sie einen Frosch an, der fliegende Insekten fängt. Dem stellte sie die extraktive Nahrungsbeschaffung gegenüber, bei der es darauf ankommt, den Gegebenheiten gemäß auszuwählen, die Nahrung aus schützenden Schalen und Gehäusen zu holen und all dies in einer flexiblen und den Umständen entsprechenden Weise zu bewerkstelligen. Man vergleiche den Frosch mit einem Schimpansen, der auf der Suche nach einer Vielzahl von essbaren Dingen umherwandert, die häufig, wenn er sie findet, manipuliert oder erst zugänglich gemacht werden müssen - etwa Nüsse, Samen oder Termiten in ihren Bauten. Dieser von Gibson beschriebene flexible und anspruchsvolle Stil der Nahrungssuche trifft ziemlich gut auf den Oktopus zu. Für viele Kraken stehen Krabben ganz oben auf dem Speiseplan, aber eine ganze Reihe anderer Tiere, von Muscheln über Fische bis hin zu anderen Kraken, zählt ebenso dazu; sich mit Schalen und anderen Verteidigungsmechanismen auseinanderzusetzen, ist häufig keine einfache Aufgabe.

David Scheel, der vor allem mit dem Pazifischen Riesenkraken arbeitet, füttert seinen Tieren ganze Muscheln. Da sich seine aus dem örtlichen Prince William Sound stammenden Tiere in der Regel aber nicht von Muscheln ernähren, muss er jedem Tier den Umgang mit der neuen Nahrungsquelle erst beibringen. Dazu zertrümmert er eine Muschel bis zu einem gewissen Grad und gibt sie dem Kraken. Wenn er später eine intakte Muschel verfüttert, weiß der Krake, dass es sich um Fressen handelt, aber nicht, wie er an das Fleisch herankommen soll. Der Krake wird es auf alle möglichen Weisen versuchen, wird mit seinem Schnabel versuchen, ein

Loch zu bohren oder die Ränder aufzubeißen, und die Muschel in jeder erdenklichen Weise traktieren, bis er schließlich herausfindet, dass allein seine Kraft ausreicht: Wenn er genügend Kraft aufwendet, kann er die Muschelschalen einfach auseinanderziehen.

Diese Jagd- und Nahrungsbeschaffungsmethoden passen gut zu der exploratorischen, neugierigen Seite der Krakenpsyche, insbesondere auch zu ihrem Interesse an neuartigen Objekten – ein Faktor, der mehr für die Achtarmer gilt als für Sepien und Kalmare, deren Nahrungsmanipulationen weniger kompliziert ausfallen. Einige Sepien besitzen sehr große Gehirne, proportional zum Körper gesehen vielleicht sogar größere als Kraken. Das gibt momentan noch Rätsel auf, und es ist kaum bekannt, wozu Sepien alles in der Lage sind.

Kraken sind zwar keine geselligen Tiere im gewöhnlichen Sinn – in dem Sinn also, dass sie viel Zeit in Gesellschaft mit Artgenossen verbringen –, doch ist das Verhältnis, in dem sie als Räuber und als Beute zu anderen Tieren stehen, in gewissem Sinne sozial. Die sich daraus ergebenden Situationen erfordern häufig, dass die Handlungen eines Tieres auf die Handlungen und Perspektiven anderer Tiere abgestimmt werden, wozu auch gehört, sich in das einzufühlen, was das Gegenüber sehen kann und was es wahrscheinlich als Nächstes tun wird. Die Anforderungen des sozialen Lebens innerhalb einer Art ähneln jenen, die bei bestimmten Jagdmethoden oder bei der Vermeidung, selbst zum Gejagten zu werden, eine Rolle spielen.

Zum Teil dürften diese für die Lebensweise der Kraken charakteristischen Züge hinter der Geschichte ihres großen Nervensystems stecken. Ich möchte nun eine weitere Idee vorbringen. In Kapitel 2 habe ich die *sensomotorische* und die *handlungsformende* Sichtweise der Evolution des Nervensystems gegenübergestellt. Der handlungsformende Ansatz ist weniger geläufig, und es bedurfte historisch gesehen einiger Mühen, ihn zu entwickeln. Die entscheidende Vorstellung dahinter besteht darin, dass die ersten Nervensysteme nicht deshalb entstanden, um zwischen dem sensorischen Input und dem verhaltensmäßigen Output zu vermitteln, sondern schlicht, um das Problem der Koordination in einem Organismus selbst zu lösen - das Problem also, die Mikroaktionen von Körperbereichen so zu koordinieren, dass sie sich zur Makroaktion des Gesamtkörpers umformen.

Im Hinblick auf diese Anforderungen ist der Körper des Kopffüßers, und insbesondere der Krakenkörper, ein einzigartiges Objekt. Als sich ein Teil des Molluskenfußes in eine Vielzahl von Tentakeln ohne Gelenke und Schale ausdifferenzierte, war das Ergebnis ein äußerst unhandliches Organ, das gesteuert werden wollte. Das Ergebnis war aber auch sehr nutzbringend, wenn es denn gesteuert werden konnte. Der Verlust fast aller harten Teile stellte für den Kraken sowohl eine Herausforderung als auch eine Chance dar. Ein breites Spektrum an Bewegungen wurde möglich, das jedoch organisiert und in einen Zusammenhang gebracht werden musste. Dieser Herausforderung sind die Tiere begegnet, indem sie, anstatt dem Körper eine zentrale Herrschaft aufzuerlegen, eine Kombination aus lokaler und zentraler Steuerung ausbildeten. Man könnte sagen, der Krake habe jeden Arm zu einem Zwischen-Akteur gemacht. Zugleich aber legt er dem großen und vielschichtigen System, das der Krakenkörper darstellt, eine von oben nach unten gerichtete Ordnung auf.

Die Anforderungen der reinen Koordination, wie sie für die frühe Entwicklung der Nervensysteme von Belang gewesen sein dürften, spielen auch hier wieder, wenn auch viel später, eine Rolle. Sie dürften zu einem Gutteil für die Vervielfachung der Neuronen im Krakenkörper verantwortlich gewesen sein; Neuronen, die schon deswegen erforderlich waren, um den Körper unter Kontrolle zu bringen.

Das Problem der Koordination mag zwar einen Grund für die Größe des Nervensystems liefern, das intelligente und flexible Verhalten des Kraken lässt sich damit jedoch noch nicht erklären. Ein gut koordiniertes Tier kann zugleich ein ziemlich fantasieloses Tier sein. Eine umfassendere Herangehensweise an den Oktopus müsste denn auch die genannten handlungsformenden Faktoren mit den bei Gibson entliehenen Vorstellungen zur Nahrungssuche und Jagd kombinieren, mit denen sich Erfindungsgabe, Neugier und sensorische Schärfe des Tieres erklären lassen. Die Geschichte könnte aber auch, etwas einseitiger, wie folgt lauten: Ein großes Nervensystem entwickelt sich, um die Koordination des Körpers in den Griff zu bekommen, wobei eine so enorme neurale Komplexität entsteht, dass daraus schließlich andere Fähigkeiten hervorgegangen sind - als Nebenprodukte oder als relativ einfache Ergänzungen dessen, was bereits durch die handlungsformenden Faktoren aufgebaut wurde. Ich sage Nebenprodukte oder Ergänzungen - es handelt sich jedoch klar um ein und/oder. Manche Fähigkeiten - etwa das Erkennen einzelner Personen - mögen Nebenprodukte sein, während andere wie die Problemlösungsfähigkeit evolutionäre Veränderungen des Gehirns darstellen, die als Reaktion auf die opportunistische Lebensweise der Kraken erfolgten.

Diesem Szenario zufolge vervielfachen sich die Neuronen zunächst aufgrund der vom Körper ausgehenden Erfordernisse, und dann, etwas später, wacht der Krake mit einem Gehirn auf, das noch weit mehr vermag. Manches an dem beeindruckenden Verhalten des Oktopus scheint evolutionär gesehen durchaus zufälliger Natur sein. Man vergegenwärtige sich noch einmal das erstaunliche Verhalten in Gefangenschaft, die Interaktion mit den Menschen, Schabernack und Listigkeit. Anscheinend besitzt der Krake eine Art geistigen Überschuss.

~ Konvergenz und Divergenz

Ich habe, soweit bekannt, die frühe Geschichte der Tiere beschrieben und wie sie an eine Gabelung kam, von der aus ein Weg zu den Chordaten führte und ein anderer zu den Kopffüßern, einschließlich des Kraken. Machen wir eine Bestandsaufnahme und vergleichen, was auf den beiden Evolutionslinien entstanden ist.

Die spektakulärste Ähnlichkeit weisen die Augen auf. Unser gemeinsamer Vorfahre mochte ein Paar Augenflecken gehabt haben, nicht aber Augen, die den unseren auch nur annähernd gleichkamen. Wirbeltiere und Kopffüßer entwickelten jeweils unabhängig voneinander sogenannte Kameraaugen, mit einer Linse, die das Bild auf eine Netzhaut projiziert. Auch verschiedene Fähigkeiten des Lernens sind auf beiden Seiten anzutreffen. Lernen, indem auf Belohnung und Bestrafung geachtet und das, was funktioniert, weiterverfolgt wird, ist im Laufe der Evolution offenbar mehrere Male unabhängig voneinander erfunden worden. Wenn es bereits bei dem gemeinsamen Vorfahren von Mensch und Krake angelegt war, dann hat es auf beiden Abstammungslinien eine hohe Verfeinerung erfahren. Es gibt auch subtilere psychologische Ähnlichkeiten. Wie bei uns scheint es auch bei Kraken einen Unterschied zwischen einem Kurzzeit- und einem Langzeitgedächtnis zu geben. Kraken spielen mit neuen Gegenständen, die nicht als Nahrung dienen und auch sonst keinen offensichtlichen Nutzen haben. Sie scheinen so etwas wie Schlaf zu kennen. Echte Tintenfische (Sepien) verfügen offenbar über einen REM-(Rapid-Eye-Movement)-Schlaf, ähnlich dem Schlaf, in dem wir träumen. (Es ist noch unsicher, ob auch Kraken einen REM-Schlaf haben.)

Weitere Ähnlichkeiten sind eher abstrakter Natur, wie etwa die Interaktion mit anderen Individuen, einschließlich der Fähigkeit, bestimmte Menschen zu erkennen. Zu alldem war unser gemeinsamer Vorfahr mit Sicherheit nicht imstande. (Man kann sich nur schwer vorstellen, wie die Welt für diese einfache, kleine Kreatur beschaffen war.) Diese Fähigkeit macht darüber hinaus Sinn, wenn ein Tier sozial oder monogam ist, doch Kraken sind weder das eine noch das andere, sie führen ein vom Zufall geleitetes Sexleben und scheinen nicht sehr gesellig zu sein. Es ist schon lehrreich, wie kluge Tiere mit den Erscheinungen in ihrer Welt umgehen. Sie zerlegen sie in Gegenstände, die, obwohl sie sich fortwährend in anderer Form präsentieren, wiedererkennbar sind. Für mich ist das ein beeindruckendes Merkmal des Krakenverstandes – beeindruckend in seiner Vertrautheit, in der Ähnlichkeit mit unserem Verstand. Manche Merkmale weisen eine Mischung aus Ähnlichkeit, Konvergenz und Divergenz auf. Wir verfügen über ein Herz, der Krake auch, nur dass er gleich drei Herzen besitzt. Die Krakenherzen pumpen ein blaugrünes Blut, das anstelle von Eisen, das das Blut rot färbt, Kupfer als sauerstofftragendes Molekül benutzt. Dann ist da natürlich das Nervensystem. Es ist groß wie das unsere, aber völlig anders aufgebaut, mit völlig anderen Zuordnungen zwischen Körper und Gehirn.

Kraken werden manchmal als gutes Beispiel angeführt für die Bedeutung einer theoretischen Strömung in der Psychologie, die als *Embodiment* (verkörperte Kognition) bezeichnet wird. Es handelt sich um eine Vorstellung, die nicht im Bezug auf Kraken, sondern auf Tiere im Allgemeinen, einschließlich des Menschen, entwickelt wurde und die, als Theorie, auch von der Robotik beeinflusst wurde. Einer der entscheidenden Gedanken dabei ist die Vorstellung, dass nicht unser Gehirn, sondern unser Körper für einen Teil der Gewandtheit verantwortlich ist, mit der wir mit unserer Welt umgehen. Demnach sind in die Struktur unserer Körper selbst Informationen über die Umwelt und wie wir mit ihr umzugehen haben enkodiert, sodass diese Information nicht zur Gänze im Gehirn gespeichert werden muss. Die Gelenke und Knöchel unserer Gliedmaßen lassen Bewegungen wie das Gehen auf gleichsam natürliche Weise entstehen. Zu wissen, wie man geht, ist zum Teil auch eine Frage des richtigen Körpers. Laut Hillel Chiel und Randall Beer schafft die Körperstruktur eines Tieres jene Zwänge und Möglichkeiten, die sein Tun leiten.

Von der Theorie des Embodiment sind etliche Krakenforscher beeinflusst worden, insbesondere Binyamin Hochner. Hochner glaubt, dass wir mit diesem Konzept die Unterschiede zwischen Mensch und Kraken besser begreifen können. Kraken haben ein anderes Embodiment, was sich auf ihre Psychologie auswirkt, die folglich völlig anders geartet ist.

Mit dem letzten Punkt stimme ich überein. Doch die Lehrmeinungen der Embodiment-Strömung passen nicht so recht auf die fremdartige Seinsweise des Kraken. Ihre Verfechter führen häufig an, dass schon die Form und die Organisationsweise des Körpers Information enkodiert. Doch dies setzt voraus, dass der Körper auch eine Form hat, und ein Krake besitzt eine solche weniger als andere Tiere. Ein und dasselbe Tier kann sich auf seinen Armen zu einiger Größe aufrichten, sich durch ein Loch zwängen, das nur wenig größer als sein Auge ist, zu einer stromlinienförmigen Rakete werden oder sich so zusammenfalten, dass es in ein Einmachglas passt. Wenn Verfechter des Embodiment wie Chiel und Beer erläutern möchten, wie der Körper Mittel für intelligentes Handeln bereitstellt, führen sie die Entfernungen zwischen den Körperteilen (die die Wahrnehmung unterstützten) und die Positionen und Winkel der Gelenke an. Der Krake besitzt aber nichts dergleichen, keine festen Strecken zwischen Teilen, keine Gelenke, keine natürlich vorgegeben Winkel. Zudem ist der maßgebliche Gegensatz im Fall des Kraken nicht Körper statt Gehirn, wie in den Embodiment-Diskussionen gerne hervorgehoben wird. Beim Oktopus ist das Nervensystem als Ganzes ein maßgeblicheres Objekt als das Gehirn – es ist nicht klar, wo das Gehirn beginnt und wo es endet, und das Nervensystem durchzieht den gesamten Körper. Der Krake ist von Nervosität regelrecht durchflutet; bei ihm ist der Körper kein separiertes Ding, das vom Gehirn oder vom Nervensystem gesteuert würde.

Der Krake besitzt tatsächlich ein anderes Embodiment, es ist jedoch so ungewöhnlich, dass es von den üblichen Sichtweisen nicht abgedeckt wird. Die gängige Debatte wird zwischen jenen geführt, die im Gehirn einen allmächtigen CEO sehen, und jenen, die die im Körper selbst gespeicherte Intelligenz betonen. Beide Auffassungen stützen sich auf die Unterscheidung zwischen gehirnbasiertem und körperbasiertem Wissen. Doch der Oktopus lebt außerhalb dieser beiden üblichen Szenarien. Seine Form des Embodiments hält ihn davon ab, jene Dinge zu tun, die für gewöhnlich in den Embodiment-Theorien hervorgehoben werden. Der Krake ist, wenn man so will, entkörperlicht (*disembodied*). Dass das Wort einen immateriellen Beiklang hat, entspricht allerdings nicht meiner Intention. Der Krake hat einen Körper und ist ein materielles Objekt. Der Körper selbst aber ist proteisch, reine Möglichkeit; er trägt weder die Kosten noch genießt er die Vorteile eines einschränkenden und handlungsleitenden Körpers. Der Krake lebt außerhalb der gängigen Aufteilung von Körper und Gehirn.

4
Vom weißen Rauschen zum Bewusstsein

Wie ist es …

Wie fühlt es sich an, ein Krake zu sein? Eine Qualle? Fühlt es sich überhaupt irgendwie an? Welche Tiere waren die ersten, deren Leben sich für sie nach etwas anfühlte?

Zu Beginn des Buchs habe ich William James' Appell zitiert, bei der Ergründung des Geistes auf Kontinuität zu setzen. Bei uns auftretende, hoch entwickelte Formen des Erlebens entstanden aus einfacheren, in anderen Organismen vorkommenden Formen. Wie James sagte, brach das Bewusstsein gewiss nicht plötzlich und voll ausgeformt ins Universum ein. Die Geschichte des Lebens ist eine Geschichte der Zwischenstufen, der Gradationen und Grauzonen. Vieles, was den Geist, den Verstand ausmacht, lässt sich gut mit diesen Begriffen abhandeln. Wahrnehmung, Handeln, Gedächtnis – all diese Dinge entstehen nach und nach aus Vorläufern und Teilfällen. Angenommen, jemand fragte: Nehmen Bakterien wirklich ihre Umwelt wahr? Haben Bienen eine Erinnerung an das, was geschehen ist? Bei solchen Fragen gibt es keine einfachen Ja-oder-Nein-Antworten. Von minimaler Sensitivität gegenüber der Welt zu weit entwickelteren Formen ist der Übergang fließend, und es gibt keinen Grund, in Begriffen zu denken, die scharfe Trennungen nahelegen.

Im Hinblick auf Gedächtnis, Wahrnehmung und so weiter ist diese gradualistische Herangehensweise überaus sinnvoll. Die Kehrseite der Münze aber ist das subjektive Erleben, die Empfindung des Lebens selbst. Vor etlichen Jahren nutzte Thomas

Nagel den Ausdruck *Wie ist es?*, um auf das Mysterium des subjektiven Erlebens zu verweisen. Er fragte: *Wie ist es, eine Fledermaus zu sein?* Es ist wahrscheinlich wie *etwas*, aber unterscheidet sich völlig davon, wie es ist, ein Mensch zu sein. Das Wort »wie« führt hier in die Irre, da es unterstellt, das Problem sei eine Sache des Vergleichs oder der Ähnlichkeit - *dies* fühlt sich an wie *das*. Es geht hier jedoch nicht um Ähnlichkeit. Eher darum, dass es ein Gefühl gibt für vieles, was auch im Leben des Menschen stattfindet. Aufwachen, in den Himmel blicken, essen - all diese Dinge fühlen sich irgendwie an. Genau dies gilt es zu verstehen. Wenn wir jedoch eine evolutionäre oder gradualistische Perspektive einnehmen, wird es seltsam. Wie kann der Umstand, dass das Leben sich nach etwas anfühlt, langsam zutage treten? Wie kann ein Tier auf halbem Wege dahin sein, dass es sich irgendwie anfühlt, dieses Tier zu sein?

~ Die Evolution des subjektiven Erlebens

Ich möchte erklärtermaßen mit diesen Problemen weiterkommen - ohne zu behaupten, dass ich sie vollständig lösen kann. Ich möchte uns aber dem von James gesetzten Ziel näherbringen. Ich werde die Sache wie folgt angehen: Das grundlegendste Phänomen, das es zu erklären gilt, ist das subjektive Erleben, die Tatsache, dass sich das Leben für uns nach etwas anfühlt. Heute wird mitunter davon ausgegangen, dass es dabei um die Erklärung des Bewusstseins geht; das subjektive Erleben wird also mit dem Bewusstsein gleichgesetzt. Ich verstehe Bewusstsein indessen als eine Ausprägung des subjektiven Erlebens und nicht als dessen einzige Form. Als Beispiel, das diese Unterscheidung motiviert, kann man den Schmerz heranziehen. Ich frage mich, ob Tintenfische, ob Hummer oder Bienen Schmerz empfinden: Fühlt sich eine Verletzung für einen Tintenfisch nach irgendetwas an? Fühlt es sich für ihn schlecht an? Diese Frage wird heute häufig in folgender Form geäußert: Haben Tintenfische Bewusstsein? Das klingt für mich stets irreführend, als ob es einem Tintenfisch zu viel unterstellt. Um eine ältere Formulierung zu verwenden: Wenn es sich nach etwas anfühlt, ein Tintenfisch oder ein Krake zu sein, dann sind diese Tiere *fühlende* Wesen. Empfindungsvermögen kommt vor dem Bewusstsein. Woraus aber entspringt das Vermögen, etwas zu empfinden?

Es handelt sich nicht um eine seelenartige Substanz, die irgendwie der physischen Welt hinzugefügt würde, wie die Dualisten denken. Es durchdringt auch nicht die ganze Natur, wie die Panpsychisten glauben. Empfindungsvermögen ist irgendwie aus der Evolution des Wahrnehmens und des Handelns entstanden; es setzt ein lebendes System voraus, das zu der es umgebenden Welt in Bezug steht. Dieser Ansatz allerdings stellt uns sofort vor Schwierigkeiten, und zwar, weil solche Fähigkeiten weitverbreitet sind - sie finden sich bei Weitem nicht nur in jenen Organismen, denen für gewöhnlich so etwas wie Erlebnisfähigkeit zugebilligt wird. Wie wir in Kapitel 2 gesehen haben, spüren selbst Bakterien die Welt und agieren entsprechend. Es gibt genug Gründe für die Annahme, dass Reaktionen auf Reize und der kontrollierte, Abgrenzungen überwindende Durchfluss chemischer Stoffe selbst elementarer Teil des Lebens sind. Wenn wir nicht zu dem Schluss kommen, dass alle Lebewesen ein Quäntchen an subjektivem Erleben aufweisen - eine Ansicht, die ich nicht für verrückt halte, sicherlich aber eine, die es immer wieder zu verteidigen gilt -, dann muss sich die Art, wie Tiere sich zur Welt verhalten, entscheidend davon abheben.

Man kann diese Frage beispielsweise angehen, indem man einfach über die Komplexität verschiedener Typen von Organismen und die Vielschichtigkeit ihres Seins in der Welt spricht. Es existieren jedoch zahlreiche Ausprägungen von Komplexität, und wir sind auf etwas Spezifischeres aus. Ich möchte nun auf eine Sache eingehen, die meiner Überzeugung nach Teil der Geschichte ist, auch wenn sich nicht leicht bestimmen lässt, wo genau sie einzuordnen wäre. In der Evolution der Tiere fand, neben der bloßen Verfeinerung von Empfinden und Handeln, ebenso eine Evolution neuer Verbindungen zwischen diesen beiden Aktivitäten statt, insbesondere von Verbindungen, die eine Schleife bilden, die rückgekoppelt sind.

Hier nun einige für Organismen wie uns hinlänglich vertraute Tatsachen. Was Sie als Nächstes tun werden, ist davon beeinflusst, was Sie gerade empfinden; und auch was Sie als Nächstes empfinden, ist beeinflusst von dem, was Sie gerade tun. Sie lesen und blättern die Seite um, und das Umblättern bestimmt, was Sie sehen. Empfinden und Handeln beeinflussen sich gegenseitig. Wir wissen das und können darüber sprechen, aber diese gegenseitige Bedingtheit beeinflusst zudem in einer viel grundlegenderen Weise, wie sich etwas anfühlt – fühlen verstanden in einem sehr rohen Sinn.

Nehmen wir den Fall der sensorischen Substitution, hier dargestellt mit den *Tactile Vision Substitution Systems* (TVSS), einer Technologie für Blinde. Dabei wird eine Videokamera an eine Platte angeschlossen, die auf der Haut der betreffenden Person angebracht ist (zum Beispiel am Rücken). Von der Kamera festgehaltene optische Signale werden in eine Energieform (Vibrationen, elektrische Stimulation) umgewandelt, die dann auf der Haut zu spüren ist. Haben die Probanden eine Zeit lang mit dem Gerät geübt, berichten sie, dass die Kamera ihnen nicht nur ein Berührungsmuster auf der Haut, sondern vielmehr die Erfahrung von im Raum befindlichen Objekten vermittelt. Trägt man ein solches System und es läuft etwa ein Hund vorbei, überträgt das Videosystem ein veränderliches Druck- oder Vibrationsmuster auf die Haut. Unter bestimmten Umständen wird dies nicht als Vibration auf dem Rücken empfunden, sondern man sieht einen Gegenstand, der sich vor einem bewegt. Dies tritt allerdings nur ein, wenn der Träger in der Lage ist, die Kamera zu steuern, auf den hereinkommenden Strom an Reizen zu reagieren und ihn zu beeinflussen. Der Nutzer des Geräts muss imstande sein, die Kamera näher heranzubewegen, ihre Sichtachse zu ändern und so weiter. Am einfachsten ist dies, wenn die Kamera am Körper der betreffenden Person angebracht wird. Dann kann der Träger Gegenstände sich undeutlich abzeichnen, in das Blickfeld eintreten und wieder austreten lassen. Subjektives Erleben ist hier eng mit dem Wechselspiel von Verhalten und Sinnesreizen verbunden. Die augenblicksweise Rückkopplung zwischen Sinnesempfindung und Handeln beeinflusst, wie sich die Sinnesreize anfühlen.

Der Gedanke, dass unsere Handlungen darauf einwirken, was wir wahrnehmen, mag selbstverständlich und vertraut erscheinen, doch über viele Jahrhunderte haben die Philosophen ihn nicht für besonders wichtig erachtet. Für die Philosophie ist dieses Thema ein unorthodoxes Gelände, ein Nebenschauplatz, es hat nur am Rande mit der Ausarbeitung der Kernideen zu tun. Das trifft auch noch bis in die letzten Jahre hinein zu. Viel Arbeit wurde hingegen dafür aufgewendet, lediglich ein kleines Stück des Gesamtbildes zu betrachten, nämlich die Verknüpfung zwischen dem, was durch die Sinne hereinkommt, und welche Gedanken und Überzeugungen daraus resultieren. Nur wenig wurde darüber gesagt, wie dies mit dem Handeln verknüpft ist, und weniger noch, wie sich das Tun auf die folgenden Empfindungen auswirkt.

Manchen Philosophen war die intensive Beschäftigung mit den Sinnesempfindungen, mit der Rezeptivität, wie sie in den kognitiven Theorien auftaucht, stets suspekt. Als Reaktion lehnten sie die Bedeutung der Sinnesempfindungen in Bausch und Bogen ab und versuchten stattdessen, eine Geschichte zu erzählen, in deren Mittelpunkt der selbstbestimmte Organismus steht und das Subjekt als Ursprung erscheint, das der Welt seinen Willen aufzwingt. Darin liegt eine gewisse Überkompensation, so als würden sich die Philosophen immer nur jeweils auf eine Seite konzentrieren können. Zu akzeptieren, dass ein Austausch stattfindet, dass es ein Hin und Her gibt, scheint ein Unterfangen zu sein, das nicht ganz einfach zu meistern ist.

In der Alltagserfahrung treten zwei kausale Bögen auf, ein sensomotorischer, der unsere Sinne mit unseren Handlungen verbindet, aber auch ein motorsensorischer Bogen. Warum dieses Umwenden der Seite? Weil genau das beeinflusst, was man als Nächstes sieht. Der zweite Bogen unterliegt keiner so engmaschigen Kontrolle wie der erste, da er nicht innerhalb des Körpers bleibt, sondern sich in den äußeren, öffentlichen Raum erstreckt. Beim Umblättern der Seite schnappt sich vielleicht jemand das Buch oder greift nach Ihnen. Die sensomotorischen und die motorsensorischen Bahnen befinden sich nicht auf einer Ebene. Gleichwohl ist der übersehene Juniorpartner, die Auswirkung des Handelns auf das, was wir als Nächstes empfinden, bedeutsam. Vieles, was wir tun, geschieht, weil wir steuern, was unseren Sinnen als Nächstes begegnet.

Philosophen verwenden gerne die Metapher des Erlebnisflusses. Das Erleben, sagen sie, sei wie ein Fluss, in den wir eingetaucht seien. Dieses Bild ist einigermaßen irreführend, da das Strömen eines Flusses fast gänzlich unserer Kontrolle entzogen ist. Wir können unsere Position wechseln, in dem Fluss von einer Stelle zu einer anderen schwimmen und können damit bis zu einem gewissen Grad steuern, was wir als Nächstes zu gewärtigen haben. Im wirklichen Leben jedoch können wir gewöhnlich weit mehr tun als das; wir können den Dingen, mit denen wir interagieren, eine neue Form geben. Wenn wir uns allein mitten in einem Fluss befinden, wird er sich solchen Bemühungen gegenüber als ziemlich resistent erweisen.

Was man als Nächstes empfindet, hat zwei Ausgangspunkte: Das, was man gerade getan hat, und das, was die große Welt zu tun im Begriff ist. Das Schema der Ursache-Wirkung-Verhältnisse sieht wie folgt aus:

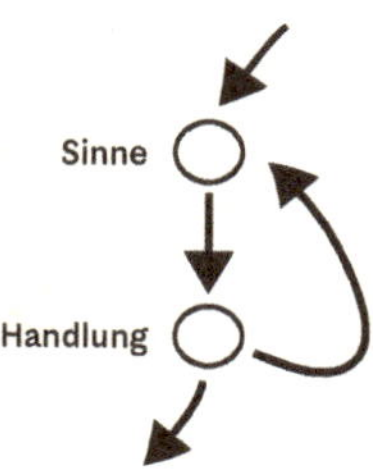

Zwei Pfeile weisen auf die Sinne. Je nach Kontext nehmen sie unterschiedliche Rollen an, und mitunter ist eine Rolle wichtiger als die andere, gleichwohl sind beide fast immer vorhanden.

Rückkopplungsschleifen, die Handlungen auf die Sinne rückbeziehen, kommen nicht nur bei uns vor. Es gibt sie auch bei sehr einfachen Lebensformen. Bei Tieren aber nehmen sie eine markantere Form an, insbesondere, da Tiere mehr *tun* können. Die Evolution des Muskelgewebes, ausgehend von winzigen faserähnlichen Elementen in den Zellen selbst, schuf dem Leben neue Möglichkeiten, sich der Welt aufzuprägen. Alle Lebensformen wirken auf Ihre Umgebung ein, indem sie chemische Stoffe fabrizieren und verändern, auch indem sie wachsen und sich mitunter bewegen, doch erst die Muskeln bringen ein schnelles, kohärentes Handeln im großen, räumlichen Maßstab in die Welt. Sie machen die *Manipulation* von Gegenständen möglich, die willkürliche und rasche Veränderung dessen, was uns umgibt.

Die Evolution der Tiere ist auf vielfältige Weise von diesen rückgekoppelten kausalen Bahnen beeinflusst. Häufig führen derartige Schleifen zu einem Problem, wenn etwa ein Tier herauszufinden versucht, was um es herum geschieht. Es gibt zum Beispiel Fische, die zur Kommunikation mit anderen Fischen elektrische Impulse aussenden und zudem Ereignisse in ihrer Umgebung elektrisch spüren können. Die von ihnen erzeugten Impulse wirken allerdings auch auf ihre eigenen Sinne ein, und bisweilen wird es für den Fisch schwierig, die Impulse, die er selbst erzeugt hat, von den elektrischen Störungen zu unterscheiden, die sich äußeren Umständen verdanken. Um dieses Problem in den Griff zu bekommen, übermittelt der Fisch immer dann, wenn er einen Impuls aussendet, eine Kopie des Befehls an das reizverarbeitende System, sodass dieses in der Lage ist, der Wirkung des selbst produzierten Impulses entgegenzusteuern. Der Fisch nimmt also eine Unterscheidung zwischen seinem Selbst und dem anderen vor, zwischen der Wirkung der eigenen Aktionen auf seine Sinne und derjenigen der Ereignisse in seiner Umgebung und protokolliert sie.

Es braucht nicht unbedingt elektrische Signale, damit ein Tier mit diesem Problem konfrontiert ist. Wie der schwedische Neurobiologe Björn Merker bemerkt, reicht dafür bereits die Fähigkeit zur Bewegung. Ein Regenwurm zieht sich zurück, wenn er von etwas berührt wird. Die Berührung könnte eine Bedrohung sein. Doch auch immer, wenn der Wurm vorwärts kriecht, wird sein Körper an irgendeiner Stelle auf ähnliche Weise berührt. Zöge er sich bei jeder Berührung zurück, würde er sich überhaupt nicht voranbewegen. Der Wurm meistert dieses Problem, indem er die selbst erzeugte Berührung ausblendet.

Bei allen Organismen gibt es eine Unterscheidung zwischen Selbst und äußerer Welt, auch wenn dies nur Außenstehende erkennen können. Alle Organismen beeinflussen zudem die Welt um sie herum, ob sie diesen Umstand nun selbst registrieren oder nicht. Zahlreiche Tiere erwerben jedoch einen eigenen Blick auf diesen Umstand, registrieren ihn auf spezifische Weise, einfach, weil das Handeln sich sonst als überaus schwierig erwiese. Pflanzen hingegen verfügen über ziemlich gute Sinne, bewegen sich aber nicht. Bakterien bewegen sich, laufen aber mit ihren einfacheren Sinnen keine Gefahr, etwa wie Merkers Regenwurm davon irritiert zu werden.

Die Wechselwirkung zwischen Wahrnehmung und Aktion schlägt sich auch in einem Phänomen nieder, das Psychologen als Konstanzphänomen bezeichnen. Selbst wenn sich unser

Blickwinkel ändert, wird ein Gegenstand stets als derselbe wahrgenommen. Geht man näher an einen Stuhl heran oder entfernt sich von ihm, scheint er in der Regel weder zu wachsen noch zu schrumpfen oder sich zu bewegen, weil wir die durch unsere Aktionen verursachten Veränderungen in der Erscheinung neben Veränderungen, die nicht auf uns zurückgehen, wie wechselnde Lichtverhältnisse und Ähnliches, stillschweigend kompensieren. Konstanzphänomene kommen bei ziemlich vielen Tieren vor, bei Kraken, manchen Spinnen und bei den Wirbeltieren. Diese Fähigkeit hat sich wahrscheinlich unabhängig in verschiedenen Gruppen entwickelt.

Ein weiterer Weg in der Evolution des subjektiven Erlebens führt zur Signalintegration. Die von verschiedenen Sinnen hereinkommenden Informationsströme werden zu einem einzigen Bild zusammengefügt. Dies zeigt sich besonders plastisch bei uns Menschen; wir erleben die Welt auf eine Weise, in der das, was wir sehen, mit dem, was wir hören und berühren, verknüpft ist. Unser Erleben ist zu einem Gesamtbild integriert.

Man mag dies als unvermeidlich erachten, da doch unsere Augen und Ohren mit demselben Gehirn verknüpft sind, es ist aber nicht zwingend. Es handelt sich lediglich um eine Verdrahtungsvariante, und manche Tiere integrieren ihr Erleben längst nicht so, wie wir es tun. Bei zahlreichen Tieren liegen die Augen beispielsweise seitlich und nicht frontal am Kopf. Damit haben sie entweder partiell oder völlig getrennte Sehfelder, wobei jedes nur mit einer Seite des Gehirns verknüpft ist. Bei einem Tier mit dieser Anlage können Wissenschaftler, indem sie ein Auge abdecken, leicht kontrollieren, was die betreffende Seite mitbekommt. Somit lässt sich eine Frage stellen, die offenbar eine auf der Hand liegende Antwort besitzt: Wenn wir nur einer Seite des Gehirns etwas zeigen, bekommt dann auch die andere Seite die Information zugespielt? Wir haben es nicht mit verstümmelten oder veränderten Tieren zu tun; die beiden Gehirnhälften verfügen also über ihre gesamten natürlichen Verknüpfungen. Anzunehmen ist, dass die Information auch auf der anderen Seite ankommt. Warum auch sollte die Evolution die Dinge so einrichten, dass nur das halbe Tier weiß, was gerade gesehen wurde? Als dieser Frage jedoch anhand von Tauben nachgegangen wurde, stellte sich heraus, dass die Informationen nicht durchgereicht wurden. Die Tauben wurden trainiert, eine einfache Aufgabe zu lösen, wobei ein Auge maskiert war. Danach wurden sie auf dem anderen Auge mit der gleichen Aufgabe getestet. In der mit neun Tieren durchgeführten Untersuchung stellte sich heraus, dass bei acht davon keinerlei interokularer Transfer stattfand. Was ursprünglich als von dem ganzen Vogel gelernte Fähigkeit erschien, war tatsächlich nur für den halben Vogel abrufbar; die andere Hälfte war völlig ahnungslos.

Diese Experimente wurden auch mit Kraken durchgeführt. Ein mit einem Auge auf eine visuelle Aufgabe abgerichteter Oktopus erinnerte sich anfänglich nur an die Lösung, wenn er auch auf dem betreffenden Auge getestet wurde. Erst nach ausgiebigerem Training konnte er die Aufgabe auch mit dem anderen Auge durchführen. Anders als bei den Tauben drang bei den Kraken ein Teil der Information auf die andere Seite durch; doch von uns unterschieden sich die Tiere darin, dass dies nicht ohne Weiteres erfolgte.

In den letzten Jahren haben Tierforscher wie Giorgio Vallortigara an der Universität von Triest eine Reihe ähnlicher Risse in der Informationsverarbeitung aufgedeckt, die mit der Trennung der beiden Gehirnhälften zu tun haben. Einige Arten scheinen eher auf Fressfeinde zu reagieren, die sie auf der linken Seite ihres Sichtfelds sehen. Manche Fischarten, ja sogar Kaulquappen, scheinen sich vorzugsweise so zu positionieren, dass sich das Bild eines Artgenossen auf ihrer linken Seite befindet. Für eine Reihe anderer Tiere wiederum gilt, dass beim Aufspüren von Nahrung die Wahrnehmung auf ihrer rechten Seite besser ist.

Diese Spezialisierung scheint klare Nachteile zu haben, macht sie doch das Tier für Angriffe von einer der beiden Seiten anfälliger oder schränkt es in seinen Fähigkeiten, Nahrung zu finden, ein. Vallortigara und andere glauben allerdings, dass es sich dabei um eine sinnvolle Einrichtung handelt. Wenn verschiedene Aufgaben verschiedene Verarbeitungsmodi erfordern, dürfte es am besten sein, über ein Gehirn zu verfügen, dessen Seiten auf die jeweiligen Aufgaben spezialisiert sind, und diese nicht zu eng aneinander zu koppeln.

Die vorgenannten Entdeckungen erinnern an Experimente mit sogenannten Split-Brain-Personen. In Fällen schwerer Epilepsie ist die Durchtrennung des *Corpus callosum* für den Patienten mitunter hilfreich. Das *Corpus callosum* verbindet die linke mit der rechten Hemisphäre, die zusammen das Großhirn des Menschen bilden. Nach solchen Operationen verhalten sich die betroffenen Personen ziemlich unauffällig, und es dauert eine Weile, bis die Forscher realisieren, dass etwas nicht stimmt. Denn wenn die beiden Hirnhälften eines solchen Patienten unterschiedlichen Reizen ausgesetzt werden, tritt häufig eine ziemlich dramatische Zerrissenheit auf. Aufgrund der Operation scheinen zwei intelligente Persönlichkeiten entstanden zu sein, die, in einem einzigen Schädel, unterschiedliche Erfahrungen und Fähigkeiten aufweisen. Die linke Seite des Gehirns steuert in der Regel (jedoch nicht immer) das Sprachvermögen, und wenn man mit einem Split-Brain-Patienten spricht, so ist es die linke Seite, die antwortet. Die rechte Seite kann zwar in der Regel nicht sprechen, kontrolliert aber die linke Hand. Sie kann also mit dem Tastsinn Gegenstände auswählen und Bilder zeichnen. In etlichen Experimenten wurden den beiden Gehirnseiten verschiedene Bilder vorgelegt. Wird die Person gefragt, was sie gesehen hat, wird ihre verbale Reaktion dem entsprechen, was ihr auf der linken Hirnhälfte gezeigt wurde, die rechte Seite, die ja die linke Hand steuert, wird aber womöglich damit nicht übereinstimmen.

Die besondere Art der mentalen Fragmentierung, wie sie bei Split-Brain-Patienten auftritt, ist offenbar im Leben zahlreicher Tiere eine Routinesache.

Tiere verfügen offenbar über verschiedene Mittel, mit dieser Situation umzugehen. Bei den Vögeln können hereinkommende visuelle Informationen sogar noch mehr fragmentiert sein als in den oben beschriebenen Experimenten mit den verdeckten Augen. Bei den Tauben zum Beispiel besitzt jede Netzhaut zwei unterschiedliche Felder, ein gelbes und ein rotes. Das rote Feld sieht einen kleinen Bereich vor dem Vogel, an dem binokulares Sehen auftritt, und das gelbe Feld sieht einen größeren Bereich, den das andere Auge nicht wahrnehmen kann. Tauben sind nicht nur nicht imstande, Informationen zwischen den Augen zu vermitteln; sie vermögen sie noch nicht einmal ordentlich zwischen den verschiedenen Bereichen desselben Auges auszutauschen. Damit dürften sich ein paar charakteristische Verhaltensweisen von Vögeln erklären lassen. Marian Dawkins führte ein einfaches Experiment mit Hühnern durch, indem sie ihnen einen neuen Gegenstand (einen roten Spielzeughammer) zeigte, dem sie sich nähern und den sie inspizieren durften. Sie stellte fest, dass sich die Hühner dem Gegenstand im Zickzackgang näherten, der dazu diente, das Objekt den verschiedenen Augenbereichen zugänglich zu machen. Auf diese Weise bekommt offenbar das Gehirn insgesamt den Gegenstand in den Blick. Der hin und her ruckende Blick eines Vogels dient dazu, die hereinkommende Information ineinander schwappen zu lassen.

Bei einem Lebewesen ist Integration in gewissem Grad unabdingbar: Ein Tier ist ein Ganzes, ein physisches Objekt, das sich selbst am Leben hält. In anderer Hinsicht jedoch ist Integration optional, eine Errungenschaft, eine Erfindung. Das Erleben zusammenzuschalten – selbst das, was die beiden Augen jeweils zu liefern haben –, ist etwas, worauf die Evolution hinauslaufen kann oder auch nicht.

~ Spätes Erscheinen oder Transformation

Die Geschichte, an der ich arbeite, ist gekennzeichnet von fortwährender Veränderung: Während sich Empfinden, Handeln und Erinnern immer höher entwickelten, wurde auch das Erleben zunehmend komplexer. Dass subjektives Erleben keine Alles-oder-Nichts-Geschichte ist, zeigt sich bei uns selbst. Wir kennen alle möglichen halbbewussten Zustände, etwa das Erwachen aus dem Schlaf. Auch die Evolution ist eine Art Erwachen, allerdings in einem anderen zeitlichen Maßstab.

Womöglich aber ist dies alles ein Irrtum. Eine graduelle Entwicklung der Subjektivität von einfachen und frühen Formen ist sicherlich eine Option, aber vielleicht gibt es kaum widerlegbare Beweise, die dagegensprechen, Befunde, die aus unseren Gehirnen selbst stammen.

Eine solche Sichtweise wird unter anderem durch einen Unfall nahegelegt, eine Kohlenmonoxidvergiftung aufgrund eines fehlerhaften Badezimmer-Boilers, die 1988 bei einer nur als »DF« bekannten Frau zu einer Gehirnschädigung führte. DF fühlte sich nach diesem Ereignis annähernd blind. Ihr war jegliches Vermögen, Formen und Anordnungen von Gegenständen in ihrem Sehfeld zu erkennen, abhandengekommen. Vage Farbflecken waren alles, was noch geblieben war. Es zeigte sich aber, dass sie gleichwohl noch ziemlich erfolgreich mit den Gegenständen in ihrer Umgebung *agieren* konnte. Sie konnte zum Beispiel Briefe durch Schlitze stecken, die in unterschiedlichen Winkeln angebracht waren. Allerdings konnte sie über den Winkel eines Schlitzes weder eine Aussage machen noch ihn mit der Fingerstellung andeuten. In ihrem subjektiven Erleben konnte sie den Schlitz überhaupt nicht sehen, aber sie bekam den Brief verlässlich hindurch.

DF wurde durch die Sehforscher David Milner und Melvyn Goodale ausführlich untersucht. Sie verglichen den Fall mit anderen Hirnschädigungen, verknüpften ihn mit früheren

Erkenntnissen aus der Gehirnanatomie und erstellten eine Theorie, die die Vorgänge bei speziellen Fällen wie dem DFs, aber auch allgemein beim Menschen ergründet. Sie gehen nun davon aus, dass es zwei Ströme gibt, auf denen sich die visuellen Informationen durch das Gehirn bewegen. Der ventrale Strom, der auf einer tieferen Ebene durch das Gehirn läuft, ist mit dem Kategorisieren, Erkennen und Beschreiben von Objekten befasst. Der dorsale Strom, der darüber, also näher am Schädeldach angesiedelt ist, ist dafür zuständig, in Echtzeit durch den Raum zu navigieren – also beim Gehen Hindernisse zu vermeiden oder den Brief durch den Schlitz zu bekommen. Milner und Goodale behaupten, dass unser subjektives Seherleben, das bewusste Wahrnehmen der visuellen Welt, nur aus dem ventralen Strom rührt. Der dorsale Strom verrichtet seine Arbeit unbewusst, bei DF wie bei allen Menschen. DF hatte aufgrund ihres Unfalls den ventralen Strom verloren und fühlte sich daher nahezu blind – auch wenn sie den Hindernissen in ihrer Umgebung ausweichen konnte.

Eine schlichte Interpretation dieser Fälle würde zu dem Schluss kommen, dass man den ventralen Strom benötigt, um überhaupt bewusst erleben zu können, was an Information durch die Augen hereinkommt. Doch das ist möglicherweise zu einfach gedacht. Wahrscheinlich fühlt sich das Sehen auf dem dorsalen Strom irgendwie an, auch wenn es sich nicht unbedingt wie Sehen anfühlt. Wie genau die beiden Ströme sich zueinander verhalten, ist für uns weniger wichtig als das überraschende Ergebnis der Forschungen, die Tatsache nämlich, dass visuelle Information in ziemlich komplizierten Prozessen verarbeitet werden – Prozesse, die von den Augen über das Gehirn in die Beine oder Hände laufen –, ohne dass das Subjekt etwas davon als Sehen erleben muss. Milner und Goodale verbinden diese Entdeckung mit dem, was ich weiter oben als Integration sensorischer Information bezeichnet habe. Sie glauben, dass die Gehirnaktivität, die das visuelle Erleben bedingt, darin besteht, ein kohärentes inneres Modell der

Welt zu konstruieren. Die Annahme, dass die Konstruktion eines derartigen integrierten Modells Auswirkungen auf das subjektive Erleben hat, ist sicherlich begründet. Vielleicht aber gibt es ohne ein solches Modell gar kein subjektives Erleben?

Milner und Goodale nahmen sich verschiedene Tiere vor, deren Weltwahrnehmung weniger integriert stattfindet als die unsere. In den 1960er-Jahren unternahm David Ingle chirurgische Eingriffe bei Fröschen und verdrahtete ihr Nervensystem neu (ihm kam der Umstand zugute, dass sich die Nervensysteme von Fröschen außergewöhnlich rasch regenerieren). Indem er einige Bahnen im Gehirn über Kreuz legte, gelang es ihm, einen Frosch zu produzieren, der nach links nach seiner Beute schnappte, wenn sie sich tatsächlich rechts befand und umgekehrt. Der Frosch sah seine Beute so, als wären links und rechts vertauscht. Diese Umpolung eines Teils des visuellen Systems wirkte sich aber nicht auf das visuelle Verhalten des Frosches insgesamt aus. Wenn die Frösche ihren Sehsinn einsetzten, um eine Barriere zu umrunden, verhielten sie sich normal. Sie verhielten sich, als ob einige Teile der visuellen Welt umgepolt worden, andere aber normal geblieben wären. Milner und Goodale kommentieren das so:

> Was also »sahen« diese neu verdrahteten Frösche? Darauf gibt es keine vernünftige Antwort. Die Frage ergibt nur Sinn, wenn man davon ausgeht, dass das Gehirn eine einzige visuelle Repräsentation der äußeren Welt besitzt, die das gesamte Verhalten des Tieres steuert. Ingles Experimente machen jedoch deutlich, dass dies nicht stimmen kann.

Akzeptiert man aber, dass ein Frosch nicht über eine einheitliche Repräsentation der Welt verfügt, sondern stattdessen über mehrere separate Ströme, die mit verschiedenen Arten des Empfindens befasst sind, erübrigt sich die Frage, was ein Frosch sieht. »Das Rätsel löst sich in Luft auf«, um es mit Milner und Goodale zu sagen.

Das eine Rätsel mag sich in Luft auflösen, dafür ergibt sich aber ein anderes. Wie fühlt es sich an, ein Frosch zu sein, der in dieser Situation die Welt wahrnimmt? Ich glaube, Milner und Goodale gehen davon aus, dass es sich wie nichts anfühlt. So etwas wie Erleben gibt es hier nicht, weil der Sehmechanismus bei den Fröschen nicht das hergibt, was er bei uns veranlasst und was subjektives Erleben entstehen lässt.

Milner und Goodales Kommentare illustrieren auf gewisse Weise eine Vorstellung, die gegenwärtig nur von sehr wenigen Fachleuten auf diesem Gebiet akzeptiert wird. Die Sinne können ihre grundlegende Arbeit tun und Handlungen sich generieren, wobei dies im Hinblick auf das Erleben des Organismus in aller Stille geschieht. In einem bestimmten Stadium der Evolution erscheinen dann zusätzliche Fähigkeiten, die tatsächlich subjektives Erleben entstehen lassen: Die sensorischen Ströme werden zusammengeführt, ein inneres Modell der Welt entsteht, und es gibt eine Art Zeit- und Selbstwahrnehmung.

Was wir, dieser Sichtweise folgend, erleben, ist das innere Modell der Welt, das von komplexen internen Vorgängen selbst erzeugt und aufrechterhalten wird. In den Gehirnen von Affen und Menschenaffen, bei Delfinen, vielleicht bei weiteren Säugetieren und bei einigen Vögeln setzt dort das Fühlen ein – oder tritt zumindest mit dem Entstehen dieser Fähigkeiten langsam in Erscheinung. Wenn wir bei einfacheren Tieren ein subjektives Erleben annehmen, dann projizieren wir, dieser Sichtweise zufolge, eine blassere Version unseres eigenen Erlebens auf sie. Das ist jedoch ein Fehler, weil unser Erleben auf Voraussetzungen beruht, über die diese Tiere schlicht nicht verfügen.

Diese Auffassung verficht auch der Neurobiologe Stanislas Dehaene, in dessen Labor in der Nähe von Paris die grundlegendsten Forschungen der letzten zwanzig Jahre zu diesem Thema durchgeführt wurden. Dehaene und seine Mitarbeiter haben Jahre damit verbracht, über Wahrnehmung an der Grenze zum Bewusstsein zu forschen: Bilder, die etwas zu rasch kommen und wieder verschwinden, als dass die Probanden sie bewusst hätten sehen können, oder die bei abgelenkter Aufmerksamkeit vorgelegt werden, und die dennoch das Denken und Tun der betreffenden Personen beeinflussen. Dabei hat sich herausgestellt, dass wir diese nicht erlebte Information auf äußerst ausgeklügelte Weise verarbeiten. Beispielsweise kann man Wortsequenzen so rasch aufflackern lassen, dass eine Person ihre Vorführung gar nicht realisiert. Sequenzen jedoch, deren Bedeutung widersinnig scheint – etwa »glücklicher Krieg« –, werden im Gehirn anders registriert als eher vernünftig klingende Formulierungen wie »kein glücklicher Krieg«. In der Regel geht man davon aus, dass es bewusstes Denken braucht, um diese Bedeutungsunterschiede auseinanderzuhalten, aber das ist nicht der Fall.

Nach Meinung Dehaenes können wir auch ohne Bewusstsein eine Vielzahl von Dingen bewältigen, andere jedoch nicht. Eine Aufgabe durchzuführen, die keine Routine, sondern neu für uns ist und ein schrittweises Handeln erfordert, ist ohne bewusstes Vorgehen nicht möglich. Unbewusst können wir uns Assoziationen zwischen Erlebnissen einprägen, also etwa lernen, A zu erwarten, wenn wir B sehen, jedoch nur, wenn B und A kurz hintereinander erfolgen. Wenn es eine deutliche Lücke zwischen den beiden Ereignissen gibt, können wir die Verbindung nur herstellen, wenn wir uns dessen bewusst sind. Man kann lernen zu blinzeln, sobald man ein Licht sieht, dem ein störender Luftstoß folgt, jedoch nur, wenn das Licht und der Luftstoß sehr eng beieinanderliegen. Liegen Licht und Luftstoß weiter als eine Sekunde auseinander, kann die Verbindung nicht mehr unbewusst hergestellt werden. Die letzten dreißig Jahren haben Dehaene zufolge gezeigt, dass es einen besonderen Verarbeitungsstil gibt, den wir heranziehen, um vor allem mit Zeit, Abfolgen und Neuigkeiten umzugehen, und der eine bewusste Wahrnehmung nach sich zieht, während dies bei vielen anderen ziemlich komplexen Tätigkeiten nicht der Fall ist.

In den 1980er-Jahren brachte der Neurobiologe Bernard Baars in einem der ersten modernen Versuche, Bewusstsein zu erklären, die Theorie des globalen Arbeitsraums (*Global Workspace Theory*) ins Spiel. Baars vertrat die Ansicht, dass uns jene Informationen bewusst sind, die im Gehirn an eine Art zentralen Arbeitsraum gebracht wurden. Dieser Ansatz wurde von Dehaene übernommen und weiterentwickelt. Damit verwandte Theorien gehen davon aus, dass uns all jene Informationen bewusst werden, die in einen Arbeitsspeicher eingespeist werden, ein spezielles Gedächtnis also, das einen unmittelbar zugänglichen Vorrat an Bildern, Wörtern und Klängen bereithält, mit denen wir Schlussfolgerungen anstellen und die wir auf Probleme anwenden können. Diese Sicht vertritt Jesse Prinz, mein Kollege an der City University of New York. Wenn man der Auffassung ist, dass für das subjektive Erleben ein globaler Arbeitsraum vonnöten ist oder ein besonderes Gedächtnis oder irgendein anderer damit vergleichbarer Mechanismus, behauptet man zugleich, dass nur komplexe, den unseren recht ähnliche Gehirne Formen des Erlebens hervorbringen können, die sich wie etwas anfühlen. Die dazu erforderlichen Gehirne werden wahrscheinlich nicht nur beim Menschen vorkommen, vielleicht aber nur bei Säugetieren und Vögeln. Diese Ansätze zur Erklärung des subjektiven Erlebens werde ich im Weiteren als Theorien des späten Erscheinens bezeichnen. Sie behaupten zwar nicht, das Licht sei schlagartig angegangen, glauben aber doch, dass das Erwachen in der Geschichte des Lebens erst spät einsetzte und sich Merkmalen verdankte, die eindeutig nur in Tieren wie uns vorkommen.

Bei der Erörterung der Theorien von Baars, Dehaene, Prinz und anderen hieß es, es handele sich um Theorien des Bewusstseins. Ich verwende dieses Wort, weil die Autoren es benutzen. Es ist nicht immer leicht auszumachen, inwieweit sich diese Theorien auf mein eigenes Thema, das subjektive Erleben im weitesten Sinne, beziehen. Ich behandle das subjektive Erleben als eine weit gefasste Kategorie und Bewusstsein als eine darin enthaltene enger gefasste - nicht alles, was ein Tier unter Umständen fühlt, muss bewusst stattfinden. Man könnte nun einwenden, dass ein globaler Arbeitsraum zwar eine Voraussetzung für das Bewusstsein darstellen mag, für die einfachste Art subjektiven Erlebens aber nicht erforderlich ist. Das liegt nicht nur im Bereich des Möglichen, ich halte es sogar für weitgehend richtig. Was die Autoren in der Literatur, die ich hier schildere, dazu meinen, lässt sich nicht immer leicht eruieren. Doch einige sind offenbar der Ansicht, dass es keinen Unterschied zwischen Bewusstsein und subjektivem Erleben gibt. Sie behaupten, eine Theorie für das Phänomen zu liefern, dass sich eine Hirnaktivität als etwas anfühlt.

Die Forschungen, die zu Theorien des späten Erscheinens führten, haben beträchtliche Fortschritte gebracht. Leute wie Dehaene haben einen Weg in die Erforschung des menschlichen Bewusstseins gefunden, einen Pfad, der noch vor wenigen Jahren undenkbar erschienen ist. An einer Alternative festzuhalten, nur weil sie großzügiger erscheint oder sich richtiger anfühlt, wäre unvernünftig. Ich denke aber, dass es Argumente gegen die Theorie des späten Erscheinens gibt und es eine Alternative ins Auge zu fassen gilt. Im Weiteren werde ich diese Alternative als Transformationstheorie bezeichnen. Sie behauptet, dass den spät erschienenen Phänomenen - Arbeitsgedächtnis, Arbeitsraum, Integration der Sinne usw. - eine bestimmte Form subjektiven Erlebens vorausging. Mit dem Auftreten dieser komplexen Erscheinungen wurde das Vermögen, sich wie ein bestimmtes Tier zu fühlen, transformiert. Die neuen Errungenschaften haben das subjektive Erleben zwar umgeformt, durch sie auf die Welt gekommen ist es aber nicht.

Das beste Argument, das ich für diesen alternativen Ansatz anzubieten habe, gründet auf der Rolle, die offenbar alte Formen subjektiven Erlebens in unserem Leben spielen, indem sie als sogenannte Intrusionen in höher organisierte und komplexere geistige Prozesse vordringen. Nehmen wir die Intrusion plötzlichen

Schmerzes oder der, in einer Formulierung des Physiologen Derek Denton, ursprünglichen Emotionen - Gefühle, die wichtige körperliche Zustände und Mängel wie Durst registrieren, oder auch das Gefühl, nicht genug Luft zu bekommen. Wenn diese Gefühle auftreten, nehmen sie, wie Denton sagt, eine »gebieterische« Rolle ein: sie drängen sich in das Erleben und können nicht so einfach ignoriert werden. Kann man ernsthaft annehmen, dass diese Dinge (Schmerz, Atemnot etc.) sich nur deshalb wie etwas anfühlen, weil sich hoch entwickelte kognitive Vorgänge erst spät in der Evolution bei den Säugetieren eingestellt haben? Das wage ich zu bezweifeln. Plausibel scheint hingegen, dass ein Tier Schmerz oder Durst fühlen kann, ohne über ein inneres Modell der Welt oder über hoch entwickelte Gedächtnisformen zu verfügen.

Schauen wir uns den Schmerz genauer an. Zunächst einmal scheint es auf der Hand zu liegen, dass selbst einfache Tiere auf Schmerz reagieren und, da sie sich vor Qual winden und krümmen, alles darauf hindeutet, dass sie ihn fühlen. Doch so einfach ist es nicht. Bei vielen Reaktionen auf körperliche Schädigungen, die anscheinend mit Schmerz einhergehen, wird wahrscheinlich kein Schmerz empfunden. Bei Ratten zum Beispiel, deren Rückenmark durchtrennt ist, deren Reizübertragung folglich von der schmerzenden Körperstelle zum Gehirn unterbrochen ist, ist eine Art Schmerzverhalten und sogar eine Form des Lernens als Reaktion auf die Schädigung zu beobachten. Für uns nehmen sich zahlreiche Reflexe bei Tieren wie Schmerz aus, da wir uns in sie hineinversetzen. Doch wir müssen hinter diese bloßen Erscheinungen blicken.

Glücklicherweise sind wir dazu in der Lage. Die aufschlussreichsten Hinweise sind aus jenen schmerzbezogenen Verhaltensweisen zu gewinnen, die zu flexibel sind, um als Reflexe abgetan zu werden, obwohl sich die Gehirne der betreffenden Tiere von den unseren stark unterscheiden und den Erfordernissen der Theorie des späten Erscheinens nicht gerecht werden. Im Folgenden ein Beispiel aus dem Reich der Fische. Zebrafische wurden zunächst daraufhin getestet, welche von zwei Umgebungen sie bevorzugten. Dann wurde ihnen ein chemischer Stoff injiziert, der mutmaßlich Schmerz verursacht, und bisweilen lag in der weniger bevorzugten Umgebung ein Schmerzmittel im Wasser gelöst vor. Die Fische bevorzugten daraufhin diese Umgebung, aber nur wenn das Schmerzmittel vorhanden war. Sie trafen eine Wahl, die sie normalerweise nicht getroffen hätten, und sie trafen sie in einer Situation, in der die Vorstellung einer schmerzhafteren und weniger schmerzhaften Umgebung eigentlich neu für sie sein musste: Die Evolution konnte sie wohl kaum mit einem auf diese Situation ansprechenden Reflex ausgestattet haben.

Bei einer Studie mit Hühnern entschieden sich Vögel mit verwundeten Beinen für ein Futter, das sie unter normalen Umständen nicht so sehr mochten, wenn es Schmerzmittel enthielt. Robert Elwood hat ähnliche Experimente mit Einsiedlerkrebsen, jenen kleinen, in Schneckenhäusern und Muschelschalen lebenden Krebsen, durchgeführt. Einsiedlerkrebse sind Gliederfüßer und mit Insekten verwandt. Elwood setzte die Krebse kleinen Stromstößen aus und stellte fest, dass er sie dadurch veranlassen konnte, ihre Gehäuse zu verlassen. Dem war aber nicht immer so: Verfügten sie über ein Gehäuse hoher Qualität, waren sie unwilliger, dies zu verlassen, und mussten stärkeren Stromstößen ausgesetzt werden als bei Gehäusen schlechterer Beschaffenheit. Zudem waren sie eher bereit, die Stromstöße auszuhalten, wenn sie einen Räuber in der Nähe witterten und das Gehäuse als Schutz wertvoller war.

Tests dieser Art lassen nicht darauf schließen, dass sämtliche Tiere Schmerz empfinden. Insekten gehören derselben großen Tiergruppe an (den Gliederfüßern) wie Krebse. Vorausgesetzt, dass sie dazu physisch noch in der Lage sind, verhalten sich Insekten offenbar auch nach ziemlich schweren Verletzungen normal. Sie pflegen oder schützen ihre verletzten Körperteile nicht, sondern fahren mit ihren Tätigkeiten fort wie bisher. Krebse und manche Garnelen hingegen versorgen ihre verwundeten Bereiche. Gewiss, man kann immer noch bezweifeln, dass diese Tiere irgendetwas fühlen. Doch dies lässt sich manchmal auch bei den direkten Nachbarn bezweifeln. Skeptizismus ist immer möglich, aber hier liegt genügend Beweismaterial vor. Die Ergebnisse unterstützen die Auffassung, dass Schmerz eine grundlegende und verbreitete Form subjektiven Erlebens darstellt, die auch bei Tieren vorkommt, deren Gehirne sich erheblich von den unseren unterscheiden.

In diesem Szenario bestehen frühe und einfache Formen subjektiven Erlebens, die mit der Evolution komplexerer Nervensysteme transformiert werden. Im Zuge dieser Transformation kommen neue Fähigkeiten hinzu - etwa höherentwickelte Formen des Gedächtnisses -, die eine subjektive Seite aufweisen, während andere Dinge, die einst zum Erleben beitrugen, in den Hintergrund gedrängt wurden. Wie können wir uns diese früheren Formen vorstellen? Womöglich gar nicht, da unsere Vorstellungen an unsere heutigen, komplizierten Gehirne gebunden sind. Gleichwohl sollten wir es versuchen.

Die Überschrift dieses Kapitels ist einem Text von Simona Ginsburg und Eva Jablonka entliehen. Die beiden in unterschiedlichen Bereichen der Biologie arbeitenden israelischen Wissenschaftlerinnen haben vor einiger Zeit einen Aufsatz verfasst, in dem sie die evolutionären Ursprünge subjektiven Erlebens zu umreißen versuchen. Im Zuge ihrer Ausführungen kommen sie auf die Idee, das Erleben eines einfachen und uns entfernten Tieres als *weißes Rauschen* zu beschreiben. Man stelle sich also ein kaum differenziertes Brummen vor, das am Anfang stand. Ich komme auf diese Metapher immer dann zurück, wenn ich mich gedanklich mit dem Thema auseinandersetze. Es handelt sich um eine Metapher reinsten Wassers. Es ist eine Klangmetapher, die auf Organismen angewendet wird, die wahrscheinlich überhaupt nicht hören können. Ich weiß nicht genau, warum sich mir das Bild immer wieder aufdrängt. Mit seiner Anspielung auf ein Knistern metabolischer Elektrizität scheint es in die richtige Richtung und auf die Form der dahinter liegenden Geschichte zu weisen. Es ist eine Form, in der das Erleben mit einem rudimentären Brummen ansetzt und immer organisierter wird.

Wenn wir in unser Inneres schauen, stellen wir fest, dass das subjektive Erleben eng mit Wahrnehmung und Steuerung assoziiert ist - das, was wir fühlen, lässt uns herausfinden, was wir zu tun haben. Warum aber ist das so? Warum ist das subjektive Erleben nicht mit anderen Dingen verknüpft? Weshalb ist es nicht bis zum Platzen gefüllt mit den basalen Körperrhythmen, der Zellteilung, dem Leben selbst? Manche werden behaupten, es sei durchaus voll von diesen Dingen, jedenfalls mehr als uns bewusst sei. Ich glaube das eher nicht und meine, dass es hierfür Anhaltspunkte gibt. Subjektives Erleben entspringt nicht einfach dem Umstand, dass das System in Betrieb ist, sondern rührt aus der Abwandlung seines Zustands, insofern es Dinge registriert, die für es wichtig sind. Das müssen nicht unbedingt äußere Ereignisse sein; sie können auch im Inneren entstehen. Aber sie werden registriert, weil sie von Belang sind und eine Reaktion erfordern. Das Empfindungsvermögen spielt eine Rolle. Es handelt sich nicht nur um ein Baden in Lebensaktivität.

Für Ginsberg und Jablonka stellte das Weiße Rauschen die erste Form subjektiven Erlebens dar. Vielleicht aber entspricht es vielmehr der Abwesenheit von Erleben, dem, was war, bevor subjektives Erleben aufkam. Eine Unterscheidung, mit der die Metapher womöglich überstrapaziert wird. Wie dem auch sei, einem solchen Stadium entsprangen die älteren Formen subjektiven Erlebens - Formen, die mit Schmerz und Lust, den ursprünglichen Emotionen, verbunden waren, Gefühlen also, auf die reagiert werden musste.

Wenn dies zutrifft, können wir im Hinblick auf die in Kapitel 2 erörterten ersten Tiere mit Nervensystemen einige vorsichtige Schlüsse ziehen. Angenommen, es stimmt, dass die Arbeit der sehr frühen Nervensysteme größtenteils darin bestand, das Tier zusammenzuziehen und koordinierte Bewegungen zu ermöglichen.

Die regelmäßigen Kontraktionen einer schwimmenden Qualle illustrieren das heute noch gut, und auch das ruhige Leben, das die Tiere des Ediacariums geführt haben dürften, fällt unter diese Kategorie. Das Nervensystem ist in diesen Fällen vor allem damit beschäftigt, eine Aktivität zu erzeugen und aufrechtzuerhalten, wobei deren Abwandlung eine weniger bedeutende Rolle spielt. Sollte dies so sein, dann handelt es sich vielleicht um eine Form tierischen Lebens, die gar nichts fühlt. Ein einfaches Erleben würde demnach erst im Kambrium mit all seinen vielgestaltigen Interaktionen mit der Welt einsetzen.

Dabei handelte es sich wohl kaum um ein einzelnes Ereignis, oder auch nur um einen einzelnen ausgedehnten Prozess, der auf einem einzelnen evolutionären Pfad stattgefunden hätte. Vielmehr wird es wohl mehrere solche Prozesse gegeben haben, die parallel aufgetreten sind. Im Kambrium hatten sich viele der in diesem Kapitel besprochenen Tierarten bereits voneinander abgezweigt – die Verzweigungen waren wahrscheinlich schon im Ediacarium erfolgt, als alles noch ruhiger war. Am Anfang des Kambriums befanden sich die Wirbeltiere demnach schon auf ihrem eigenen Pfad (oder ihrem Bündel von Pfaden), und ebenso auch die Gliederfüßer und die Weichtiere. Angenommen, es trifft zu, dass Krebse, Kraken und Katzen über eine Art subjektives Erleben verfügen. Dann muss es also mindestens drei gesonderte Ursprünge für diese Eigenschaft gegeben haben, womöglich sogar weit mehr.

Als später die von Dehaene, Baars, Milner und Goodale beschriebene Maschinerie anläuft, entsteht eine integrierte Perspektive auf die Welt sowie ein deutlicheres Selbstgefühl. Damit sind wir bei einem Stadium angelangt, das dem *Bewusstsein* schon näher kommt. Ich betrachte dies nicht als einzelnen klar umrissenen Schritt. Vielmehr halte ich Bewusstsein für einen diffusen und überstrapazierten, aber nützlichen Begriff für Formen subjektiven Erlebens, die in vielerlei Weise integriert und kohärent sind. Auch diese Art des Erlebens ist mutmaßlich mehrmals und auf verschiedenen evolutionären Pfaden entstanden: vom Weißem Rauschen über alte und einfache Formen des Erlebens bis hin zum Bewusstsein.

~ Der Krake

Kommen wir nun wieder zum Kraken zurück, unserem ungewöhnlichen und historisch gesehen bedeutsamen Tier. Wie passt er in das Ganze? Wie könnte sein subjektives Erleben aussehen?

Ein Krake ist zunächst einmal ein Organismus mit einem großen Nervensystem und einem komplexen, aktiven Körper. Er ist mit umfangreichen sensorischen Fähigkeiten ausgestattet und verfügt über ein außergewöhnliches Verhaltensrepertoire. Wenn es ein subjektives Erleben gibt, das in einem lebenden System mit der Fähigkeit zu empfinden und zu agieren einhergeht, dann besitzt es der Krake in reichem Maße. Doch das ist nicht alles. Der Oktopus weist, schwer zu fassen und fremdartig, einige der gerade beschriebenen Weiterentwicklungen auf, Merkmale also, die über das Basale hinausgehen.

Zumindest einige Krakenarten pflegen eine Interaktion mit der Welt, die von einem opportunistischen, erkundenden Stil gekennzeichnet ist. Sie sind neugierig, offen für Unbekanntes und in ihrem Verhalten wie in ihrem Körper von proteischer Natur. All dies sind Merkmale, die Stanislas Dehaene mit dem Bewusstsein assoziiert, wie es sich beim Menschen verkörpert findet. Ihm zufolge sind es die Herausforderungen des Neuen, die uns aus der unbewussten Routine aufrütteln und zur bewussten Reflexion bewegen. Die Erkundungsmanöver eines Kraken sind manchmal von Vorsicht geprägt, und manchmal erfolgen sie mit erstaunlicher Sorglosigkeit. Im vorigen Kapitel habe ich erwähnt, wie mein Mitstreiter Matt Lawrence in der Nähe von Octopolis einem Kraken begegnete, der seine Hand ergriff und ihn, indem er ihn hinter sich herzog, über den Meeresboden führte. Wir haben keine Ahnung, warum er dies getan hat. Als ich hingegen einmal an einer anderen Stelle tauchte und kurz über dem Meeresboden schwebte, hielt ich mich beim Fotografieren winziger Meeresschnecken mit ein paar Fingern am Boden fest. Unter mir nahm ich etwas wahr und sah, dass sich aus einem Knäuel Seetang in meiner Nähe ein einziger schlanker Krakenarm langsam auf meine Finger zubewegte. Der Oktopus hatte sich in dem Gewächs zu einem Ball zusammengerollt und streckte – bis auf ein Auge, das durch eine Öffnung zu sehen war, völlig darin verborgen – vorsichtig beobachtend einen Arm aus. Dies war ein von offenbar höchster Aufmerksamkeit begleitetes Erkundungsmanöver, wobei der Krake mich immer im Blick behielt, während er seinen Arm auf die Reise schickte. Ich war ein neuartiger Gegenstand, dessen Bedeutung nicht ganz klar war. Der Tang bot sowohl Deckung als auch ein Blickfenster. Aus diesem Versteck wurde ein Arm zur Inspektion vorgestreckt, vielleicht um zu schmecken.

Weiter oben habe ich das Phänomen der Wahrnehmungskonstanz besprochen. Dabei handelt es sich um die Fähigkeit eines Tieres, trotz veränderter Bedingungen – Distanz, Lichteinfall usw. – Objekte wiedererkennen zu können. Um den betreffenden Gegenstand identifizieren zu können, muss das Tier seine eigene Position und Perspektive aus seiner Wahrnehmung herausrechnen. Psychologen und Philosophen bringen diese Fähigkeit häufig mit höherentwickelten – im Gegensatz zu rudimentären – Formen der Wahrnehmung in Verbindung. Wahrnehmungskonstanz bedeutet, dass ein Tier äußere Objekte als äußere Objekte wahrnimmt – als Objekte, die gleich bleiben, wenn sich der Beobachtungspunkt des Tieres ändert. In einem bereits 1956 durchgeführten Experiment wurde einigen Kraken beigebracht, sich bestimmten Formen zu nähern und andere zu meiden. Bei einigen Testreihen bestand der ausschlaggebende Unterschied zwischen großen und kleinen Rechtecken. Der Krake saß in einem Becken, an dessen anderem Ende ein Rechteck eingebracht wurde. Der Oktopus hatte sich nun bestimmten Rechtecken zu nähern (wobei er eine Belohnung erhielt) und anderen nicht (bei denen er durch Elektroschocks bestraft wurde). Das war die Routine, der die Kraken leicht folgen konnten. Fast nebenbei erwähnen die Forscher, dass bei »etlichen« Gelegenheiten den Kraken kleine Rechtecke auf halber Distanz zu ihrem Körper vorgeführt wurden, wobei das kleine Rechteck zunächst größer aussehen würde - oder die rechteckige Form zumindest auf der Netzhaut eine andere Größe hätte. Bei jedem einzelnen Versuch, so die Experimentatoren, führten die Kraken die der echten Größe des Rechtecks entsprechende Aktion durch. Sie waren demnach in der Lage, die veränderten Entfernungen herauszurechnen.

Überraschend an diesem Bericht ist, dass er eine ziemlich bedeutsame Beobachtung enthält, die in dem Artikel jedoch nur einen kurzen Einschub darstellt. Für die Fälle, die die Wahrnehmungskonstanz bestätigten, werden keine Zahlen angegeben, und die Idee scheint auch nicht weiter verfolgt worden zu sein. Wenn man die Ergebnisse akzeptiert, bedeutet dies, dass Kraken zumindest in gewissen Formen über Wahrnehmungskonstanz verfügen, was offenbar auch auf andere Wirbellose wie Honigbienen und Spinnen zutrifft; es handelt sich also nicht um eine unter Wirbellosen einzigartige Errungenschaft der Kraken.

Kraken können zudem gut navigieren. Bekomme ich mit, dass ein Oktopus von seinem Unterschlupf aufbricht, folge ich ihm wenn möglich, und bin so schon auf zahlreiche Touren mitgenommen worden. Wenn ich den Tieren bei ihren Erkundungszügen nicht zu nahe komme, beachten sie mich fast nicht. Die Kraken gehen in der Regel auf Nahrungssuche, was sie ausgedehnte Streifzüge unternehmen lässt, die schließlich wieder zu ihrem Unterschlupf zurückführen. Ich bin immer wieder überrascht, wie gut sie dies bewerkstelligen, da die Ausflüge sich über fünfzehn und mehr Minuten erstrecken können und dabei durch ziemlich trübes Wasser gehen. Wenn sie ihren Unterschlupf in die eine Richtung verlassen, können sie durchaus aus einer anderen Richtung zurückkehren. Die Tour findet in Form einer Schleife statt und ist kein Hin- und Rückweg. Vor einigen Jahren führte Jennifer Mather eine sorgfältige Studie zu diesem Verhalten durch. In der Karibik beobachtete sie einen Kraken bei seinen Jagdausflügen und kartierte die schleifenförmigen Wege. Es ist nichts darüber bekannt, wie Oktopusse dies anstellen, auf welche Anhaltspunkte, Wegweiser und Erinnerungen sie zurückgreifen. Doch klar ist, dass einige Krakenspezies gut zu navigieren vermögen.

Es sei noch einmal daran erinnert, dass unser letzter gemeinsamer Vorfahr – eine wurmähnliche Kreatur aus dem Ediacarium – mit größter Wahrscheinlichkeit keine dieser Fähigkeiten besessen hat. Beginnt ein Tier erst einmal mit einem aktiven und mobilen Leben, reich an gesteuerter, zielorientierter und rascher Bewegung, so ergeben sich offenbar Formen des Umgangs und des Sehens der Welt, die sinnvoller sind als andere. Wahrnehmungskonstanz hat sich bei verschiedenen Tieren unabhängig voneinander entwickelt. Auch wenn Kraken in mancher Hinsicht die Welt auf ganz andere Weise wahrnehmen werden wie wir, scheinen sie mit ihr zurechtzukommen, indem sie Objekte erkennen und wiedererkennen und zwischen Selbst und anderem bis zu einem gewissen Grad zu unterscheiden wissen. Ist man in Gesellschaft eines Kraken, gewinnt man unbestreitbar den Eindruck, dass er ein beträchtliches Maß Aufmerksamkeit auf Objekte richten kann, insbesondere wenn sie unbekannt sind.

Im vorigen Abschnitt habe ich Untersuchungen zum Schmerzverhalten von Fischen, Hühnern und Krebsen besprochen. Herauszufinden, wie Kraken auf Schmerz reagieren, ist keine einfache Aufgabe. In Octopolis, unserer Stelle vor der Küste Australiens, haben wir reichlich Videomaterial über einen großen männlichen Oktopus gedreht, der bei seinen Streifzügen durch das Gebiet in eine Reihe aggressiver Interaktionen verwickelt war und mit Artgenossen kämpfte. Häufig stand er aufrecht auf gestreckten Armen, und manchmal reckte er sein hinteres Ende über seinen Kopf empor. Wir nehmen an, dass er damit so groß wie möglich erscheinen wollte; derartige Posen gingen häufig einem Angriff auf einen anderen

Kraken voraus. Als er einmal seinen Körper in eine solche Position gebracht hatte, schoss ein kleiner, aber maliziöser Fisch (*Oligoplites saurus*) heran und biss ihn ins Hinterteil. Im Folgenden ist der Moment des Bisses zu sehen, mit dem Fisch oben in der Mitte:

Der Krake reagierte, sehr ähnlich wie ein Mensch, mit einem erschrockenen Hüpfer und wild herumfuchtelnden Armen.

Doch gleich machte er sich wieder daran, sich mit Artgenossen zu keilen.

Für uns war der Biss ein Glücksfall, denn er hinterließ ein auffälliges Mal, das uns dabei half, dieses Individuum für den restlichen Tauchgang auch noch aus einiger Entfernung zu identifizieren.

Wie wir bereits gesehen haben, versorgen und schützen manche Tiere eine wunde Stelle an ihrem Körper. Unser in das Hinterende gebissener Oktopus tat das nicht. Seine anfängliche Reaktion legt nahe, dass er den Biss spürte, aber was danach kam, ist nicht der Erwähnung wert. Wir vermuten, dies lag daran, dass es sich nur um eine kleinere Verletzung handelte und das Tier mit seinen Boxkämpfen beschäftigt war.

Mit schmerzbezogenen Verhaltensweisen, darunter auch der Wundpflege, bei einer anderen Oktopusart befasst sich eingehend ein kürzlich von Jean Alupay und Kollegen veröffentlichter Artikel. Da manche Arten, darunter auch die von Alupay untersuchte Spezies, sich, um Fressfeinden zu entkommen, mitunter ihre eigenen Arme abzwicken, gab es guten Grund, mit merkwürdigen Phänomenen zu rechnen. In der Studie stellte sich heraus, dass Kraken, deren Arme im Zuge eines Experiments gequetscht wurden (nicht allzu sehr), diese in manchen, aber nicht in allen Fällen amputierten, die verwundete Stelle jedoch durchweg eine Zeit lang versorgten und schützten. Das Versorgen und Schützen einer Wunde wird, wie bereits erwähnt, als Hinweis für Schmerzempfinden erachtet.

Beim Oktopus wird alles, was im Zusammenhang mit subjektivem Erleben steht, noch erschwert durch die ungewöhnliche Art, in der sich Gehirn und Körper aufeinander beziehen. Gehen wir davon aus, dass der Krake eine Art gemischte Kontrolle darüber besitzt, was seine Arme tun, eine Annahme, die von den in Kapitel 3 erörterten Experimenten unterstützt wird. Bei der Entwicklung ihrer komplexen Verhaltensweisen setzten die Kraken auf eine Teilautonomie ihrer Arme. Daher sind ihre Arme durchsetzt von Neuronen und anscheinend in der Lage, bestimmte Aktionen lokal zu steuern. Wie also mag das subjektive Erleben unter diesen Voraussetzungen aussehen?

Der Krake befindet sich womöglich in einer hybriden Situation. Seine Arme sind partiell Teil des Selbst - sie können gelenkt und dazu herangezogen werden, Dinge zu manipulieren. Doch aus der Perspektive des Zentralgehirns gesehen, sind sie zum Teil auch kein Selbst, sie sind eigenständige Akteure.

Betrachten wir einige Analogien, wie sie bei uns stattfinden, angefangen bei Aktionen wie dem Blinzeln und dem Atmen. Beides sind Tätigkeiten, die normalerweise unwillentlich geschehen, aber mit der nötigen Aufmerksamkeit unter Kontrolle gebracht werden können. Die Bewegungen eines Krakenarms haben eine gewisse Ähnlichkeit mit dieser Kombination. Die Analogie ist ungenau, da das Atmen, das normalerweise unwillentlich geschieht, einer sehr nuancierten Kontrolle unterworfen werden kann, wenn man sich vornimmt, willentlich zu atmen. Man setzt Aufmerksamkeit ein, um einen normalerweise automatisch ablaufenden Vorgang zu kontrollieren. Wenn die Interpretation der gemischten Kontrolle richtig ist, erfolgt beim Kraken die zentrale Lenkung der Bewegungen nie ganz vollständig, stets bestimmt das periphere System mit. Um es vielleicht allzu antropomorph auszudrücken: Man streckt einen Arm willentlich aus und hofft, dass die Feinjustierung vor Ort richtig erfolgt.

Bei einem Kraken werden also während einer Aktion Elemente kombiniert, die bei Tieren wie uns gewöhnlich eigenständig ablaufen oder zumindest eigenständig abzulaufen scheinen. Wenn wir handeln, ist die Grenze zwischen Selbst und Umgebung in der Regel ziemlich deutlich. Bewegt man zum Beispiel seinen Arm, steuert man ihn in seiner Hauptbewegung und in zahlreichen feinen Detailbewegungen. Andere Objekte in der Umgebung stehen nicht unter direkter eigener Kontrolle, obwohl sie indirekt durch den Einsatz der Gliedmaßen manipuliert werden können. Unkontrollierte Bewegungen eines Objekts im Umkreis sind gewöhnlich ein Zeichen dafür, dass es nicht zum Selbst gehört (mit der eingeschränkten Ausnahme von Kniesehnenreflexen und Ähnlichem). Wäre man ein Oktopus, wäre dieser Unterschied weniger deutlich. Man würde seinen Arm bis zu einem gewissen Maß lenken, und bis zu einem gewissen Grad würde man zusehen, wo er sich hinbewegt.

Erzählt man sich diese Geschichte so, so erzählt man sie aus der Warte des »zentralen« Oktopus. Das könnte ein Irrtum sein. Überdies würde es wohl von einem zu einfach gestrickten Gegensatz zum Menschen ausgehen. Wenn eine Person ein Musikinstrument gut zu spielen vermag, werden etliche Aktionen – darunter auch Feinanpassungen – zu schnell, um sie bewusst kontrollieren zu können. Bence Nanay, ein in Antwerpen lebender Philosoph, ließ mir eine etwas anders geartete Interpretation des Krake/Mensch-Vergleichs zukommen. Bence ist der Überzeugung, dass manche Verhältnisse, die beim Oktopus seltsam und neuartig erscheinen, bei genauer Betrachtung auch bei uns vorkommen. Sie bleiben uns in der Regel verborgen, sind aber vorhanden. Angenommen, Sie langen mit ihrer Hand nach einem Gegenstand. Wenn Position oder Größe des Zielobjekts sich plötzlich verändern, verändern sich ihre Bewegungen extrem rasch – in weniger als einer Zehntelsekunde. Das ist so schnell, dass es nur unbewusst abläuft. In Experimenten bemerken die Subjekte diese Veränderung nicht – sie bemerken nicht, dass sie ihre eigenen Bewegungen verändern, und auch die Veränderung des Zielobjekts bemerken sie nicht. Wenn ich von »Subjekten« in den Experimenten spreche, dann meine ich damit die Person, die auf die Frage, ob es eine Veränderung gegeben hat, mit Nein antwortet. Die Person hat die Veränderung nicht bemerkt, aber ihr Arm änderte seine Richtung.

Wie beim Kraken gibt es auch bei uns eine von oben nach unten gehende Entscheidung, die Hand auszustrecken, aber ebenso eine Feineinstellung, die rasch und unbewusst erfolgt. Beim Oktopus nimmt die Feineinstellung mehr Raum ein - sie ist mehr als nur Feineinstellung - und sie erfolgt nicht nur bei schnellen Bewegungen. Der Krake dürfte das Umherwandern seines Arms wie ein Zuschauer betrachten. Bei uns erfolgen diese Anpassungen zu schnell, um wahrgenommen werden zu können.

Beim Menschen kommen diese rasanten Anpassungen des Arms aus dem Gehirn, und sie werden visuell gelenkt. Beim Oktopus werden die Bewegungen von den am Arm sitzenden chemischen und taktilen Sensoren geleitet und nicht durch das Sehen (allerdings werde ich im nächsten Kapitel diese Behauptung relativieren; ganz so einfach ist die Sache nicht). Nanays Interpretation unterstellt jedenfalls, dass beim Kraken extrem ausgeprägt ist, was auch bei menschlichen Aktionen, nur eben in milderer, weniger bemerkenswerter Ausprägung, vorkommt. Beim Menschen gibt es einen von oben nach unten gehenden Befehl und zusätzlich noch, was immer an Feineinstellung nötig ist. Beim Oktopus findet wahrscheinlich ein permanter wechselseitiger Abgleich zwischen Befehlen aus dem Zentralgehirn und in der Peripherie erfolgenden Entscheidungen statt. Der Arm soll ausgestreckt werden, er wandert, und der Krake wird mit Anpassungen reagieren - vielleicht unter Aufbietung erhöhter Aufmerksamkeit und einer Art Oktopus-Willenskraft -, um die Richtung des Arms zu korrigieren und auf Spur zu halten.

In dem oben zitierten Text über verkörperte Kognition setzen Hillel Chiel und Randy Beer einer alten Theorie über die Funktionsweise des Handelns eine neue Sicht entgegen. Der alten Sichtweise zufolge ist das Nervensystem der »Dirigent des Körpers, der den Spielern das Programm vorschreibt und sie detailliert anleitet, wie sie zu spielen haben«. Stattdessen aber ist, wie die beiden Forscher sagen, »das Nervensystem eine Gruppe von Musikern, die sich der Jazz-Improvisation widmen, wobei das Endresultat aus dem fortwährenden Geben und Nehmen zwischen den Spielern entsteht«. Als allgemeine Feststellung überzeugt mich dies nicht, denn meines Erachtens wird, wenn man das Nervensystem nur als einen Spieler unter anderen betrachtet, die Rolle, die es bei den meisten Tieren einnimmt, als zu gering bewertet. Doch im Fall des Kraken dürfte eine solche Metapher ganz gut passen. Der Gegensatz besteht also nicht zwischen dem Nervensystem und dem Körper, sondern zwischen dem Zentralgehirn und dem übrigen Organismus, der über eine eigene nervöse Organisation verfügt.

Beim Kraken gibt es einen Dirigenten, das Zentralgehirn. Die Spieler allerdings, die es dirigiert, sind der Improvisation zugeneigte Jazz-Musiker, die nur ein gewisses Maß an Führung akzeptieren. Oder sie sind vielleicht Spieler, die vonseiten des Dirigenten lediglich grobe, allgemeine Anweisungen erhalten, der darauf vertraut, dass sie etwas Vernünftiges spielen.

5
Farbenspiele

Die Riesensepia

Im ersten Kapitel sind wir einem Tier begegnet, das im Ozean unter einer Felsbank schwebte und dabei Sekunde um Sekunde die Farbe wechselte. In einem anfänglichen Dunkelrot wurden graue Flecken und silbrige Adern sichtbar. Verschiedene Blau- und Grüntöne sickerten in die Arme ein und verblassten wieder. Im nun folgenden Kapitel sind wir erneut unter Wasser bei diesem Tier und seinen unentwegten Wandlungen.

Eine Riesensepia (*Sepia apama*) sieht wie ein an einem Luftkissenboot befestigter Krake aus. Ihr Rücken erinnert an die Form eines Schildkrötenpanzers, sie besitzt einen davon deutlich abgesetzten Kopf, der direkt in die acht Arme übergeht. Die Arme sind in etwa so gebaut wie die eines Kraken, flexibel, ohne Gelenke und mit Saugnäpfen versehen. Wenn man einen Tintenfisch, eine Sepia, von vorne betrachtet, können diese Arme aussehen, als seien sie auf einer nahezu horizontalen Linie angeordnet, tatsächlich aber sind sie rund um den Mund platziert, und wie die eines Kraken können sie als acht große und geschickte Lippen angesehen werden. In der Nähe des Mundes sind zwei längere Fresstentakeln versteckt, die zum Beutefang blitzschnell ausgefahren werden können. Der Mund ist mit einem harten Schnabel versehen. Ein Tintenfisch besitzt weder Rückgrat noch echte Knochen, aber in dem schildartigen Rücken sitzt ein steifer Schulp, der wie das Innere eines Surfboards aussieht. Der Schild wird beidseitig von einer mehrere Zentimeter breiten, rockartigen Flosse gesäumt.

Der Tintenfisch bewegt sich langsam voran, indem er diesen Flossensaum wellenförmig bewegt. Wenn er sich schneller fortbewegen möchte, benutzt er mithilfe seines in alle Richtungen lenkbaren Siphos auf der Unterseite seines Körpers den Wasserstrahlantrieb. Die meisten Sepien sind klein und bemessen sich in Zentimetern, eine Riesensepia allerdings kann bis zu einem knappen Meter lang werden.

Das Tier vor mir ist 90 Zentimeter lang, mit einer Haut, die in allen nur denkbaren Tönungen erscheinen und innerhalb von Sekunden die Farbe zu wechseln vermag, manchmal sogar in einem Sekundenbruchteil. Dünne silberne Linien wandern über seinen Kopf, als sei das Tier sichtbar elektrifiziert. Die elektrischen Linien lassen die Sepia wie ein schwebendes Raumschiff aussehen. Aber der Eindruck, den das Tier macht, jeder Versuch, sich einen Reim auf sein Aussehen zu machen, wird fortwährend gestört. Man sieht ihm zu, und hellrote Streifen bilden sich an den Augen. Ein Raumschiff, das blutige Tränen weint?

Kopffüßer sind ausgebuffte Farbenwandler (nicht alle, aber die allermeisten). In dieser erstaunlichen Gruppe stellen die Riesensepien vermutlich die Krönung dar, zumindest sind sie die farbenreichsten. Die Fähigkeit zum Farbwechsel ist in der Natur nicht selten; zahlreiche Tiere können ihre Farbe bis zu einem bestimmten Grad ändern. Chamäleons sind das bekannteste Beispiel. Kopffüßer sind jedoch schneller und produzieren ein breiteres Spektrum an Farben. Bei großen Sepien ist der ganze Körper ein Bildschirm, auf dem Muster abgespielt werden. Die Muster sind nicht einfach nur eine Reihe zufälliger Schnappschüsse, sondern sich bewegende Formen wie Streifen oder Wolken. Die Sepien scheinen überaus ausdrucksbegierige Tiere zu sein, Tiere, die eine Menge zu sagen haben. Wenn dem so ist, was haben sie mitzuteilen und wem?

Die Riesensepia ist noch in einer anderen Hinsicht bemerkenswert. Es hat schon etwas Entwaffnendes, bei einem großen, wilden Tier auf Freundlichkeit zu stoßen. Damit meine ich nicht einfach, dass es die Gegenwart eines Menschen toleriert, sondern das aktive Engagement, mit dem es Kontakt zu einem fremden Wesen aufnimmt. Das kommt bei der Riesensepia zwar nicht routinemäßig vor, ist aber auch nicht selten. Ziemlich häufig begegnet man einer freundlichen Neugier. Das Tier kommt einem entgegen, wobei sich seine Haut in einem unaufgeregten Ruhemuster aus Farben und Formen befindet. Es schwimmt noch näher heran und versucht offenbar, sein Gegenüber zu taxieren.

Riesensepien sind nur wenig erforschte Tiere. Sie sind bislang kaum in Gefangenschaft gehalten worden. Alexandra Schnell, eine der wenigen Personen, die sie unter Laborbedingungen näher untersucht hat, meint, dass sich bei ihnen Anzeichen derselben komplexen Reaktion auf ihre Gefangenschaft finden wie bei den Kraken. Besuchern lauern sie mit gut gezielten Wasserstrahlen aus ihren Düsen auf. Doch die Riesensepien scheinen noch rätselhafter, noch fremdartiger zu sein als ihre Verwandten. Sie verfügen über große Gehirne, sowohl absolut gesehen als auch im Verhältnis zum Körpervolumen. Soweit ich weiß, besitzen sie keine Anzeichen jener Intelligenz, wie sie bei manchen Kraken anzutreffen ist - das Lösen von kniffligen Aufgaben, die Verwendung von Werkzeugen, die Untersuchung von Gegenständen. Sie sind aber auch längst nicht so eingehend erforscht worden, und bei ihrer Lebensweise sind diese für Kraken offenbar nützlichen Verhaltensweisen weniger erforderlich. Sie sind keine über den Meeresboden kraxelnden Entdecker, sondern Schwimmer.

Auch wenn die Riesensepien nicht unbedingt über die proteische Erfindungsgabe eines Kraken verfügen, besitzen sie doch Merkmale, an die man sich noch lange, nachdem man ihnen draußen im Meer begegnet war, erinnert: die zumindest gelegentlich freundliche Neugier oder auch ein vorsichtiges Engagement, wenn sie auf einen zu schwimmen und sich wieder zurückziehen. Und diese endlosen, verblüffenden Farbenspiele.

~ Farben erzeugen

Die Haut eines Kopffüßers ist eine aus mehreren Schichten bestehende Projektionsfläche, die direkt vom Gehirn angesteuert wird. Von dort verlaufen Neuronen durch den Körper bis in die Haut, wo sie Muskeln kontrollieren. Die Muskeln wiederum kontrollieren Millionen pixelähnlicher Farbsäckchen. Wenn eine Sepia etwas spürt oder sich zu etwas entscheidet, kann sich ihre Farbe augenblicklich ändern.

Und das funktioniert so: Die Haut besitzt eine äußere Schicht, die sogenannte Dermis, die als Deckschicht fungiert. Die darunterliegende Schicht enthält die Chromatophoren, die wichtigsten Elemente zur Farbsteuerung. Eine Chromatophoren-Einheit enthält verschiedene Zelltypen. In einer Zelle befindet sich ein Sack mit einer farbigen chemischen Substanz. Um diese Zelle herum sind Muskelzellen gelagert, ein oder zwei Dutzend, die den Sack in verschiedene Formen ziehen. Diese Muskeln werden vom Gehirn gesteuert. Sie ziehen den Sack auseinander, um seine Farbe sichtbar zu machen, oder lassen ihn erschlaffen für den gegenteiligen Effekt.

Ein Chromatophor enthält nur eine einzige Farbe. Die verschiedenen Kopffüßerarten verwenden unterschiedliche Farben, und für gewöhnlich besitzt ein Tier drei davon. Bei der Riesensepia kommen Chromatophoren in rot, gelb und schwarz/braun vor. Ihr Durchmesser beträgt weit weniger als einen Millimeter.

Mit dieser Anlage lässt sich erklären, wie Kopffüßer ihre Farben produzieren - aber nur zum Teil. Eine Riesensepia kann Rot oder Gelb erzeugen, indem sie die Chromatophoren jeweils einer Farbe aktiviert, und Orange mit einer Kombination aus beiden. Doch mit diesem Mechanismus lassen sich viele Farben, die ein Tintenfisch zur Schau zu stellen vermag, nicht hervorbringen. Blau, Grün, Violett oder Silberweiß sind damit nicht möglich. Diese Farben werden von Vorrichtungen in der nächsten Hautschicht erzeugt, in der verschiedene Typen von reflektierenden Zellen vorkommen. Diese Zellen zeigen nicht wie die Chromatophoren einzelne Pigmente, sondern reflektieren einfallendes Licht. Dabei handelt es sich nicht unbedingt um ein einfaches Widerspiegeln. In den sogenannten Iridophoren wird das Licht durch kleine, stapelweise angeordnete Plättchen zurückgeworfen und gefiltert. Die Plättchen trennen und richten die verschiedenen Wellenlängen des Lichts aus, und lassen Farben zurückstrahlen, die sich von den einfallenden Farben unterscheiden können. So entstehen die Blau- und Grüntöne, die die Chromatophoren nicht erzeugen können. Die Iridophoren sind nicht direkt mit dem Gehirn verbunden, offenbar werden aber einige von anderen chemischen Signalen gesteuert, wenn auch deutlich langsamer. Direkt unter den Iridophoren liegen die Leukophoren, ein weiterer Typus reflektierender Zellen. Sie verändern das Licht nicht, sondern spiegeln es direkt zurück. Aus diesem Grund erscheinen sie oft weiß, obgleich sie jede Farbe aus der Umgebung reflektieren können. Da die Chromatophoren in einer höheren Schicht liegen als die reflektierenden Zellen, werden sämtliche Wirkungen der letzteren von den Aktivitäten der Chromatophoren beeinflusst. Dehnen sich die Chromatophoren aus, beeinflusst dies das bis zu den reflektierenden Zellen durchdringende Licht und somit auch, was an Licht zurückgeworfen wird.

Stellt man sich die Haut einer Sepia von der Seite, im Querschnitt vor, würde man eine Deckschicht sehen, darunter eine Schicht mit Millionen winziger Farbsäckchen, die ständigen Formwechseln unterliegen, wodurch die Pigmente entweder exponiert oder verborgen werden. Dies erfolgt, unter Beteiligung zahlreicher Muskeln, in hohem Tempo. Durch diese Schicht dringt eine bestimmte Menge Licht und erreicht eine weitere Schicht, in der es zwischen Stapeln aus Spiegeln reflektiert und gefiltert wird. Auch diese Zellen verändern unter Umständen – sobald sie von chemischen Signalstoffen erreicht werden und deshalb um einiges langsamer – ihre Form. Noch etwas tiefer wirft eine Schicht einfacherer Reflektorzellen das bis zu ihr einfallende Licht zurück.

Im Folgenden eine Skizze dieser Schichten:

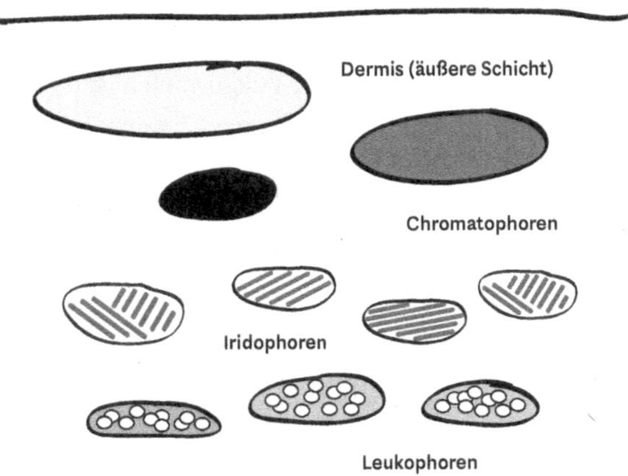

Angenommen, eine Riesensepia besitzt etwa zehn Millionen Chromatophoren. Dann können wir uns die betreffende Schicht in der Haut des Tieres sehr grob gesprochen als Bildschirm mit zehn Megapixeln vorstellen. Ich sage grob, weil zum einen die Pixel nicht völlig unabhängig voneinander, sondern als örtliche Cluster angesteuert werden und weil zum anderen jedes Chromatophor nur eine Farbe besitzt. Zudem werden manche Pixel von anderen überlagert, sodass ein Hautbereich viele verschiedene Farben produzieren kann. Die Schichten unter den Chromatophoren tragen zu weiterer Komplexität bei.

Die farbigen Hautschichten der Kopffüßer sind dünn und fragil. Wenn Tintenfische aufgrund ihres Alters oder von Verletzungen ihre Haut verlieren, bekommen sie ein deutlich anderes Aussehen. Dann sieht man matte weiße Flecken. Die magische Haut ist nur eine dünne Folie auf einem schlichten weißen Körper.

Bei den Tieren, die ich beobachte, sind Rottöne in gewissem Sinne die Grundfarben, die am häufigsten zu sehen sind. Diese

Rottöne reichen von Kastanienbraun bis Feuerwehrrot. Der rote Grundton ist oft mit einer unter Wasser als helles silbriges Weiß erscheinenden Farbe dekoriert. Das Weiß bildet Adern und Flecken, die kleine gezackte Blitze oder Perlenschnüre ergeben. Andere Farben - Gelb-, Orange- und olivgrüne Tönungen - treten fleckenförmig auf. Die Tiere können feste Muster ausbilden, wobei sie die Farben nur selten länger beibehalten. Ihre dynamischen Muster erscheinen wie Filme, die auf dem Bildschirm der Tintenfischhaut abgespielt werden. Ein Beispiel dafür ist die wandernde Wolke. Dunkle und helle Flecken bewegen sich in alternierenden Wellen von vorne nach hinten oder in umgekehrter Richtung über den Körper. Als ich einmal einen große Tintenfisch von oben beobachtete, sah ich, wie die linke Seite seines Körpers einem anderen, unter einem Felsen sitzenden Tintenfisch eine wandernde Wolke zeigte, während die rechte, ins offene Meer weisende ruhig und getarnt blieb.

Die Farbwechsel der Tintenfische treten häufig zusammen mit Veränderungen in der Gestalt ihres Körpers und ihrer Haut auf. Manchmal schwimmen sie mit Dutzenden, aus ihrem Rücken hervorstehenden Papillen oder Hautfältelungen herum. Zwei bis drei Zentimeter hoch, sehen sie aus wie kleine Versionen jener Platten, die ein Stegosaurus auf dem Rücken trägt. Die Papillen sind innen nicht hart und können in Sekunden erzeugt werden. Rund um die Augen liegen Stellen, an denen die Haut besonders fein und detailreich modifiziert werden kann. Viele Tintenfische erzeugen dünne Runzeln und Falten über den Augen. Sie sehen aus wie sorgfältig ausgeformte Augenbrauenanhängsel.

Im Ruhezustand hängen die acht Arme eines Tintenfischs vor seiner Frontseite herab und sehen sich ziemlich ähnlich. In der Forschung sind den Armen der Kopffüßer Nummern zugeordnet worden: links und rechts von 1 bis 4. Oben angefangen befinden sich die Arme links-1 und rechts-1. Von vorne gesehen erscheinen sie wie die inneren Arme. Ihnen benachbart sind die Arme links-2 und rechts-2, dann das dritte Paar und schließlich das vierte. Bei der Riesensepia ist bei den Männchen das vierte Armpaar größer als bei den Weibchen. Wenn die Männchen Aggression zeigen, flachen sie ihre vierten Arme oft ab, sodass sie wie breite Klingen aussehen.

Eine andere aggressive Geste besteht darin, die beiden ersten Arme hochzuhalten wie Hörner. Manche Tintenfische geben diesen Hörnern eine elegante Wellenform. Andere rollen ihre Arme schneckenförmig ein, machen sie zu Haken oder Keulen. In ganz ausgebufften Fällen ordnen die Sepien die Arme in drei oder vier verschiedenen Ebenen an. Das erste Armpaar wird gerade nach oben gestreckt; die zweiten Arme werden auf einer zweiten Ebene hornartig ausgefahren, vielleicht mit eingerollten Enden; das dritte Paar wird darunter platziert; und die vierten Arme schließlich sind abgeflacht und so massiv wie möglich geformt. Es gibt einige Fische, die trotz ihrer Harmlosigkeit von den Riesensepien regelrecht verabscheut werden, und wenn sie sich annähern, werden sie in der Regel mit zu Hörnern und Haken erhobenen Armen begrüßt.

All diese Verhaltensweisen variieren individuell. Manchmal habe ich ein Individuum über viele Tage erkennen können, gelegentlich sogar über eine Woche lang. Dabei ist es gar nicht so leicht, Tiere wiederzuerkennen, die ihre Farbe und ihre Form willentlich und zur Gänze verändern können, manchmal ist dies jedoch anhand einer Narbe möglich. Schließlich lernte ich, bestimmte weiße Markierungen auf dem rockartigen Flossensaum, die offenbar dauerhaft sind, wie einen Fingerabdruck zu lesen. Zudem reagieren einzelne Individuen unterschiedlich auf mich, auch wenn sie gleichen Geschlechts und gleicher Größe sind und sich in derselben Jahreszeit am selben Ort befinden. Der für mich attraktivste Interaktionsstil ist die bereits erwähnte neugierige Freundlichkeit. Manche Individuen kommen auf mich zu, ohne dass das Farbmuster wechselt, und beobachten mich aus der Nähe. Die freundlichsten streckten sogar einen Arm aus, um mich zu berühren, was jedoch relativ selten geschieht. Der Tintenfisch schwebt im Wasser und bewegt sich nur wenig mit seinen Flossen oder mit dem unsichtbaren Wasserstrahl. Während wir so im Wasser schweben, hält er eine gewisse Distanz, weicht zurück, wenn ich mich ihm nähere, und manchmal schiebt er sich, wenn ich zurückweiche, nach vorne. Schließlich jedoch lässt er eine immer größere Nähe zu, bis unsere Körper nur noch ein paar Spannen voneinander entfernt sind. Ich bewege meine Hand bis nahe an seine Arme, berühre sie aber nicht. Der Tintenfisch streckt einen, manchmal auch zwei Arme aus, um mich mit deren Spitzen zu berühren.

Fast immer, wenn dies eintritt, geschieht es nur einmal. Nach einer kurzen Berührung weicht der Tintenfisch wieder mehrere Handbreit auf eine sichere Distanz zurück. Er war interessiert genug, mich zu berühren, doch wenn er mich einmal berührt hatte, kehrte er wieder an seinen Ausgangspunkt zurück. Eine mögliche Erklärung für diese Aktion ist, dass der Tintenfisch feststellen möchte, ob ich etwas zum Fressen bin. Doch ein Mensch ist viel größer als ein Tintenfisch, dessen Nahrung gewöhnlich aus Krebsen und Fischen besteht, die er im Ganzen fängt. Ich glaube nicht, dass sie an mir als Mahlzeit interessiert sind.

Unter den einzelnen Tieren, seien sie nun freundlich gesonnen oder nicht, gibt es solche, deren Farbwechselspiel höchst individuell ist. Hin und wieder bin ich Tintenfischen begegnet, die Farben hervorzubringen schienen, an die andere noch nicht einmal gedacht haben, oder Muster von besonderer Brillanz zeigten. Das erste dieser Exemplare nannte ich Matisse. Es handelte sich um einen freundlichen Tintenfisch, den ich vor einigen Jahren über mehrere Tage aufsuchte. All seine Farben hatten eine besondere Note, aber noch etwas anderes stach an ihm hervor. Er konnte unaufgeregt im Wasser schweben, in einer Kombination aus Rot und Weiß, und plötzlich in ein strahlendes Gelb explodieren. Das Gelb überflutete seinen gesamten Körper, ohne dass irgendwelche anderen Flecken zu sehen gewesen wären, und konnte in weniger als einer Sekunde angeschaltet werden. Im einen Moment erschien er dunkelrot, mit Adern und Streifen, und nur einen Augenblick später sah er aus wie eine Sonne in der Form eines Tintenfischs. Das Leuchten verschwand dann nach und nach. Orangetöne erschienen in dem Gelb und dunkelten ab. Die Musterung kehrte zurück. Innerhalb von etwa zehn Sekunden war er wieder dunkelrot.

Der Wechsel zu Gelb wurde nicht von erhobenen Armen oder anderen Posen begleitet; kein weiteres Anzeichen für Aufgeregtheit. Bei anderen Kopffüßern habe ich durchgängiges Gelb als Zeichen für Angst beschrieben gefunden. Ich denke schon, dass Matisse beunruhigt gewesen sein mochte, weshalb aber sah alles andere an ihm so wenig alarmiert aus? Gelegentlich brachte er als Reaktion auf aufdringliche Fische gelbe Muster hervor, dabei handelte es sich jedoch um dunklere Gelbtöne, die mit bestimmten Anordnungen der Arme einhergingen. Das einheitliche Aufscheinen von Kanariengelb, das ich beobachtet hatte, gehörte anscheinend zu einem anderen Verhalten. Er fand offenbar Gefallen an diesen chromatischen Explosionen.

In den Jahren seither habe ich noch einige wenige andere Tintenfische gesehen, die dieses gelbe Aufscheinen hervorbrachten. Allerdings keinen, der das Wasser so zum Leuchten brachte wie Matisse. Mit dem, was ich über den Mechanismus des Farbwechsels vorgebracht habe, lässt sich einfach eruieren, wie dies bewerkstelligt wurde. Eine Riesensepia besitzt einige gelbe Chromatophoren, und so wird das Aufleuchten mit ziemlicher Sicherheit erzeugt worden sein, indem diese sich unvermittelt ausdehnten, während alles andere zurückgefahren wurde.

Einige Zeit, nachdem Matisse aufgetaucht und wieder verschwunden war, begegnete ich einem Tintenfisch, dessen Zurschaustellungen alles, was ich bis dahin gesehen hatte, übertrafen. Der einzige passende Name für ihn war Kandinsky.

Kandinsky hatte starre Gewohnheiten und ein festes Zuhause. Er verfügte nicht so wie Matisse über eine einzelne bemerkenswerte Farbe, sondern erzeugte jene Muster und Farben, die auch die anderen hervorbringen konnten, tat dies jedoch in einer ungleich extravaganten Weise. 2009 habe ich ihn eine Woche lang täglich in seinem Zuhause aufgesucht und versucht, die perfekte Fotografie von ihm zu bekommen. Ich kam immer am späten Nachmittag und wartete an der Wasseroberfläche über seinem Unterschlupf, der in etwa vier Metern Tiefe lag. Irgendwann ließ er sich blicken und schwamm nach oben, um sich auf der Oberseite seines Felsens zu postieren und in das offene Meer zu blicken. Zwei Arme ragten in die Höhe, während die anderen umhertasteten. Dann tauchte ich hinab, um ihn zu treffen.

Sobald ich bei ihm ankam, bewegte er seine Arme wie eine Sammlung von Zeremoniallanzen in alle Richtungen. Mitunter verknotete er einige seiner Arme über dem Kopf. Erhobene Arme sind oft Zeichen der Erregung und mitunter der Feindseligkeit, ich glaube aber nicht, dass dies bei Kandinsky der Fall war, brachte er doch derart ausgetüftelte Formen auch dann hervor, wenn ich ein ziemliches Stück weit entfernt war. Auf seiner Haut bevorzugte er leuchtende Mischungen aus Rot und Orange, darunter auch eine Art blasses Orangegrün, und oft kombinierte er diese Farben mit den wandernden Wolken, jenem bewegten Muster, bei dem dunkle Formen in Wellen über die Haut ziehen. Tränenartige Muster bewegten sich auf einem Paar seiner inneren Arme entlang. Nachdem er eine Weile im Wasser über seinem Lieblingsfelsen gestanden hatte, machte er sich auf eine Tour durch die Untiefen auf. Er gehörte nicht gerade zu den freundlichen Tintenfischen, aber er ließ zu, dass ich ihm bei seinen rund um seinen Unterschlupf stattfindenden Wanderungen durch das Riff in einigem Abstand folgte.

Während einige Tintenfische einem erkundenden Taucher gegenüber freundlich und neugierig erscheinen, kommen auch

Reaktionen vor, die von heftiger Feindseligkeit geprägt sind. Diese ist zum Glück seltener als die Zutraulichkeit. Der spektakulärste Fall, an den ich mich erinnere, war eine Begegnung mit einer großen männlichen Riesensepia an einer Stelle, wo eigentlich sehr freundliche Exemplare lebten. Immer wenn ich an diesen felsigen Überhang komme, erinnere ich mich an die liebenswerten Begegnungen. Doch dieses eine Mal wurde ich mit unverstellter Feindseligkeit konfrontiert, die in einer Choreografie von Farben und Formen zum Ausdruck kam.

Als ich die Stelle erreichte, sah ich als Erstes ein Gewusel von Armen unter einem Felsvorsprung. Die Arme waren gelb-orange-braun. Das Tier blickte zwischen schwankendem Tang hervor; seine Arme ruderten in alle Richtungen. Anfangs nahm ich an, dieses Verhalten sei als Tarnung gedacht und das Wedeln der Arme imitiere den Tang. Als ich näher kam, erzeugte der Tintenfisch jedoch weitere Farben - silberweiße Striemen. Dabei handelte es sich nicht um das übliche, entspannte, über Gesicht und Arme laufende Pulsieren von Silber, sondern um größere Flecken, die aufloderten und wieder verschwanden. Seine unteren Arme waren zu einem Fächer ausgespreizt, und darüber bildeten die oberen Arme einen Wald aus Hörnern. Er war von vorneherein wachsam gewesen, und fast sofort kam er aus seinem Versteck in hohem Tempo auf mich zu. Ich schwamm fluchtartig zurück. Er kam mir noch eine gewisse Strecke nach, gab dann aber die Verfolgungsjagd auf und kehrte zu seinem Unterschlupf zurück. Ich wartete etwas ab, und vorsichtig näherte ich mich erneut. Er schoss aus seinem Versteck wie eine strahlgetriebene mittelalterliche Belagerungsmaschine.

Auf diesen Verfolgungsjagden erzeugte er die mörderischsten Zurschaustellungen, die ich je gesehen hatte: lohfarbene Orangetöne, Arme wie Hörner und Sicheln sowie Hautfältelungen, die einer verbogenen Rüstung ähnelten. Ab und zu hielt er seine inneren Arme ineinander verdreht in die Höhe, und einmal reckte und wand er fast alle Arme empor, wobei, das Gesicht in der Mitte, nur ein Armpaar nach unten wies. Ich dachte: Das sieht aus wie ein Höllenschlund. Als ob das Geschöpf in seiner Weichtierart ein gutes Gespür dafür hätte, was für einen Menschen furchterregend sei, und eine Vision der Verdammnis vorzuspielen versuchte, etwas jedenfalls, das in Mark und Bein fahren würde.

Ich ließ nicht locker und kehrte immer wieder vorsichtig zu ihm zurück. Er jagte mich stets wieder weg, aber ich bemerkte bald, dass diese Angriffe mich niemals wirklich erreichten, und dies blieb auch so, als ich mich langsamer zurückzog. Ich fragte mich, inwieweit seine Angriffe nur vorgetäuscht oder aber von echter, gewaltsamer Absicht geprägt waren. Schließlich versuchte ich eine neue Strategie. Wenn er so mörderisch mit seinen Armen nach mir wedelt, warum nicht zurückwedeln? Als er das nächste Mal aus seinem Versteck kam, zog ich mich nicht mehr so weit zurück und hob meine Arme vor meinem Körper an, wobei die Tauchausrüstung herumschlackerte. Das erregte seine Aufmerksamkeit. Er tat noch so, als ob er nach vorne schwömme, bewegte sich aber eigentlich nicht mehr großartig, und langsam ließ das Rudern der Arme nach. Er stellte sein Gepose mehr und mehr ein, und bald hielt er seine Arme ruhig, und die stacheligen Hautfältelungen bildeten sich zurück. Schließlich konnte ich sogar in seine Nähe kommen. Er ließ es sein, mich direkt anzuschauen, und schien mich viel entspannter, als würde er über mich hinwegsehen, von der Seite her anzublicken. Einmal bewegte ich mich direkt vor ihm, und plötzlich kam er wieder auf mich zugeschossen, zunächst mit gesenktem Kopf und dann aufgeregt mit den Armen fuchtelnd. Dies war dann, wie ich entschied, an Freundlichkeiten alles, was uns zustehen würde.

Es gibt eine weitere bemerkenswerte Interaktionsform zwischen Mensch und Tintenfisch, wobei Interaktion kaum das richtige Wort ist. Manche Tintenfische legen eine derart beeindruckende Gleichgültigkeit an den Tag, dass sie schwer zu beschreiben ist. In gewisser Weise ist dieses Verhalten am verblüffendsten. Besagte Tintenfische scheinen einen überhaupt nicht als Lebewesen wahrzunehmen. Wenn sie sich nicht bewegen, blicken sie einen Menschen nicht direkt an (wie es andere Sepien häufig tun), sondern schauen an einem vorbei. Bewegt man sich ein bisschen, verändern sie ihre Position. Der Nichtkontakt wird stets beibehalten.

Diese weitgehende Gleichgültigkeit kommt bei manchen Tintenfischen auch dann vor, wenn sie sich auf ihre Exkursionen rund um ihr Riff begeben. Auf diesen Ausflügen stochern sie beiläufig unter Felsen herum oder wandern lediglich durch die Gegend. Die meiste Zeit halten sie wohl nach Nahrung Ausschau oder nach Paarungspartnern, doch oft scheinen sie nicht besonders angestrengt zu suchen. Tintenfische auf Tour sind manchmal freundlich oder zumindest neugierig, halten an, um einen zu beäugen, bevor sie weiterschwimmen. Doch manche ignorieren einen einfach, ganz gleich wie nahe man ihnen kommt - selbst wenn man direkt neben ihrem Auge schwimmt. Bei einer Gelegenheit fühlte ich mich so vollkommen ignoriert, dass ich mich dem Tier direkt in den Weg stellte, einfach um zu sehen, was es tun würde. Was dann kam, fühlte sich an wie ein existenzialistisches Angsthasenspiel. Das Tier kam näher und näher, ohne meine Gegenwart zu beachten, bis es nur noch zwanzig oder dreißig Zentimeter entfernt war. Dann blickte es zu mir auf, mit einem Ausdruck, den ich nicht zu beschreiben vermag, außer, dass es völlig unbeeindruckt schien; es drückte sich an mir vorbei und schwamm weiter. Was für eine Rolle spielen wir? Was sind wir für sie? Wir werden wohl als große, bewegliche Kreaturen wahrgenommen. Sind wir demnach auch potenziell gefährlich, oder zumindest interessant? Andere Tintenfische sehen uns so - als Besucher, die es zu studieren oder mit wildem Gebaren fortzujagen gilt. Manchmal jedoch scheint es, als wären wir für sie überhaupt keine lebendigen Wesen. Wenn man so vollkommen ignoriert wird, fragt man sich, ob man in ihrer Wasserwelt überhaupt real ist - als sei man eines dieser Gespenster, die nicht wissen, dass sie Gespenster sind.

~ Farben sehen

Da wir nun ein fast vollständiges Bild von den Farben der Kopffüßer haben, kommen wir zu einem Faktum, das absolut keinen Sinn ergibt: Kopffüßer, so wird gesagt, sind fast durchwegs farbenblind.

Diese eigentlich ausgeschlossene Annahme beruht sowohl auf physiologischen Befunden als auch auf Schlüssen, die sich aus ihrem Verhalten ergeben. Erstens: Ein System zur Farbenerkennung erfordert im Auge ein Element, das Unterschiede in der Helligkeit des Lichts von Unterschieden in der Farbe unterscheiden kann. Gewöhnlich wird dies mit verschiedenen Fotorezeptoren bewerkstelligt.

Fotorezeptoren enthalten Moleküle, die, sobald Licht auf sie fällt, ihre Form ändern. Die Veränderung der Form veranlasst weitere chemische Reaktionen in der Zelle. Fotorezeptoren sind die Schnittstelle zwischen der Welt des Lichts und dem Signale emittierenden Netzwerk des Gehirns. Jedes Auge muss daher mit dergleichen ausgestattet sein. Für das Farbensehen braucht es eine ganze Reihe von Fotorezeptoren, die jeweils unterschiedlich auf die verschiedenen Wellenlängen des hereinkommenden Lichts reagieren. Der Mensch besitzt in der Regel drei Typen von Fotorezeptoren. Farbensehen, das auf diesem System beruht, erfordert zumindest zwei Typen. Die meisten Kopffüßer verfügen lediglich über einen.

Auch Verhaltenstests sind an einigen Spezies vorgenommen worden. Kann ein Kopffüßer lernen, zwischen zwei Reizen, die nur in der Farbe und sonst in nichts anderem voneinander abweichen, zu unterscheiden? Die getesteten Individuen konnten dies offenbar nicht.

Das ist verblüffend, wo diese Tiere doch so viel mit Farbe veranstalten. Zudem können sie sich hervorragend tarnen, indem sie die Farben ihrer Umgebung nachahmen. Wie ist es möglich, Farben zu treffen, die man nicht sehen kann? Die Erklärungen, die Biologen dafür anzubieten haben, lauten in etwa wie folgt: Ersten könnten Kopffüßer vor dem Hintergrund der typischen Farben in ihrer Umwelt geringfügige Helligkeitsunterschiede als Indizien für die wahrscheinlichen Farben (Tönungen) der Gegenstände in ihrer Umgebung heranziehen. Zweitens dürften die reflektierenden Zellen, die Spiegel in ihrer Haut, hilfreich sein. Natürlich kann man eine Farbe, die man nicht sehen kann, hervorbringen, indem man die Außenwelt spiegelt.

Für einiges, was Kopffüßer leisten können, ist dies plausibel genug. Tarnung kann durch Spiegelung erreicht werden, solange die nachzuahmende Farbe des Hintergrunds auch aus anderen Richtungen einfällt. Eine einfache Spiegelung kann aber keine Erklärung sein, wenn das Tier eine Farbe nachahmt, die sich hinter seinem Rücken befindet, während das von vorne kommende Licht völlig andersgeartet ist. Denn dann müsste das Tier die richtige Farbe aktiv durch den kombinierten Einsatz von Chromatophoren und Spiegelzellen hervorbringen und dabei wissen, welche Farbe es zu produzieren hat. Kopffüßer sind offenbar in der Lage, dies zu bewerkstelligen. Sie kleiden sich oft in eine Farbe, die sich hinter ihnen befindet und sich von den Farben vor ihnen unterscheidet.

In der Zeit, als ich dieses Buch schrieb, konnten einige Puzzlestücke zusammengefügt werden. Die ersten Teile wurden 2010 angeordnet, als Lydia Mäthger, Steven Roberts und Roger Hanlon einen Text veröffentlichten, der davon berichtete, dass die Moleküle der Fotorezeptoren in den Augen einer Tintenfischart wohl auch in der Haut der Tiere vorkommen. Für sich genommen, erklärt dies noch nichts, und zwar aus vielerlei Gründen. Erstens ist es durchaus möglich, dass diese außerhalb des Auges vorliegenden Moleküle etwas bewirken, das nichts mit dem Sehen zu tun hat. Sollten, zweitens, die lichtempfindlichen Moleküle in der

Haut tatsächlich auf Licht reagieren, würde dies das Problem des Farbensehens keineswegs lösen: Auch wenn sich das Fotorezeptormolekül an einer merkwürdigen Stelle befindet, verfügt das Tier gleichwohl nur über einen Typ davon. Mit nur einem Fotorezeptor, so die Lehrmeinung, kann man keine Farben sehen.

Einige Jahre, nachdem Mäthger, Roberts und Hanlon ihre Ergebnisse veröffentlicht hatten, gab es so gut wie keine weiterführenden Forschungen. Im Internet spürte ich lediglich eine Person auf, die an dem Problem arbeitete - Desmond Ramirez, ein Doktorand aus Kalifornien. Als ich Kontakt mit ihm aufnahm, bestätigte er, dass er über die Frage forschte, hielt sich aber ansonsten bedeckt. Weitere Jahre gingen ins Land. Ich hatte gerade eine Buchbesprechung abgeschickt, in der ich mich fragte, warum die alte Spur nicht weiterverfolgt würde, und nur Tage später publizierte Ramirez sein Paper. Der zusammen mit Todd Oakley verfasste Aufsatz legt zunächst dar, dass in der Haut einer bestimmten Krakenart (*Octopus bimaculoides*) Gene für Fotorezeptoren aktiv seien. Die entscheidende Erkenntnis in dem Text bestand aber darin, dass die Haut dieses Kraken lichtempfindlich ist und die Form der Chromatophoren ändern kann, selbst dann, wenn sie vom Körper abgelöst ist. Die Krakenhaut selbst kann Licht *empfinden* und in einer Weise reagieren, die Auswirkungen auf die Farbe der Haut hat. Im Kapitel 3 habe ich davon gesprochen, dass das Nervensystem des Kraken fast den ganzen Körper durchzieht. Ich wollte das Bild eines Körpers vermitteln, der sich, anstatt vom Gehirn kommandiert zu werden, bis zu einem gewissen Grad selbst kontrolliert. Nun erfahren wir, dass der Krake mit seiner Haut sehen kann. Die Haut wird nicht nur vom Licht beeinflusst, was bei einigen wenigen Tieren vorkommt, sondern sie reagiert, indem sie ihren eigenen pixelähnlichen Farbkontrollmechanismus verändert.

Wie wäre es, mit der Haut sehen zu können? Ein scharfes Bild kann dabei nicht entstehen. Nur allgemeine Veränderungen und Lichtschleier wären auszumachen. Wir wissen bislang nicht, ob die

Empfindungen der Haut an das Gehirn kommuniziert werden, oder ob die Information lokal bleibt. Beide Möglichkeiten indes strapazieren die Vorstellungskraft. Wenn die Empfindungen der Haut an das Gehirn übermittelt werden, dann wäre das visuelle Empfindungsvermögen des Tieres in alle Richtungen erweitert und würde über das hinausgehen, was die Augen abdecken können. Wenn die Empfindungen der Haut nicht das Gehirn erreichen, dann würde jeder Arm für sich alleine sehen und das Gesehene für sich behalten.

Die Entdeckungen von Ramirez und Oakley sind ein wichtiger Schritt, sie lösen jedoch noch nicht das Problem der Farbwahrnehmung, wie oben beschrieben. Der Fotorezeptor in der Haut des von Ramirez und Oakley untersuchten Oktopus reagiert auf dieselben Wellenlängen wie der Fotorezeptor im Auge. Selbst wenn der gesamte Körper sehen kann, kann er offenbar nur monochrom sehen. Das Problem der Farbimitation bleibt also bestehen. Ich denke aber, dass die Arbeit von Ramirez zu einer Lösung des Problems führen wird. Ein Hinweis dafür fand sich bereits in dem älteren Artikel von Mäthger und ihren Kollegen. Sie merkten an, dass die Lichtempfindlichkeit der Fotorezeptoren, selbst wenn die der Haut chemisch denen des Auges gleichen, von den Chromatophoren oder anderen umgebenden Zellen moduliert werden könnte. Damit könnte sich ein Fotorezeptortyp wie zwei unterschiedliche Typen verhalten. Manche Schmetterlinge verwenden einen ähnlichen Trick.

Solch ein Modulation könnte auf mehreren Wegen stattfinden. Eine Möglichkeit wäre, dass ein Chromatophor über der lichtempfindlichen Zelle sitzt und wie ein Filter funktioniert. Der betreffende Fotorezeptor würde dann auf farbiges Licht anders reagieren als ein Fotorezeptor, der mit einem andersfarbigen Chromatophor gepaart ist. Eine andere Möglichkeit wurde mir von dem Ökologen, Orchideenexperten und Künstler Lou Jost erläutert. Er geht davon aus, dass der Farbenwechsel selbst den Effekt zeitigt. Angenommen, unter einer Schicht zahlreicher Chromatophoren liegen einige lichtempfindliche Zellen. Wenn verschiedenfarbige Chromatophoren sich ausdehnen und kontrahieren, wird das durch sie fallende Licht davon unterschiedlich tangiert. Wenn das Tier stets verfolgen würde, welche Chromatophoren sich im ausgedehnten Zustand befinden und zudem, wie viel Licht seine Rezeptoren erreichen würde, dürfte es etwas über die Farbe des einfallenden Lichtes wissen. Das seine Farbwechsel durchlaufende Tier würde wie ein Kameramann arbeiten, der einen Filter durch einen anderen auswechselt. Ein monochromer Sensor kann Farben ausmachen, wenn der Organismus verschiedenfarbige Filter besitzt und weiß, welcher Filter gerade im Einsatz ist.

All diese Möglichkeiten beruhen auf der Position der lichtempfindlichen Zellen und der Chromatophoren zueinander sowie auf noch unbekannten Faktoren. Es wäre jedoch irgendwie überraschend, wenn nicht einer dieser Mechanismen am Werk wäre. Sobald lichtempfindliche Strukturen unter den farbigen Chromatophoren liegen, wird sich dies, wenn das Tier das Wechselspiel seiner Farbträgerzellen vollführt, auf besagte Strukturen auswirken - Auswirkungen, die wiederum mit der Farbe des einfallenden Lichts korrelieren werden. Die Information ist also vorhanden. Und es sieht nicht so aus, als seien große evolutionäre Schritte erforderlich, damit das Tier diese Information auch verarbeitet.

~ Gesehen werden

Wenn es um Tarnung geht, sind Kraken unübertroffen. Für einen nur wenige Schritte entfernten Beobachter, einen Beobachter, der nach Kraken Ausschau hält, können sie völlig unsichtbar sein. Dabei kommt ihnen der Umstand zu Hilfe, dass sie anders als Sepien so gut wie keine harten Teile in ihrem Körper besitzen und so ziemlich jede Form annehmen können. Riesensepien sind nicht in dem Maß in der Lage, ihre Beobachter in die Irre zu führen wie Kraken, aber manche Tintenfischarten können mit ihren achtarmigen Verwandten mithalten. Das beste Tarnverhalten eines Tintenfischs, das ich gesehen habe, stammte von einer Zwergsepia (*Sepia mestus*). Diese kleinere, im Englischen als *reaper cuttlefish* (Schnittersepia) bezeichnete Art wird etwa 15 Zentimeter groß. Der grimmige Name ist etwas irreführend, denn es handelt sich um eines der süßesten Tiere, das man sich vorstellen kann. Gewöhnlich ist seine Farbe ein sanftes Rot mit einem gelben Augenstrich. Das Exemplar, um das es hier geht, entdeckte ich zwischen Seetang. Es war sehr misstrauisch, nachdem wir uns gegenseitig gesehen hatten, und ging mir aus dem Weg, schwamm durch Tang und um Felsen herum, immer auf Hindernisse zwischen sich und mir bedacht. Dann verschwand es in einer flachen Rinne, in der einige wenige Felsstücke herumlagen.

Von einem Moment zum anderen war das Tier für mich unsichtbar geworden.

Ich wusste, dass Tintenfische eine wie Felsgestein gesprenkelte Erscheinung annehmen können, weshalb ich damit rechnete, das einen Gesteinsbrocken nachahmende Tier aufzuspüren. In der Mitte des Kanals lag tatsächlich ein kleineres Felsstück. Ich sah nach und dachte, na ja, das ist nur ein Stein. Ich schwamm zum anderen Ende des Kanals, wo die Zwergsepia hätte herauskommen müssen, doch keine Spur von ihr. Also schwamm ich zurück und schaute noch einmal im Kanal nach, sah mir noch einmal das Felsstück an. Beim genaueren Hinsehen war es der kleine Tintenfisch. Als deutlich wurde, dass ich ihn im Blick hatte, gab er die Gesteinstarnung auf und nahm wieder sein dunkles Rosa an. Da war ich also, suchte nach einem kleinen Tintenfisch, der wie ein Felsstück aussah, genau an dieser Stelle, aber das Tier hatte mich ohnedies zum Narren gehalten.

Als ich beobachtete, wie der Tintenfisch die Farben wechselte, schoss unvermittelt eine grüne Muräne mit geöffneten Kiefern heran und griff ihn an. Er stieß eine Tintenwolke aus; auch

Sepien besitzen wie Kraken und Kalmare Tinte. Sie sah wie eine schwarze Rauchwolke aus, als ob das Tier Feuer gefangen hätte. Ich versuchte, in die Rinne zu schauen, die nun schwarz war, und erhaschte nur einen kurzen Blick von dem Tintenfisch, der hilflos von der Muräne hin und her geschüttelt und gerissen wurde. Ich fühlte mich ganz elend, denn offensichtlich hatte ich die Zwergsepia abgelenkt und so der Muräne die Chance zum Angriff gegeben.

Noch immer brachen Tintenwolken hervor. Angesichts des überaus heftigen Angriffs der Muräne hatte ich bald keine Hoffnung mehr für die kleine Sepia. Doch dann flitzte sie mit aufgefächertem Flossensaum aus der schwarzen Wolke heraus, grellbunt und merkwürdig abgeflacht. Sie machte einen benommenen, versehrten Eindruck, vermochte aber noch zu schwimmen. Sie hatte lediglich eine große Bisswunde auf ihrem Rücken davongetragen und trug noch ihren gelben Augenstrich. Zunächst schwamm sie wie betäubt in chaotischen Mäandern, brachte sich dann aber auf eine gerade Bahn und hielt auf einen Felsvorsprung zu.

Dass ich das Tier überhaupt noch zu Gesicht bekommen hatte, verwunderte mich. Muränen sind eigentlich perfekte Räuber, vor allem in den engräumigen Verhältnissen zwischen Felsen und Tang. Sie sind nur Zähne und Muskeln und stark wie Schlangen. Gegen den Zugriff des aalähnlichen Tieres hatte die kleine Sepia anscheinend nichts aufzubieten. Sie besaß weder Zähne noch Knochen noch eine Panzerung. Sie sah nicht wie eine seitlich abgeflachte Schlange aus, sondern wie ein Spielzeugluftkissenboot. Doch sie entkam.

Angenommen wird, dass der Farbwechsel bei Kopffüßern ursprünglich der Tarnung gedient und sich deshalb entwickelt habe. Als die Kopffüßer ihre Schalen aufgaben und durch Gewässer schwammen, in denen es vor scharfzähnigen Fischen nur so wimmelte, war die Tarnung ein Mittel, nicht gefressen zu werden.

Tarnung ist das Gegenteil von Signalisierung; sie erzeugt Farben, um *nicht* gesehen oder erkannt zu werden. Bei manchen Arten entstand dann die Signalgebung - die Tarnvorrichtung wurde zweckentfremdet und zur Kommunikation und Zeichengebung eingesetzt. Farben und Muster wurden erzeugt, um von Beobachtern wie Rivalen oder möglichen Paarungspartnern gesehen und bemerkt zu werden.

Neben den eindeutigen Fällen von Tarnung und Signalisierung gibt es noch die deimatisch genannten Zurschaustellungen, die wie Drohgebärden funktionieren. Dabei handelt es sich um dramatische Muster, die oft auf der Flucht vor einem Fressfeind hervorgebracht werden. Mit ihnen soll versucht werden, den Gegner zu erschrecken oder zu verwirren - es geht darum, plötzlich anders und bizarr auszusehen, um den Fressfeind innehalten zu lassen oder abzulenken. Die Zurschaustellung soll hier zwar wahrgenommen werden, sendet aber keine Information an einen Empfänger. Sie soll lediglich verwirren oder ablenken.

Während der Balzzeit versuchen sich die Männchen der Riesensepia in ritualisierten Posen, wobei verschiedene Veränderungen der Haut und Körperverrenkungen auf raffinierte Weise miteinander kombiniert werden. Dies lässt sich besonders dramatisch an einer Stelle in der Nähe der Industriestadt Whyalla an der Südküste Australiens beobachten. Dort vor der Küste versammeln sich jeden Winter Tausende Riesensepien zur Eiablage im flachen Wasser. Kein Mensch weiß, warum sie gerade diesen Platz auswählen, aber es ist ein großartiger Ort, an dem sich etwas beobachten lässt, das zum Dramatischsten gehört, was Kopffüßer an Signalisierungsverhalten zu bieten haben.

Ein großes Männchen, das sich als Gatte eines Weibchens versucht, nimmt dieses in Beschlag und hält andere Männchen von ihm fern. Nähert sich ein Rivale, beginnen der Gatte und der Eindringling sich mit Zurschaustellungen zu überbieten. Die beiden Männchen liegen Seite an Seite im Wasser. Dabei strecken sie sich so weit wie möglich in die Länge, häufig so, dass sich ihr Körper leicht durchbiegt. Das Spiel der Farbwechsel und Muster lässt sie regelrecht auflodern. Oft dreht sich ein Sepiamännchen, nachdem es sich in die eine Richtung lang gestreckt hat, um 180 Grad und streckt sich in entgegengesetzter Richtung aus. Die absichtlich und schnörkellos durchgeführte Drehung nimmt sich aus wie ein Tanz am Hofe eines kultivierten französischen Königs. Die Streckung hingegen sieht wie ein Yoga-Wettbewerb aus.

Die Kombination aus Yoga und höfischem Tanz reicht aus, um zu bestimmen, welcher Tintenfisch größer ist - und es ist fast immer der größere, der gewinnt. Der kleinere zieht sich zurück. Das Weibchen treibt ruhig im Wasser, bleibt vielleicht in der Nähe ihres pulsierenden Partners, entfernt sich vielleicht. Sex unter Tintenfischen ist, verglichen mit dem was im Tierreich sonst üblich ist, eine friedfertige Angelegenheit. Die Sepien paaren sich Kopf an Kopf. Das Männchen versucht das Weibchen von vorne zu umklammern. Wenn sie damit einverstanden ist, hüllt er ihren Kopf mit seinen Armen ein. In dieser Position sind sie für mehrere Minuten Stille ein Paar. Offenbar bläst er sie während dieser Zeit mit Wasser aus seinem Sipho an. Mit dem vierten linken Arm nimmt das Männchen ein Spermapaket auf und platziert es in einer speziellen Speichertasche unter dem Schnabel des Weibchens, wo er mit etwas rascheren Bewegungen das Paket aufbricht. Sie trennen sich.

Auch Kalmare senden vielfältige Signale aus, manche davon kompliziert und in ihrer Bedeutung erstaunlich. Einige sind eindeutig und bei verschiedenen Arten geläufig. Nähert sich ein Männchen einem Weibchen, zeigt letzteres mitunter einen klaren weißen Streifen, der »Nein danke!« bedeutet. Ich werde gleich noch mehr über diese Signalsysteme berichten, möchte aber zunächst noch auf die Bedeutung zu sprechen kommen, die meines Erachtens die Farben bei den Sepien einnehmen.

Gehen wir davon aus, dass bei den Kopffüßern Tarnung und Signalisierung die beiden Funktionen des Farbwechsels sind - an ihnen liegt es, dass sich das Farbenspiel entwickelte und beibehalten wurde. Auch wenn dies die Funktionen sind, heißt das nicht, dass jede Farbe, die man zu Gesicht bekommt, auch als Signal oder als Tarnung hervorgebracht wurde. Ich glaube, dass manche Kopffüßer, insbesondere Sepien, dabei eine Expressivität entwickelt haben, die über jede rein biologische Funktion hinausgeht. Viele Muster sehen absolut nicht nach Tarnung aus und werden auch dann erzeugt, wenn offenkundig kein Signalempfänger in der Nähe ist. Manche Sepien und einige Kraken durchlaufen einen nahezu kontinuierlichen, kaleidoskopischen Farbwechsel, der mit dem, was in ihrer Umgebung geschieht, absolut nichts zu tun zu haben scheint. Im Gegenteil, in ihm kommt, wie es aussieht, eine innere elektrochemische Erregung zum Ausdruck. Ist der farberzeugende Mechanismus der Haut erst einmal mit dem elektrischen Netzwerk des Gehirns verdrahtet, könnten damit alle möglichen Farben und Muster hervorgebracht werden, und zwar einfach als Nebeneffekt innerer Vorgänge.

Meiner Interpretation zufolge sind die Farben der Riesensepien also nichts anderes als der unabsichtliche Ausdruck der im Inneren des Tieres stattfindenden Prozesse. In den Mustern kommen das Flackern und Anbranden der inneren Aktivitäten zum Ausdruck, aber auch subtilere Veränderungen werden sichtbar. Betrachtet man das Gesicht einer Riesensepia - den Bereich zwischen den Augen bis hinunter in den oberen Abschnitt der Arme - aus der Nähe, nimmt man oft ein ständiges Murmeln sehr kleiner Farbveränderungen wahr. Womöglich äußert sich hier der Mechanismus des Farbwechsels in einer Art Leerlauf. Einmal habe ich über mehrere Tage einen Tintenfisch beobachtet, dem ich den Namen Brancusi gegeben hatte. Dieses Tier kleidete sich nur selten in helle Farben. Stattdessen brachte es bei Gelegenheit ein paar seiner Arme in eine ungewöhnliche Form und hielt in dieser Position völlig still, wie eine Skulptur, so lange jedenfalls, wie ich in seiner Nähe zu verharren vermochte. Es hielt ein Paar der inneren Arme nach oben wie Hörner, winkelte dabei aber die Enden nach unten in Richtung Meeresboden ab. Brancusi hatte es eher mit Formen als mit Farben, doch bei genauer Betrachtung entdeckte ich, dass sich alle Farben in seinem Gesicht in ständiger Unruhe befanden. Bei anderen Tieren habe ich knapp unter den Augen ein sich ständig veränderndes Pulsieren beobachtet, als handle es sich um einen animierten Lidschatten.

Ich bin der Meinung, dass Tintenfische ihre Haut feinmaschig steuern können, wenn ihnen danach ist. Sie können von einem Moment zum anderen in Tarnung verfallen oder in eine aggressive Pose. Farbwechsel, die weder Signale noch Tarnung bedeuten, sind evolutionär betrachtet Nebeneffekte. Wenn sie sehr schädlich wären, würden sie wahrscheinlich unterdrückt werden. Aber vielleicht schaden sie ja gar nicht. Genauer, vielleicht wären sie für kleinere Kopffüßer schädlich, insofern sie unerwünschte Aufmerksamkeit wecken, nicht aber so sehr für Riesensepien, Tiere, die so groß sind, dass viele Beutegreifer lieber weiterziehen.

Eine andere Interpretation steht mit den weiter oben beschriebenen Spekulationen zum Farbempfinden in Zusammenhang. Nehmen wir es als gegeben, dass ein Kopffüßer durch die Farbveränderungen auf seiner Oberfläche das Licht beeinflusst, das bis zu den Rezeptoren in seiner Haut durchdringt. Dann könnten die fortwährenden verhaltenen Farbwechsel auch dazu dienen, die Farbgebung der Umgebung zu überwachen.

Ich bin mir zudem im Klaren darüber, dass zahlreiche Farbwechsel, die mich so in Erstaunen versetzen, durch meine Gegenwart ausgelöst worden sein könnten. Wenn ich diese Zurschaustellungen beobachte, versuche ich mich oft etwas weiter weg und abseits zu halten. Ich habe auch schon Videokameras vor Krakenhöhlen aufgebaut und bin dann für einige Stunden verschwunden, um zu sehen, was geschieht, wenn niemand zugegen ist. Selbst dann, wenn keine anderen Kraken in der Nähe sind - soweit ich das ermessen kann -, durchlaufen die Tiere unerklärliche Farbsequenzen. Vielleicht ist in diesen Fällen die Kamera das Publikum ihrer Wahl. Das ist möglich. Man kann die Dinge aber auch nehmen, wie sie sind. Ich glaube, diese Tiere besitzen ein hoch entwickeltes System, das zur Tarnung und zur Signalisierung vorgesehen ist, ein System allerdings, das auf eine Weise mit dem Gehirn verbunden ist, die zu expressiven Launen aller Art führt – zu einer Art fortwährendem chromatischen Geplapper.

~ Pavian und Kalmar

Signale werden gesendet und empfangen; sie werden gemacht, um gesehen oder gehört zu werden. Um das Sender-Empfänger-Verhältnis bei Tieren näher betrachten zu können, verlassen wir jetzt das Wasser und wechseln zu einem ganz anderen Fall. Im Okavangodelta im afrikanischen Botswana lebende Paviane sind über viele Jahre von Dorothy Cheney und Robert Seyfarth, zwei der einflussreichsten Wissenschaftler auf dem Gebiet der Tierethologie, erforscht worden.

Das Leben der Paviane ist nervenaufreibend. Stets sind sie dem Risiko ausgesetzt, von großen afrikanischen Raubtieren attackiert zu werden, und zudem müssen sie mit einem heftigen und veränderlichen sozialen Szenario fertig werden. Paviane leben in Gruppen. Der von Cheney und Seyfarth erforschte Trupp bestand aus etwa 80 Individuen, die in einer komplizierten Dominanzhierarchie organisiert waren. Pavianweibchen bleiben in der Gruppe, in die sie hineingeboren werden, und bilden eine Hierarchie von (matrilinearen) Familien aus, mit weiteren Dominanzverhältnissen innerhalb der einzelnen matrilinearen Gruppen. Die meisten Männchen verlassen die Gruppe, in die sie geboren werden, und wandern als junge adulte Tiere in eine andere ein. Die Männchen leben kürzer und führen ein raueres, von mehr Gewalt und, neben dem anstrengenden Imponiergehabe, zahlreichen strapaziösen Verfolgungsjagden geprägtes Leben. Sie werden häufig verjagt oder verjagen andere. Selbst wenn die Zusammensetzung der Gruppe stabil ist, sind beide Geschlechter Herausforderungen und Veränderungen ausgesetzt, sie müssen Freundschaften und Allianzen bilden und sind in großem Umfang mit sozialer Körperpflege beschäftigt.

All dies haben Cheney und Seyfarth in ihrem Buch *Baboon Metaphysics* minutiös dokumentiert. Angesichts des komplexen sozialen Lebens, ist es kaum überraschend, dass Kommunikation stattfindet. Doch Paviane können lediglich relativ einfache Laute von sich geben – drei oder vier Rufe, besonders Drohrufe, freundschaftliches Grunzen oder Unterwerfung signalisierendes Kreischen. Die Kommunikation an sich ist einfach, doch wie Cheney und Seyfarth aufzeigen, entspringen ihr überaus nuancierte Verhaltensweisen. Die Rufe der einzelnen Individuen unterscheiden sich, und ein Pavian kann erkennen, wer gerade gerufen hat – er weiß, wer bedroht worden ist und wer sich zurückgezogen hat. Cheney, Seyfarth und weitere Autoren haben mittels ausgeklügelter Playback-Experimente herausgefunden, dass ein Pavian, der eine Folge von Rufen vernimmt, in der Lage ist, diese in hochkomplexer Weise zu verarbeiten.

Angenommen, ein Pavian hört eine Abfolge von Rufen, von einer Stelle kommend, die er nicht sehen kann: A droht, und B zieht sich zurück. Was bedeutet das? Das hängt davon ab, wer A und B sind. Wenn A höher in der Hierarchie steht als B, ist der Ruf wenig überraschend und nicht weiter beachtenswert. Wenn aber A unter B steht, dann ist die Ruffolge, in der A droht und B sich zurückzieht, überraschend und wichtig. Sie signalisiert nämlich eine Veränderung in der Rangordnung und hat für die meisten Mitglieder der Gruppe Auswirkungen. Ein Pavian verhält sich anders, weit aufmerksamer, wenn bei den Playback-Experimenten eine Ruffolge von einem wichtigen Ereignis dieser Art kündet. Es scheint laut Cheney und Seyfarth, dass die Paviane aus den Lautfolgen, die sie vernehmen, eine Art Narrativ konstruieren, ein Werkzeug also, das sie nutzen, um sich sozial zurechtzufinden.

Vergleichen wir die Paviane mit den Kopffüßern. Bei den Pavianen ist die Seite des stimmlichen Kommunikationssystems sehr einfach. Es gibt nur drei oder vier Rufe. Die Möglichkeiten, die einem Individuum zur Verfügung stehen, sind begrenzt, und einem bestimmten Ruf folgen verlässlich bestimmte Interaktionen. Die Seite der Interpretation jedoch ist sehr komplex, denn aufgrund der Art, wie die Rufe hervorgebracht werden, lässt sich ein Narrativ zusammensetzen. Die Paviane besitzen eine einfache Produktion bei komplexer Interpretation.

Bei den Kopffüßern trifft das genaue Gegenteil zu. Die Seite der Produktion ist nahezu unendlich komplex, mit Millionen Pixeln auf der Haut und einer Unmenge an Mustern, die jederzeit hervorgebracht werden können. Als Kommunikationskanal betrachtet, ist die Bandbreite dieses Systems außerordentlich. Man könnte alles damit sagen - vorausgesetzt, man ist in der Lage, die Botschaft zu kodieren, und es gibt jemanden, der sie vernimmt.

Bei den Kopffüßern jedoch ist das Sozialleben, insofern dies festzustellen ist, weit weniger kompliziert als bei Pavianen. (Ich werde weiter unten und im letzten Kapitel einige Überraschungen präsentieren, sie ändern an diesem Vergleich jedoch nichts, denn niemand glaubt, dass Kopffüßer ein soziales Leben besitzen, das dem der Paviane gleichkäme.) Wir haben es bei den Cephalopoden also mit einem sehr mächtigen System zur Signalproduktion zu tun, wobei die meisten Äußerungen unbemerkt bleiben. Womöglich ist das nicht ganz zutreffend: Vielleicht wird auch wirklich wenig gesagt, weil ja niemand da ist, der es interpretiert. Doch ebenso richtig ist, dass mit all dem Geplapper, all dem Gemurmel der Haut, vieles, was im Inneren vor sich geht, nach außen getragen oder sichtbar wird.

Ausführlich dokumentiert wurde die Signalerzeugung bei einer Kopffüßerart, dem karibischen Riffkalmar, bereits in den 1970ern und 1980ern von Martin Moynihan und Arcadio Rodaniche, zwei in Panama arbeitenden Wissenschaftlern. Sie folgten ihren Tieren über Jahre in freier Wildbahn und zeichneten ihr Verhalten detailliert auf. Dabei stießen sie auf eine beträchtliche Komplexität der von den Tieren produzierten Muster, eine derart große Komplexität, dass sie sich zu der Hypothese veranlasst sahen, die Kalmare besäßen eine visuelle Sprache mit einer Grammatik, mit Substantiven, Adjektiven usw. Damit stellten sie eine ziemlich radikale Behauptung auf. Sie veröffentlichten ihre Ideen in einer bei einem angesehen Journal erschienenen Monografie, wobei es sich angesichts der persönlichen Reflexionen und dem fortwährenden Bestreben, in die Welt dieser unberechenbaren Tiere einzudringen – tagelang waren sie ihnen geduldig hinterhergeschnorchelt –, um eine eher ungewöhnliche Publikation handelte. Die Monografie war zudem von Rodaniche, der sich bald als Wissenschaftler zurückzog und Künstler wurde, wunderschön illustriert worden.

Das Argument für eine visuelle Sprache wurde aus der Komplexität der Zurschaustellungen hergeleitet, die die Kalmare hervorbrachten. Für diese Präsentationen kombinieren die Tiere Farben und Körperhaltungen, wobei manche davon geringfügige Analogien zu den oben beschriebenen Posen der Riesensepien aufweisen. Moynihan und Rodaniche katalogisierten die Abfolgen, die sie zu Gesicht bekamen: goldene Augenbrauen, dunkle Arme, abwärts weisend, gesprenkeltes Gelb, aufwärts geringelt ... Ich habe einmal vor Belize einen dieser Kalmare über ein Riff verfolgt und war, ebenso wie die beiden Autoren, verblüfft gewesen von der Komplexität seiner Aktionen. Es gibt jedoch eine Unstimmigkeit in Moynihans und Rodaniches Erörterung, die ihnen wohl bewusst war, die sie aber nicht völlig zu Ende gedacht haben. Bei Kommunikation geht es um Senden und Empfangen, Sprechen und Hören, Hervorbringen und Interpretieren – um einander ergänzende Rollen. Moynihan und Rodaniche waren zwar in der Lage, eine Vielzahl sehr komplizierter Signalhervorbringungen zu dokumentieren, zu den Wirkungen dieser Signale – wie die Muster interpretiert wurden – wussten sie jedoch deutlich weniger zu sagen. Sie vermochten einige wenige ziemlich eindeutige Signal- und Antwort-Kombinationen, die bei der Balz eine Rolle spielten, herauszuarbeiten, doch viele der beobachteten Zurschaustellungen waren außerhalb des genannten Zusammenhangs produziert worden.

Insgesamt listeten sie ungefähr dreißig ritualisierte Posen auf, zudem zahlreiche Muster in den Abfolgen und Kombinationen der Präsentationen. Sie waren der Auffassung, diese Muster müssten irgendeine Bedeutung aufweisen, in den meisten Fällen jedoch vermochten sie nicht herauszufinden, welche:

> Bei unserem aktuellen Wissensstand sind wir nicht immer und in jedem Fall in der Lage, die unterschiedlichen Botschaften oder Bedeutungen der beobachteten Arrangements bestimmter Muster auszumachen. Wir glauben jedoch annehmen zu können, dass es zwischen den Abfolgen oder Kombinationen, die sich voneinander unterscheiden lassen, eine wie auch immer geartete echte funktionale Differenz gibt.

Die Autoren waren selbst der Auffassung, dass die Komplexität im Verhalten zwischen den Kalmaren nicht besonderes ausgeprägt war. Zu welchem Zweck aber sollten solche komplexen Präsentationen dann hervorgebracht werden?

Das ist tatsächlich ein Rätsel. Selbst wenn Moynihan und Rodaniche die Bedeutung der Signale übertrieben und die Sprachanalogie zu sehr in den Vordergrund rückten, bleibt die Frage, warum die Kalmare so viel zu sagen scheinen. Möglich ist, dass die Abfolgen von Farben, Posen und Zurschaustellungen eine subtile Rolle für das Sozialleben der Tiere spielen. Spätere Forscher sind diesem Teil von Moynihans und Rodaniches Arbeit mit einer gewissen Skepsis begegnet. Vielleicht aber spielt sich ja doch mehr ab, als wir momentan zu sagen vermögen.

Besagte Kalmare gehören zu den sozialsten Geschöpfen unter den Kopffüßern. Der Gegensatz zwischen den Pavianen und den Kopfüßern ist, wie ich hoffe, augenfällig genug. Bei den Kopffüßern stoßen wir aufgrund ihres der Tarnung gewidmeten Erbes auf ein überaus reiches Ausdrucksvermögen – auf einen Videobildschirm, der direkt mit ihrem Gehirn verbunden ist. Sepien und andere Kopffüßer laufen sozusagen über vor lauter Output: *Publish or perish.* Bis zu einem gewissen Grad ist der Output evolutionär dafür angelegt, gesehen zu werden; manchmal handelt es sich um Tarnung, manchmal soll er von Rivalen oder möglichen Geschlechtspartnern bemerkt werden. Über den Bildschirm flackern zudem offenbar viel Geplapper und Gemurmel, Zufallsäußerungen. Und selbst wenn die Kopffüßer über verborgene Kräfte zur Farbwahrnehmung verfügen sollten, wird ein großer Teil ihrer wilden Farbspiele bedeutungslos verhallen. Die Paviane hingegen sind nahezu außerstande, sich zu äußern. Ihr Kommunikationskanal ist sehr beschränkt. Doch dafür vernehmen sie viel mehr.

In beiden Fällen handelt es sich gewissermaßen um unvollendete Zustände, wobei man sich hüten sollte, die Evolution als zielgerichtet zu betrachten. Die Evolution geht in keine Richtung, nicht in unsere oder in irgendeine andere. Doch ich kann nicht umhin, bei beiden Tieren eine unvollendete Qualität zu konstatieren. Beide sind Wesen, deren Version der so wesentlichen Dualität der Signalübermittlung, der ineinander verzahnten Rollen von Sender und Empfänger, Produzent und Interpret, einseitig ausgeprägt ist. Auf der Seite der Paviane findet das Leben als Seifenoper statt, in einer hektischen und aufreibenden sozialen Komplexität und mit wenigen Mitteln, diese zum Ausdruck zu bringen. Auf der Seite der Kopffüßer ist das Sozialleben einfacher, es gibt weit weniger zu sagen, gleichwohl kommen bei ihnen derart außergewöhnliche Dinge zum Ausdruck.

~ Symphonie

An einem späten Sommernachmittag tauchte ich mit Sauerstoffflaschen zu einem meiner Lieblingsplätze hinab, einem Unterschlupf, an dem ich bereits viele Riesensepien gesehen hatte.

Und tatsächlich traf ich ein Exemplar an. Es war von mittlerer Größe, wahrscheinlich männlich, und selbst aus einiger Entfernung konnte ich die intensiven Farben erkennen. Durch mein Erscheinen ließ sich das Tier nicht stören, es war aber auch nicht neugierig oder achtsam. Es verhielt sich sehr ruhig.

Ich platzierte mich neben ihm, gerade außerhalb seines Unterschlupfs. Es hatte seinen Blick an mir vorbei in das offene Meer gerichtet, und ich beobachtete, wie sich seine Farben veränderten. Die Abfolge war faszinierend. Alsbald bemerkte ich einen Rostton, der sich von den Rot- und Orangetönen, die man gewöhnlich zu Gesicht bekommt, unterschied. Man könnte annehmen, dass bei den Tieren, die ich bereits gesehen hatte, jede Nuance von Rot und Orange schon Hunderte Male vorgekommen sein müsste, doch dieser Farbton war außergewöhnlich, ein Rostrot mit Ziegelrotanteilen. Es gab aber auch Grau, Grün und andere Rottöne sowie blasse, fahle Farben, die ich nicht genau zu benennen wusste.

Während ich zusah, bemerkte ich, dass die Farbänderungen aufeinander abgestimmt waren, und dies in so vielgestaltiger Weise, dass ich ihnen nicht immer folgen konnte. Ich fühlte mich an Musik erinnert, an Akkordfolgen und -überblendungen. Das Tier ließ nacheinander und gleichzeitig verschiedene Farben ineinanderspielen - ich konnte nicht sagen, welche -, was schließlich auf ein neues Muster hinauslief, eine neue Kombination, die eine Zeit lang stillstand oder gleich wieder in eine andere überzugehen begann. Es gab dunkelgelb-blassbraune Kombinationen, rote Kombinationen, die vertrauter erschienen, und andere. Was tat das Tier da? Langsam wurde es dunkler im Wasser, und auch unter seinem Vorsprung war es bereits ziemlich dunkel. Es machte keine großen Posen mit seinem Körper. Ich hielt mich noch immer etwas abseits der Stelle, so bewegungslos wie es ging, und atmete so wenig wie möglich. Das auf mich gerichtete Auge war beinahe geschlossen, aber ich hatte schon mitbekommen, dass Tintenfische mehr durch ihre nahezu geschlossenen Augen sehen, als man erwarten würde. Das Tier blickte in das dunkler werdende Meer, in dem gelbgrüner Seetang schwankte. Angesichts dieser Bewegung fragte ich mich, ob es sich um eine passive Farbenproduktion handelte, die den hereinfallenden Farbenmix widerspiegelte. Aber die durch die Farben gehenden Bewegungen schienen organisierter zu verlaufen als die Bewegung des Tangs, und für viele Farben gab es keine Entsprechung in der Umgebung. Das Tier hörte nicht auf, seine Farbakkorde durchzuspielen.

Ich kauerte mich zwischen den Tang. Da das Tier mir so wenig Aufmerksamkeit zollte, kam mir der Gedanke, das Ganze könnte womöglich ablaufen, während es sich im Schlaf oder im Halbschlaf, in einer tiefen Ruhephase befand. Vielleicht setzte der Teil des Gehirns, der die Haut kontrolliert, eine Farbenfolge aus eigenem Antrieb um. Ich fragte mich, ob dies womöglich der Traum eines Tintenfischs sei, und erinnerte mich an Hunde, die im Traum ihre Pfoten bewegen und kleine Jauler von sich geben. Das Tier bewegte sich kaum, unternahm lediglich kleine Ausrichtungen des Trichters und der Flossen, die es am Platz und in der Schwebe hielten. Abgesehen von der fortwährenden Fluktuation von Farben und Mustern auf seiner Haut schien er sich so wenig körperlicher Aktivität zu bemüßigen wie möglich.

Dann änderte sich die Situation. Das Tier schien steif zu werden oder sich zusammenzuziehen und eine lange Reihe von Zurschaustellungen hob an. Es war die merkwürdigste Serie, die ich bislang gesehen hatte, insbesondere da sie weder Ziel noch Gegenstand zu haben schien. Während beinahe der gesamten Abfolge sah das Tier deutlich an mir vorbei, hinaus ins Meer. Es zog seine Arme ein und entblößte seinen Schnabel, dann faltete es seine Arme unter sich zu einer projektilartigen Pose zusammen und erzeugte ein gelbes Aufflackern. Ich blickte immer wieder in das offene Meer, um festzustellen, ob der Tintenfisch nach etwas Ausschau hielt, nach einem Artgenossen oder einem Eindringling. Nichts zu sehen, zu keinem Zeitpunkt. Irgendwann ging er in jene seitliche

Streckung über, die die Männchen vollziehen, wenn sie miteinander konkurrieren. Dann brachte er sich - seine Haut wurde urplötzlich weiß und seine Arme bogen sich über und unter dem Kopf zurück - in eine völlig außergewöhnliche, gewundene Form.

Darauf wurde die Sequenz nach und nach ruhiger. Ich zog mich zurück und ließ mich etwas nach oben treiben, blieb dabei neben dem Unterschlupf, nicht direkt davor, und beobachtete, wie er sich beruhigte. Doch dann, urplötzlich, nahm er eine wilde, aggressive Pose an, seine Arme ausgestreckt und scharf wie dünne Schwerter, und sein ganzer Körper in einem hellen Gelb-Orange. Es war, als ob das Orchester plötzlich einen wilden, schmetternden Akkord angeschlagen hätte. Die Arme endeten spitz wie Nadeln, auf dem Körper bildeten sich wie bei einer Rüstung stachelige Papillen. Die Sepia begann etwas hin und her zu schwimmen, nahm mich manchmal in den Blick, manchmal sah sie hinaus ins Meer. Und wieder fragte ich mich, ob das ganze Schauspiel mir gegolten hatte, doch wenn es sich um eine Zurschaustellung handelte, dann war sie offenbar in alle Richtungen gemeint. Und als die Sequenz einsetzte, als das Tier in dieses Gelb-Orange und in die Nadelarm-Pose explodierte, hatte ich mich ja schon von seinem Unterschlupf zurückgezogen.

Langsam ließ der Tintenfisch, mir noch immer abgewandt, das Fortissimo abklingen. Zwar durchlief es noch ein paar weitere Permutationen und Posen, jedoch von nachlassender Intensität. Und dann war es völlig still - seine Arme hingen herab, seine Haut eine ruhig wechselnde Mischung aus jenen Rot-, Rost- und Grüntönen, die es bereits bei meiner Ankunft erzeugt hatte. Es wendete sich um und sah mich an.

Mir war kalt geworden, und im Wasser wurde es nach und nach dunkler. Ungefähr vierzig Minuten hatte ich mich neben dem Tier aufgehalten. Es war nun ruhig, und da die Symphonie oder der Traum vorbei waren, ließ ich mich nach oben treiben.

6
Unser Geist und andere

Von Hume zu Wygotski

In einer der berühmtesten Passagen der gesamten Philosophie blickte David Hume, in dem Bestreben, sein Selbst zu finden, in seinen Geist. Das war 1739. Er versuchte, eine Art dauerhafte Präsenz zu finden, ein permanentes und stabiles Wesen, das durch den wirren Erlebnisfluss hindurch bestehen würde. Doch konnte er ein solches nicht vorfinden. Alles, worauf er gestoßen sei, sei eine rasche Folge von Bildern, augenblicklichen Neigungen und so weiter:

> Ich meines Teils kann, wenn ich mir das, was ich als »mich« bezeichne, so unmittelbar als irgend möglich vergegenwärtige, nicht umhin, jedesmal über die eine oder die andere bestimmte Perzeption zu stolpern, die Perzeption der Wärme oder Kälte, des Lichtes oder Schattens, der Liebe oder des Hasses, der Lust oder Unlust. Niemals treffe ich *mich* ohne eine Perzeption an und niemals kann ich etwas anderes beobachten als eine Perzeption.

Diese Empfindungen oder Perzeptionen, sagt er, machten ihn aus – nichts darüber hinaus. Eine Person ist lediglich ein Bündel oder eine Ansammlung von Bildern und Gefühlen, »die einander mit unbegreiflicher Schnelligkeit folgen und beständig in Fluss und in Bewegung sind«.

Humes Innenschau bildet einen guten Startpunkt für dieses Kapitel, denn das, was Hume getan hat, kann auch jeder andere tun. Wenn wir es dem Philosophen gleichtun, dann finden wir sicherlich zwei Dinge, die Hume trotz seiner selbstbewussten Auflistung nicht erwähnt hat. Erstens: Das, was Hume in sich findet, beschreibt er als eine Folge von Empfindungen. Es ist aber wohl präziser, von einer allaugenblicklich vorhandenen *Kombination* von Empfindungen zu sprechen. Unser Erleben liefert gewöhnlich eine integrierte Szene - eine Mischung aus visuellen Informationen, Klängen, Ortsempfindungen usw. Nicht ein Eindruck folgt dem nächsten, sondern es finden mehrere gleichzeitig statt, die miteinander verknüpft sind. Mit fortschreitender Zeit geht eine Kombination in die nächste über.

Die zweite von Hume übersehene Sache ist noch evidenter. Beim Blick nach innen stoßen die meisten Menschen auf den Fluss eines inneren Sprechens, einen Monolog, der einen Großteil unseres bewussten Lebens begleitet. Sätze und Phrasen, Ausrufe, kursorische Kommentare, Reden, die wir äußern möchten oder die wir uns wünschen, geäußert zu haben. Kann es sein, dass Hume dies bei sich nicht angetroffen hat? Bei manchen Menschen ist der innere Monolog ausgeprägter als bei anderen. Vielleicht gehörte Hume zu jenen Menschen, bei denen das innere Sprechen nur schwach ausgebildet ist. Das ist zwar möglich, aber wahrscheinlicher ist meines Erachtens, dass der Philosoph auf das innere Sprechen stieß, dieses jedoch als Teil des Empfindungsflusses und nicht als etwas Besonderes ansah. In der Innenwelt gibt es Farben und Formen und Emotionen und eben auch einen Widerhall des Sprechens.

Dass Hume dem inneren Sprechen keine Aufmerksamkeit schenkte, mag auch an seinem philosophischen Grundansatz gelegen haben, an der Form der Theorie, die er verteidigen wollte. Hume hatte sich von Isaac Newtons Theorien inspirieren lassen, die fünfzig Jahre zuvor von der Leine gelassen worden waren. Nach Newton bestand die Welt aus kleinen Gegenständen, die von den Bewegungsgesetzen und dem Prinzip der gegenseitigen

Anziehung, auch bekannt als Schwerkraft, beherrscht wurden. Hume strebte für die Inhalte des Geistes eine ähnliche Erklärung an und glaubte, eine Art Anziehungskraft zwischen Sinneseindrücken und Vorstellungen entdeckt zu haben, eine Ergänzung für Newtons Anziehung zwischen physikalischen Körpern. Hume wollte eine Wissenschaft des Geistes in Gestalt einer Quasiphysik, eine Wissenschaft, bei der Ideen sich wie geistige Atome verhalten würden. Die besonderen Eigenschaften des inneren Sprechens besitzen für dieses Vorhaben wenig Relevanz, und was Hume persönlich als Inventar des Geistes aufgeführt hatte, fügte sich ziemlich gut in seine philosophischen Zielsetzungen. Annähernd zwei Jahrhunderte nach Hume bemerkte der amerikanische Philosoph John Dewey, der eine ganz andere Sicht auf die Welt hatte: »Es ist überaus wahrscheinlich, daß die ›Ideen‹, die Hume in ständigem Fluß fand, wann immer er in sich hineinschaute, eine Abfolge von Worten waren, die schweigend geäußert wurden.«

Etwa zur gleichen Zeit, als Dewey seinen Kommentar niederschrieb, entwickelte ein junger Psychologe in den unruhigen frühen Jahren der Sowjetunion eine neue Theorie des Denkens und der kindlichen Entwicklung. Lew Wygotski wuchs als Sohn eines Bankiers im heutigen Weißrussland auf. Als 1917 die Russische Revolution ausbrach, hatte er gerade seine Studienjahre hinter sich gebracht. Er arbeitete eine Zeit lang mit den Bolschewiki in der lokalen Regierung, unterstützte marxistische Ideen und entwickelte seine psychologischen Theorien in einem marxistischen Kontext. Wygotski ging davon aus, dass bei einem heranwachsenden Kind, das von einfachen Antworten zu komplexem Denken voranschreitet, eine Veränderung stattfindet durch die Internalisierung des Mediums der Sprache.

Gewöhnliches Sprechen, etwas sagen und hören, spielt in unserem Leben eine organisatorische Rolle – es hilft, Ideen zusammenzusetzen, unsere Aufmerksamkeit auf Dinge zu lenken und Handlungen in die richtige Reihenfolge zu bringen. Wygotski ging davon aus, dass Kinder, wenn sie sich die gesprochene Sprache aneignen, auch das innere Sprechen erwerben; die Sprache eines Kindes verzweigt sich in innere und äußere Formen. Für Wygotski ist inneres Sprechen nicht nur die unausgesprochene Version des äußeren Sprechens, sondern eine Erscheinung mit eigenen Mustern und Rhythmen. Dieses innere Werkzeug ermöglicht organisiertes Denken.

Wygotski, der sowohl physisch als auch intellektuell in Sowjetrussland zu Hause war, hatte im Westen keinen Einfluss. Um 1930 geriet er in eine persönliche und intellektuelle Krise und begann, seine Theorien zu revidieren. Er sah sich zudem gefährlichen Anschuldigungen gegenüber, sein Werk enthielte bourgeoise Elemente. Er starb 1934 mit gerade einmal 37 Jahren.

1962 erschien eine englische Übersetzung seiner Schrift *Denken und Sprechen*, 1964 eine deutsche. Wygotski gilt auch heute noch als Randfigur auf dem Gebiet der Psychologie. Nur einige wenige prominente Forscher wie Michael Tomasello würdigen seinen Einfluss (meines Erinnerns bin ich das erste Mal in einem berühmten Buch Michael Tomasellos auf Wygotskis Name gestoßen), bei vielen bleibt er unerwähnt. Ob mit oder ohne Erwähnung, wenn wir die Beziehung zwischen dem menschlichen Geist und anderen Formen des Erkennens verstehen möchten, wird das von Wygotski umrissene Bild zunehmend an Wichtigkeit gewinnen.

~ Fleischgewordenes Wort

Welche psychologische Rolle spielt die Sprache, unsere Fähigkeit zu sprechen und zu hören? Und im Besonderen, welche Rolle spielt all das plappernde, schweifende innere Sprechen? Diese Fragen zeitigen extrem unterschiedliche Antworten. Für manche ist das innere Sprechen ein müßiges Geschwätz, Schaum auf der Oberfläche des Geistes und kaum der Beachtung wert. Für andere wie Wygotski ist es ein überaus wichtiges Instrument. In einer kurzen, aber berühmten Bemerkung in *Die Abstammung des Menschen* (1871) behauptete Charles Darwin, dass das Sprechen, ob inneres oder äußeres, für das komplexe Denken notwendig sei:

> Die geistigen Fähigkeiten müssen bei irgend einem frühen Vorfahren des Menschen viel höher entwickelt gewesen sein, als bei irgend einem jetzt lebenden Affen, selbst bevor die unvollkommenste Form der Rede hat in Gebrauch kommen können. Wir können aber zuversichtlich annehmen, daß der beständige Gebrauch und die weitere Entwickelung dieses Vermögens dadurch auf die Seele zurückgewirkt haben wird, daß sie dieselbe in den Stand setzte und ermuthigte, lange Gedankenzüge zu durchdenken. Ein langer und complexer Gedankenzug kann ebensowenig ohne die Hülfe von Worten durchgeführt werden, mögen sie gesprochen werden oder stumm bleiben, als eine genaue Berechnung ohne den Gebrauch von Zahlen oder der Algebra.

Zunächst scheint sich diese Auffassung – dass komplexes Denken, mit seinem schrittweisen Vorgehen von der Prämisse zur Schlussfolgerung, Sprache oder etwas in der Art erfordert – geradezu aufzudrängen. Organisierte interne Verarbeitungsprozesse scheinen ohne Sprache nicht stattfinden zu können.

Doch mit dieser Feststellung sagen wir etwas Falsches. Inzwischen ist klar geworden, dass auch im Inneren von anderen Tieren äußerst komplexe Prozesse ohne die Hilfe von Sprache ablaufen. Man erinnere sich nur an die im letzten Kapitel erwähnten Paviane. Sie leben in sozialen Gruppen mit komplexen Allianzen und Hierarchien. Mit drei oder vier Rufen verfügen sie lediglich über einfache Lautäußerungen, doch ihre inneren Vorgänge oder das, was sie vernehmen, sind weit komplizierter. Sie können die Rufe einzelner Individuen erkennen und von verschiedenen Pavianen stammende Ruffolgen interpretieren, wobei sie zu einem

Verständnis für die in ihrer Umgebung stattfindenden Ereignisse gelangen, das weit komplexer ist, als alles, was ein Pavian sagen könnte. Bei der Konstruktion dieser Narrative verfügen sie über Mittel, Ideen miteinander zu verknüpfen, die weit über das hinausgehen, was sie mit ihrem Kommunikationssystem auszudrücken vermögen.

Im Fall der Paviane ist dies besonders stringent, doch es gibt andere Beispiele. In den letzten Jahren hat sich unser Wissen um das, was Vögel, insbesondere Krähen, Papageien und Vorräte anlegende Vögel wie Eichelhäher, zu leisten vermögen, ständig und mit verblüffenden Ergebnissen vertieft. In einer langen Reihe von Forschungen haben Nicola Clayton und andere Forscher an der Universität von Cambridge dargelegt, dass Vögel in der Lage sind, Nahrungsvorräte unterschiedlicher Art an Hunderten Plätzen zu verstauen, um sie sich später wieder zu holen, und sich nicht nur daran erinnern, wo sie Nahrung abgelegt haben, sondern auch daran, was sie an den einzelnen Orten versteckt haben, sodass sie die verderblicheren Bissen vor den länger haltbaren aufsuchen.

Sogar im frühen zwanzigsten Jahrhundert war Wygotski nicht umhingekommen, Aspekte dieser Phänomene zur Kenntnis zu nehmen. Er kannte die ersten, noch zaghaften Ansätze, die die Komplexität des tierischen Denkens aufzuzeigen versuchten, Arbeiten, die seine eigenen Theorien in gewisser Weise untergruben. Anfangs dachte Wygotski, dass die Internalisierung von Sprache für alle Arten innerer, mentaler Verarbeitungsprozesse wesentlich sei, doch dann stieß er auf die Arbeit von Wolfgang Köhler über Schimpansen. Köhler war ein deutscher Psychologe, der in der Zeit des Ersten Weltkriegs vier Jahre lang in einer Feldstation auf den Kanarischen Inseln, genauer auf Teneriffa, gearbeitet hatte. Dort forschte er mit neun Schimpansen und beobachtete vor allem, wie sie in Situationen, die neu für sie waren, an Nahrung gelangten. Manchmal, so Köhler, zeigten die Schimpansen so etwas wie Einsicht; sie waren in der Lage, neue Probleme spontan anzugehen. In einem berühmt gewordenen Experiment stapelten sie Kisten aufeinander, auf die sie stiegen, um an Nahrung zu gelangen, die außerhalb ihrer Reichweite hing. Köhlers Arbeit schwächte die Vorstellung, dass zwischen Sprache und komplexem Denken notwendig eine Verbindung bestehen müsse.

Auch beim Menschen gibt es Befunde, die in diese Richtung weisen. In seinem Buch *Origins of the Modern Mind* bezieht sich der kanadische Psychologe Merlin Donald auf zwei natürliche Experimente. Als Erstes wertete er Berichte über das Leben stummer Menschen in vorliterarischen Kulturen aus, in denen es zudem keine Zeichensprache gab. Daraus folgerte er, dass diese Menschen ein normaleres Leben führten als unter der Voraussetzung, dass Sprache für das komplexe Denken so wesentlich sei, zu erwarten wäre. Als Zweites bezog er sich auf den bemerkenswerten Fall eines französisch-kanadischen Mönchs namens Bruder John, der in einem 1980 erschienen Artikel von André Roch Lecours und Yves Joanette beschrieben wurde. Bruder John lebte die meiste Zeit ein völlig normales Leben, litt jedoch gelegentlich an Anfällen von schwerer Aphasie. Während dieser Episoden verlor er sein gesamtes Sprachvermögen; dies betraf sowohl das Sprechen selbst als auch das Verständnis, das innere wie das öffentliche Sprechen. In diesen Phasen blieb er bei Bewusstsein, und da sie oftmals in der Öffentlichkeit stattfanden, war er gezwungen, mit seinem Zustand so einfallsreich wie möglich umzugehen. Der Aufsatz beschreibt eine Episode, bei der er mit dem Zug in einer Stadt ankam, einen Anfall erlitt und ein Hotel finden sowie etwas zu Essen bestellen musste. Er bewerkstelligte dies mit Gesten (wobei er auch in der für ihn unlesbaren Speisekarte auf eine Stelle zeigte, von der er annahm, dass sie seinen Wünschen entsprach). Dies erfolgte, ohne dass seine Gedanken und Handlungen durch einen inneren Sprachstrom organisiert worden wären. Träfe die Auffassung zu, dass Sprache für komplexes Denken grundlegend ist, hätte Bruder John dies weit weniger gut gelingen dürfen. Später beschrieb der Mönch diese Episoden als äußerst schwierige und verwirrende Momente; aber es war ihm gelungen, mit ihnen umzugehen, und er war dabei mental präsent geblieben.

Die extremen Ansichten zu dieser Frage rücken also in den Hintergrund: Die Sprache ist ein wichtiges Instrument für das Denken, und inneres Sprechen ist nicht nur akustisch-mentaler Schaum. Grundlegend für die Organisation von Ideen ist das innere Sprechen allerdings nicht, und Sprache ist nicht das einzige Medium komplexen Denkens.

In meinem einleitenden Absatz habe ich geäußert, dass Humes Auflistung des inneren Lebens insofern überraschend ist, als sie die innere Rede vernachlässigt. Genau den gleichen Kommentar könnte man John Deweys Zitat zuteilwerden lassen. Dewey bemerkte, dass im Falle Humes die Ideen lediglich Wörter seien, die stumm geäußert würden. Doch selbst wenn es sich tatsächlich um Wörter handelt, lag Hume dann falsch, als er sagte, er sei auch auf Perzeptionen »der Wärme oder Kälte, des Lichtes oder Schattens, der Liebe oder des Hasses, der Lust oder Unlust« gestoßen? Auch Dewey wird diese Dinge bei sich selbst beobachtet haben. So ist bei beiden Philosophen der Katalog offenbar unvollständig.

Die Rolle, die Sprache in unserem Denken spielt, dürfte sich nicht allzu sehr von der Rolle unterscheiden, die Darwin beschrieben hat, auch wenn er ihr eine zu starke Form zugemessen hat. Sprache stellt ein Medium zur Verfügung, mit dem sich Ideen ordnen und verwalten lassen. Es folgt ein Beispiel aus aktuellen Forschungen an Kleinkindern, die die Psychologin Susan Carey in einem Labor in Harvard durchgeführt hat. Sie untersuchte, zu welchem Zeitpunkt Kinder befähigt sind, ein logisches Prinzip anzuwenden, das als Disjunktiver Syllogismus bezeichnet wird. Angenommen, man weiß, dass entweder A oder B wahr ist. Erfährt man dann, dass es nicht A ist, sollte man also schließen, dass B wahr ist. Sind Kinder in der Lage, dieser Regel zu folgen, bevor sie das Wort »oder« in ihrem Vokabular haben? Eine Zeit lang dachte man, sie seien dazu imstande, doch inzwischen sieht es danach aus, als müssten sie dieses Wort lernen, bevor sie einen solchen geistigen Vorgang bewältigen können. (Wenn der Sticker entweder unter der einen oder unter der anderen Tasse liegt und man erfährt, dass er nicht unter der einen liegt, dann ...) Bei derartigen Studien ist es immer schwierig, das Verhältnis von Ursache und Wirkung herauszufinden, aber im Ergebnis sieht das Ganze sehr nach Wygotski aus.

Wie sind die inneren Mechanismen beschaffen, durch die dies alles funktioniert? Wie wird das Wort zu Fleisch? Allzu Genaues wissen wir darüber nicht. Doch das folgende, auf der Arbeit mehrerer Forscher beruhende Modell dürfte eine gewisse Plausibilität besitzen.

Im Normalfall funktioniert das Sprechen sowohl als Input als auch als Output. Das Hören liefert dem Verstand Input; unser Sprechen ist ein Output. Wir sprechen und hören gleichzeitig, und wir können hören, was wir sagen. Auch mit sich selbst zu reden, kann ein nützliches Mittel darstellen, sich eines Problems anzunehmen. Diese vertrauten Tatsachen verknüpfe ich im Folgenden mit einem Konzept, das in den Neurowissenschaften zunehmend an Bedeutung gewonnen hat: das Konzept der Efferenzkopie. (Efferenz meint hier soviel wie Output oder Handlung). Am besten lässt sich diese Idee am Beispiel des Sehens erläutern.

Wenn man seinen Kopf bewegt oder die Augen wandern lässt, verändert sich fortwährend das Bild auf der Netzhaut; dies wird aber nicht als Veränderung der umliegenden Gegenstände wahrgenommen. Die Augenbewegungen werden fortwährend kompensiert, damit man eine tatsächliche Bewegung in der Umgebung auch als solche registriert. Das bedeutet, dass die Handlungsentscheide stets protokolliert werden. Mit dem Mechanismus der Efferenzkopie wird zeitgleich mit dem Entschluss zu handeln und dem damit ausgesendeten Befehl an bestimmte Muskeln auch ein schwaches Bild (grob gesprochen eine Kopie) dieses Befehls an die

Region des Gehirns übermittelt, die eingehende visuelle Informationen verarbeitet. Damit ist gewährleistet, dass die Eigenbewegungen beim Sehen einberechnet werden.

Die Idee der Efferenzkopie habe ich bereits, ohne den Begriff zu verwenden, in Kapitel 4 eingeführt, als ich darüber sprach, wie die Evolution neue Rückkopplungsschleifen zwischen den Handlungen und den Sinnen hervorbrachte. Tiere, die sich bewegen, müssen damit umgehen, dass das, was sie empfinden, durch ihr Tun beeinflusst wird. Daraus entsteht das Problem, unterscheiden zu müssen, ob eine Veränderung in der Wahrnehmung einem wichtigen Ereignis in der Außenwelt oder den Eigenbewegungen des Tieres geschuldet ist.

Die genannten Mechanismen helfen nicht nur Wahrnehmungsprobleme zu lösen, sie spielen auch selbst eine Rolle bei der Ausführung komplizierter Aktionen. Wenn man sich zu einer Handlung entschließt, können Efferenzkopien dazu dienen, dem Gehirn mitzuteilen: So sollten die Dinge angesichts dessen, was ich gerade getan habe, aussehen. Sollten die Dinge nicht so wie erwartet aussehen, könnte das an einer Veränderung in der Umgebung liegen, aber auch daran, dass die beabsichtigte Aktion nicht so umgesetzt wurde wie geplant. Häufig gilt es herauszufinden, ob der Versuch, X durchzuführen, auch tatsächlich in die Durchführung von X mündete. Man weiß zum Beispiel, wie es sich anfühlen sollte, wenn man gegen einen Tisch drückt. Fühlt es sich anders an als erwartet, dann könnte das bedeuten, dass der Tisch Rollen hat, es könnte aber auch bedeuten, dass es einem erst gar nicht gelungen ist, gegen den Tisch zu drücken.

Wenden wir diese Dinge nun auf das Sprechen an. Wir alle wünschen, dass uns die Wörter über die Lippen kommen wie geplant, und Sprechen ist eine äußerst komplizierte Handlung. Beim Sprechen hilft die Erzeugung einer Efferenzkopie dabei, ein ausgesprochenes Wort mit seinem inneren Bild zu vergleichen; so lässt sich herausfinden, ob die Laute richtig ausgegeben wurden. Beim

Aussprechen der Wörter protokollieren wir zugleich innerlich die Laute, die wir sagen wollten, und somit können wir feststellen, ob die Wörter falsch ausgegeben wurden. Beim gewöhnlichen Sprechen findet im Hintergrund eine Art innerliches Quasi-Sprechen und Quasi-Hören statt.

Die verborgene Seite des gewöhnlichen Sprechens hilft also bei der Steuerung komplexer Handlungen. Doch diese Hörbilder der Sprache, diese geistigen quasi-geäußerten Sätze, haben offenbar noch andere Rollen übernommen. Erzeugen wir diese beinahe gesprochenen Sätze zur Überprüfung dessen, was wir gerade sagen, ist es kein allzu großer Schritt, Sätze zusammenzustellen, die wir nicht auszusprechen beabsichtigen, Sätze und Sprachbruchstücke, die eine rein geistige Rolle spielen. Der Umstand, dass wir Sätze in unserer auditiven Fantasie zu formen vermögen, eröffnet ein neues Medium, ein neues Handlungsfeld. Wir können Sätze formulieren und erleben, wie sie klingen. Wenn wir innerlich hören, wie Wörter zusammenhängen, können wir auch etwas darüber in Erfahrung bringen, wie die entsprechenden Ideen damit zusammenhängen. Wir können den Dingen eine Ordnung geben, Möglichkeiten zusammenbringen, wir können auflisten, instruieren und zum Handeln motivieren.

John Dewey und seinen Kommentar zu Humes Unterschlagung der inneren Rede bei der Auflistung der inneren Vorgänge habe ich bereits erwähnt. Das innere Sprechen war für Dewey zwar wichtig, doch betrachtete er es vorwiegend als der Erholung dienend, als ein Vehikel zum Geschichtenerzählen. Es ist schon merkwürdig, dass er keine anderen Zwecke anführte. Vielleicht lag es daran, dass Dewey durch und durch Sozialphilosoph war; er glaubte, dass das Wichtigste, was wir tun, meistenteils draußen unter freiem Himmel stattfindet. Für Wygotski spielt das innere Sprechen eine Rolle bei der heute so bezeichneten kognitiven Kontrolle. Das innere Sprechen gibt uns ein Mittel an die Hand, Handlungen in der richtigen Reihenfolge durchzuführen (schalte die Maschine aus, bevor du denn Stecker ziehst), und Top-down-Kontrollen über Gewohnheiten und Anwandlungen auszuüben (iss nicht noch ein Stück!).

Das innere Sprechen ist zudem ein Medium, mit dem sich Experimente machen, mit dem sich Ideen zusammensetzen lassen, um zu sehen, was dabei herauskommt (wie würde die Welt aussehen, wenn ich mit Lichtgeschwindigkeit reisen könnte?). Sie ist, um auf die Terminologie von Daniel Kahneman und anderen Psychologen zurückzugreifen, ein Mittel für das Denken im System 2. Dabei handelt es sich um ein überlegtes, langsames Denken, in das wir einsteigen, wenn wir auf neue Situationen treffen. Es steht im Gegensatz zu dem Denken im System 1, das auf Gewohnheiten und Intuitionen zurückgreift. Denken im System 2 ist bestrebt, den Gesetzmäßigkeiten des logischen Denkens zu folgen, und versucht, die Dinge von mehr als nur einer Seite zu betrachten. Es ist schwerfällig, aber machtvoll. Mit ihm vermeiden wir Versuchungen (wenn wir es denn tun) und prüfen, ob ein unerprobtes Handeln auch tatsächlich zum Ziel führt.

Offenbar ist inneres Sprechen ein wichtiger Bestandteil des Denkens im System 2. Mit ihm lassen sich die Folgen von Handlungen durchspielen und Gründe vorbringen, Versuchungen zu widerstehen. Daniel Dennett hat, auf die schlingernden inneren Monologe in den Romanen von James Joyce verweisend, die Verschaltung des inneren Sprechens in ihrem Resultat eine *Joyce'sche Maschine* in unserem Kopf genannt. Aber wie kann aus etwas so Banalem wie dem System der Efferenzkopie etwas so Machtvolles erwachsen? Die Existenz von in unserem Inneren herumtreibenden Sprachfragmenten allein dürfte kaum ein solches Maß an Konsequenzen zeitigen.

Erklären lässt sich dies unter Umständen damit, dass Sätzen des inneren Sprechens aktiv zugehört werden kann. Sie können dem Gehirn auf ähnliche Weise zugänglich gemacht werden wie das normale Sprechen. Die Ähnlichkeiten sind tatsächlich so stark, dass Menschen Laute, die nur in ihrer auditiven Einbildungskraft existieren, leicht als tatsächlich gehörte Laute vernehmen. In einem 2001 durchgeführten Experiment wurden den Probanden über Kopfhörer unstrukturierte Zufallsgeräusche zugespielt. Zuvor war ihnen gesagt worden, dass durch die Geräusche hindurch gelegentlich sehr leise das Lied »White Christmas« eingespielt würde. Wenn sie sicher seien, das Lied zu hören, sollten sie einen Knopf drücken. Etwa ein Drittel der Probanden drückte den Knopf mindestens einmal, wobei das Lied überhaupt nicht eingespielt worden war. Gewöhnlich wird das Experiment so gedeutet, dass sich die Probanden die Melodie, der sie zuhören sollten, vorstellten und bisweilen ihr eigenes Hörbild für ein echtes Abspielen des Lieds hielten. Die Klänge, die wir in unserem Kopf zusammenbrauen, einschließlich der Klänge von Wörtern, werden in unserem Gehirn auf ähnliche Weise weitergeleitet wie normale Wahrnehmungserlebnisse. Sobald beim inneren Sprechen ein Satz komponiert ist, wird er dem gleichen Verarbeitungsprozess ausgesetzt wie ein Satz, den wir hören. Auf diese Weise wird eine neuartige Kombination von Ideen oder eine Ermahnung zum Handeln der Betrachtung zugänglich gemacht; sie mag demnach die gleiche Wirkung haben wie ein normaler gesprochener Satz. Diese Phänomene, einschließlich des »White Christmas«-Experiments, konnten dafür herangezogen werden, ein häufiges Symptom der Schizophrenie zu erklären, ein Symptom, bei dem die Betroffenen vermeintlich Stimmen hören, wodurch ihr Handlungsvermögen und ihr Selbstgefühl stark beeinträchtigt werden.

Das innere Sprechen dürfte also zu jenen Instrumenten gehören, die das komplexe Denken ermöglichen. Die räumliche Vorstellungskraft mit ihren inneren Bildern und Formen ist ein weiteres Werkzeug. In einer bahnbrechenden Arbeit aus den 1970er-Jahren lieferten die britischen Psychologen Alan Baddeley und Graham Hitch ein Modell des Arbeitsgedächtnisses als einem

Kurzzeitspeicher, in dem wir von Moment zu Moment, in der Regel bewusst, einige Informationseinheiten ablegen oder bearbeiten. Baddeley und Hitch gingen davon aus, dass das Arbeitsgedächtnis drei Komponenten besitzt: eine phonologische Schleife, die vorgestellte Klänge wie etwa inneres Sprechen abspielen kann, einen visuell-räumlichen Skizzenblock, den wir zur Manipulation von Bildern und Formen heranziehen, und ein zentrales Exekutivorgan, das die Aktivitäten der beiden Subsysteme orchestriert. Innere Skizzen und Formen unterscheiden sich in vielen Aspekten stark von innerem Sprechen, sie sind aber ebenso Werkzeuge für komplexes Denken und dürften auf Ursprünge zurückgehen, die dem Mechanismus der Efferenzkopie vergleichbar sind – in diesem Fall auf Mechanismen, die bei der Steuerung von Handbewegungen und Gesten ins Spiel kommen.

Auf diesem Gebiet bestehen noch große Wissenslücken, und einige wichtige Punkte des hier umrissenen Modells beruhen auf Vermutungen. Dass das innere Sprechen und verwandte Phänomene ihren Ursprung im Mechanismus der Efferenzkopie haben, ist keineswegs erwiesen, sondern lediglich eine Hypothese. Durchaus möglich, dass das innere Sprechen und die innere Bildwelt andere Ursprünge haben. Sie könnten rein aus dem Vorstellungsvermögen erwachsen sein und nur zufällig Hervorbringungen jener ursprünglichen Mechanismen ähneln, die komplexe Handlungen ermöglichen.

~ Bewusstes Erleben

Inneres Sprechen und die Skizzen und Formen, mit denen innere Sprache verflochten ist, wirkt sich stark auf das bewusste Erleben aus. Jeder gewöhnliche Mensch hat ein Feld zu seiner Verfügung, in dem zahllose unsichtbare Aktionen ausgeführt werden. Die Echos und Kommentare, das Geplapper und Gerede finden in unserem Innenleben so lebhaft statt wie nur irgendetwas. Man kann reglos dasitzen, auf eine gleichbleibende Szenerie schauen, und gleichwohl kann der Geist von einem Palaver erfüllt und quicklebendig sein. Für viele Menschen ist das innere Sprechen subjektiv so vorherrschend, dass sie sich davon überwältigt fühlen; und manche üben sich in Meditation, um diesem endlosen Geplapper zu entkommen.

Was sagen die genannten Eigenschaften des menschlichen Denkens über die Ursprünge des subjektiven Erlebens aus? In Kapitel 4 habe ich ein Gerüst skizziert, das eine Erklärung in zwei Teilen liefert. Zunächst gibt es Grundformen subjektiven Erlebens, die sich aus jenen verbreiteten Merkmalen ergeben, die das tierische Leben mit sich bringt, etwa den Schmerz. Im zweiten Teil der Geschichte geht es um die Evolution höher entwickelter Formen subjektiven Erlebens, um das bewusste Erleben im substanziellen Sinn des Wortes.

Ich denke, dass das innere Sprechen und seine Verwandten, die Werkzeuge, die ich im vorliegenden Kapitel erörtert habe, diesem Gerüst Substanz verleihen. In Kapitel 4 habe ich die von dem Neurobiologen Bernard Baars eingeführte Arbeitsraum-Theorie vorgestellt. Baars versuchte, das bewusste Denken in den Begriffen eines inneren globalen Arbeitsraumes zu erklären, in dem zahlreiche Informationen zusammengeführt werden. Baars zufolge laufen die meisten Ereignisse in unserem Gehirn unbewusst ab, wobei allerdings Teile davon bewusst werden können, indem sie in den globalen Arbeitsraum eingespeist werden.

Als diese Idee in den späten 1980ern vorgebracht wurde, schien sie jenen alten Erklärungsweisen des Bewusstseins allzu verwandt zu sein, die versuchten, einen speziellen Ort im Gehirn auszumachen, an dem Gedanken irgendwie einen subjektiven Schimmer annehmen würden. Baars verstärkte diese räumliche Metapher; der Arbeitsraum rückte sozusagen in den Mittelpunkt. Ich habe schon erlebt, dass Verfechter der Arbeitsraum-Theorie eben deshalb durch Fragen in die Enge getrieben wurden: Was ist das

Besondere am Arbeitsraum? Wohnt dort etwa ein kleiner Mann? Die Arbeitsraum-Theorie wirkte, als sie vorgestellt wurde, noch plump und unbeholfen, doch Baars war an etwas dran, und die von seiner Idee inspirierte wissenschaftliche Forschung sollte ihm bald recht geben.

Baars nahm die Idee, dass das subjektive Erleben des Menschen einen integralen Charakter hat, als Ausgangspunkt. Von mehreren Sinnesorganen sowie aus dem Gedächtnis stammende Informationen würden zusammengeführt, um uns das Gefühl eines Gesamtszenarios zu geben, in dem wir uns aufhalten und handeln. Eine Version der Arbeitsraum-Theorie in zweiter Generation wurde 2001 von den französischen Neurobiologen Stanislaes Dehaene und Lionel Naccache vorgeschlagen. Dehaene und Naccache behaupten, dass das bewusste Denken in einer besonderen Beziehung zu neuen Situationen und Handlungen steht, die uns aus unseren Routinen reißen. Bewusst beschäftigen wir uns mit einer Aufgabe dann, wenn unsere Gewohnheiten in die Brüche gehen oder nicht mehr angewendet werden können und wir uns etwas Neues einfallen lassen müssen. Herauszufinden, was wir Neues tun müssen, heißt oft, Informationen unterschiedlicher Art zusammenzusetzen und zu sehen, was damit geschieht. Dehaene und Naccache zufolge hat das bewusste Denken die Funktion, neue, überlegte Handlungen zu ermöglichen, die uns dazu nötigen, das große Ganze zu berücksichtigen.

Gewöhnlich wird dieser Ansatz als die Arbeitsraum-Theorie bezeichnet, aber seit jeher wurde auf zweierlei Weise darüber gesprochen, in zwei Metaphern, die zu ihrer Definition herangezogen werden. In ihrer Beschreibung, wie Bewusstsein funktioniert, sprechen Baars, Dehaene und Naccache auch über eine Art Rundfunk (*broadcast*): Bewusst wird Information dann, wenn sie über das gesamte Gehirn ausgesendet wird. Bisweilen sprechen die Autoren so, als ob sowohl ein Arbeitsraum als auch ein *broadcasting* (Baars spricht davon) benötigt würde; ein andermal soll mit diesen beiden Metaphern offenbar ein und dieselbe Sache verdeutlicht werden.

Meines Erachtens sind die beiden Metaphern gleichwohl sehr unterschiedlich, und *broadcast* (Rundfunk) ist in diesem Zusammenhang noch nicht einmal eindeutig eine Metapher. Die Vorstellung, Integration erfolge durch eine Informationsverteilung, sollte eher als Ersetzung der Idee eines inneren Arbeitsraums angesehen werden und nicht nur als ein anderer Ausdruck für ein und dieselbe Grundidee: Wo ist der innere Raum? Wer schaut auf ihn? Diese Fragen werfen keine Probleme auf, wenn wir mit einem Verteilungsmodell arbeiten. Davon ausgehend sehen wir im nächsten Schritt, dass das innere Sprechen und seine Verwandten ein Mittel zur Informationsverteilung bereitstellen, einen Weg, auf dem diese Verteilung erfolgen kann. Inneres Sprechen bietet eine Möglichkeit, Informationen so durch unseren Geist zu befördern, dass sie bewertet und benutzt werden können. Inneres Sprechen ist nicht in einer kleinen Kiste im Gehirn zu Hause; inneres Sprechen bietet dem Gehirn die Möglichkeit, eine Schleife zu erzeugen und so die Verfertigung von Gedanken *und* ihre Rezeption ineinander zu verschlingen. Und wenn dies geschehen ist, erlaubt das durch Sprache bereitgestellte Format, Ideen in einer organisierten Struktur zusammenzubringen.

Ich habe hier nicht vor, das Ausgeführte als vollständige Theorie des inneren Informationsrundfunks und seiner Bedeutung für das bewusste Denken zu präsentieren. Dehaene und andere Neurowissenschaftler spüren Mechanismen der Verteilung und Integration von Information nach, die mit innerem Sprechen wahrscheinlich nicht unmittelbar zu tun haben. Ich glaube aber, dass diese Theorien zu der Geschichte dazugehören und eine Möglichkeit bieten, die speziellen Eigenschaften des menschlichen Erlebens im Rückgriff auf Efferenzkopien und inneres Sprechen zu erklären.

Hier noch eine weitere Möglichkeit. Ein Phänomen, das anscheinend seit Langem mit dem Bewusstsein in Verbindung steht, ist das sogenannte Denken höherer Ordnung – ein Denken über die eigenen Gedanken. Dieses Denken verlangt, einen Schritt von dem aktuellen Erlebnisstrom zurücktreten und sich darüber Gedanken machen zu können: Warum bin ich so schlecht gelaunt? Oder: Ich habe das Auto fast nicht bemerkt. Lange ging man davon aus, dass das Denken höherer Ordnung für Theorien der Subjektivität und des Bewusstseins eine Rolle spielen müsse, wobei unklar war, welche. Es wurde auch schon behauptet, dass für alle Arten subjektiven Erlebens Denken höherer Ordnung vonnöten sei. Da Denken höherer Ordnung bei den meisten Tieren höchstwahrscheinlich nicht vorkommt, läuft dies auf ein extremes Beispiel dessen hinaus, was ich als Theorie des späten Erscheinens des subjektiven Erlebens bezeichnet habe. Eine andere Möglichkeit ist die, dass das Denken höherer Ordnung zu jenen höherentwickelten Merkmalen des menschlichen Lebens gehört, die das subjektive Erleben zwar neu ausgeformt haben, es aber nicht haben entstehen lassen.

Ich würde eine derartige Sichtweise bevorzugen und der Vorstellung widerstehen, dass das Denken höherer Ordnung jener grundlegende Extraschritt ist, der zu der Art des Erlebens führt, wie wir es beim Menschen antreffen. Selbst wenn dieses Denken eine besonders wichtige Rolle spielt, ist es doch nur ein Baustein der ganzen Geschichte. Womöglich ist die stärkste Form des bewussten Denkens jene, in der wir unsere Aufmerksamkeit auf unsere eigenen Denkprozesse richten, diese reflektieren und sie als unsere eigenen erleben. Wir sind durchaus in der Lage, auf unsere eigenen internen Zustände zu schauen, ohne in Wörtern darüber nachdenken zu müssen, doch in jenen unleugbaren Bewusstseinsmomenten, in denen wir uns fragen, warum wir etwas so oder so getan haben oder so oder so empfinden, ist das innere Sprechen prominent. Häufig reflektieren wir unsere inneren Zustände, indem wir innere Fragen formulieren, Kommentare und Ermahnungen dazu aufstellen. Dies geschieht nicht grundlos oder bloß zur Erholung; es hilft uns, Dinge zu tun, die wir andernfalls nicht tun könnten.

~ Geschlossener Kreis

Niemand weiß, wie alt die menschliche Sprache ist - vielleicht eine halbe Million Jahre, vielleicht weniger - und die Frage, wie sie sich aus einfacheren Kommunikationsformen entwickelte, ist Gegenstand zahlreicher Diskussionen. Wie auch immer die Sprache entstanden sein mag, ihr Erscheinen veränderte den Lauf der menschlichen Evolution. Auf einem Weg, über den derzeit nur zu spekulieren ist, wurde Sprache internalisiert; sie wurde zu einem Teil des Denkmechanismus. Diese Internalisierung - Wygotskis Übergang - war zudem ein wichtiges evolutionäres Ereignis. Es handelt sich um die zweite, im vorliegenden Buch erörterte große Internalisierung. Die erste, die Hunderte Millionen Jahre früher stattgefunden hatte, ist im Kapitel 2 beschrieben worden. Damals, kurz nach Beginn der Evolution der Tiere, hatten Zellen, die, um miteinander interagieren zu können, Mittel zur Sinnesempfindung und Signalisierung entwickelt hatten, genau diesen Einrichtungen neue Rollen zugedacht. Signale zwischen einzelnen Zellen dienten nun dem Aufbau vielzelliger Tiere, wobei in manchen mit dem Nervensystem ein neues Kontrollsystem entstand.

Das Nervensystem entstand aus der Internalisierung von Sinnesempfindungen und Signalisierung, die Internalisierung von Sprache als Werkzeug des Denkens stellte ein anderes derartiges Ereignis dar. In beiden Fällen wurde ein der Kommunikation zwischen Organismen dienendes Mittel zu einem, das in ihnen wirkte. Die beiden Ereignisse markieren bis dato die kognitive Evolution - eines kurz nach ihrem Einsetzen und eines in jüngerer Zeit. Das jüngere steht nicht am Ende des Prozesses, aber doch am Ende des bis heute ablaufenden Vorgangs.

Die beiden Internalisierungen haben sich in bestimmten Aspekten jedoch unterschiedlich ausgeprägt. In der Evolution des Nervensystems wurde die Internalisierung der Signalübermittlung dadurch erreicht, dass der Organismus größer wurde – die Grenzen des Organismus wurden erweitert, um zuvor eigenständige Lebewesen zu inkorporieren. Bei der Internalisierung der Sprache blieben die Umrisse des Organismus unverändert, doch wurde ein neuer Weg in seinem Inneren etabliert.

Im Kapitel 4 habe ich die evolutionäre Verschiebung von einem einfachen, vorwärtsgerichteten Fluss, in dessen Verlauf Sinne und Handlungen miteinander verknüpft wurden, zu etwas Verwickelterem beschrieben. Bei den einfachsten Fällen gibt es eine Sinnesempfindung (Input) und eine Art Reaktion (Output): Was man tut, hängt davon ab, was man sieht. Selbst in einem Bakterium verläuft der Kausalpfeil auch in die entgegengesetzte Richtung – eine Handlung wirkt sich de facto auf das aus, was in der Folge gespürt wird. Doch bei den Tieren mit Nervensystemen werden die Schleifen, die Empfinden und Handeln verknüpfen, komplexer und von den Tieren selbst registriert. Die Handlungen verändern fortwährend die Beziehung zu den Dingen, die einen umgeben.

Dieser Umstand stellt sich für ein Tier, das mehr über die Welt zu erfahren sucht, zunächst als Problem dar. Wie kann man neuen Ereignissen in seiner Umgebung nachgehen, wenn alles, was man tut, die Erscheinungsform der Welt verändert? Was jedoch zunächst als Problem erscheint, kann später zu einer Chance werden.

Im Jahr 1950 führten die deutschen Biologen Erich von Holst und Horst Mittelstaedt ein Begriffssystem zur Darstellung dieser Beziehungen ein. Einen ihrer Begriffe, Efferenzkopie, habe ich in diesem Kapitel bereits angeführt. Im Folgenden skizziere ich weitere Aspekte ihres Systems. Den Begriff Afferenz verwendeten die beiden Forscher zur Bezeichnung all dessen, was durch die Sinne aufgenommen wird. Manches davon ist Veränderungen von Gegenständen in der Umgebung geschuldet – ein Effekt, der Exafferenz genannt wird – und anderes den eigenen Handlungen – die Reafferenz. Tiere sehen sich der Herausforderung gegenüber, zwischen diesen beiden unterscheiden zu müssen. Die Reafferenz macht die Wahrnehmung unbestimmter. Wenn die eigenen Handlungen nicht verändern würden, was die Sinne aufnehmen, wäre das Leben in mancher Hinsicht einfacher.

Eine Möglichkeit, mit dem Problem fertigzuwerden, besteht in dem oben beschriebenen Mechanismus der Efferenzkopie. Bewegt man sich, werden die mit der Wahrnehmung befassten Gehirnregionen benachrichtigt, Teile der hereinkommenden Informationen auszublenden: Keine Sorge, das bin nur ich.

Aus der Reafferenz ergeben sich Probleme, aber auch Möglichkeiten. Man kann seine eigenen Sinne auf nutzbringende Weise beeinflussen. Das Ziel dabei ist nicht, aus dem Wahrgenommenen einen unerwünschten Beitrag herauszufiltern, sondern die eigenen Handlungen heranzuziehen, um sie in die Wahrnehmung einzuspeisen. Ein einfaches Beispiel ist, etwas aufzuschreiben, eine Notiz, um sich an etwas zu erinnern, wenn man es später liest. Man handelt jetzt, verändert dabei die Umwelt und wird später die Ergebnisse seines Handelns wahrnehmen. So wird man in die Lage versetzt, etwas zu jenem späteren Zeitpunkt zu tun, das angesichts dessen, was man im gegebenen Moment weiß, sinnvoll ist.

Schreibt man eine Notiz auf und liest sie, produziert man eine reafferente Schleife. Anstatt lediglich die Dinge wahrnehmen zu wollen, die nicht von einem selbst ausgehen – das heißt, im Radau der Sinnesempfindungen alles Exafferente herauszufinden –, möchte man, dass das Gelesene ganz und gar auf die eigenen vorangegangenen Handlungen zurückgeht. Man möchte, dass sich der Inhalt einer Notiz der eigenen vorangegangenen Handlung verdankt und nicht einer Einmischung von Dritten oder dem natürlichen Verfall des Notizblocks. Man möchte, dass die Schleife zwischen aktueller Handlung und künftiger Wahrnehmung stabil ist. Denn dies macht es möglich, eine Art externes Gedächtnis zu kreieren, eine Aufgabe, die mit ziemlicher Sicherheit fast allem, was in den Anfängen der Schrift festgehalten wurde (Auflistungen von Gütern und Handelsumsätzen), zukam, und vielleicht auch die Aufgabe früher Bilder war, obgleich darüber weit weniger Klarheit herrscht.

Ist eine geschriebene Nachricht an andere gerichtet, handelt es sich um normale Kommunikation. Wenn man etwas für sich selbst aufschreibt, um es später wieder zu lesen, spielt in der Regel die Zeit eine wesentliche Rolle - das Ziel ist Erinnerung im weitesten Sinne. Doch Erinnerung dieser Art ist ein Kommunikationsphänomen: Zwischen dem gegenwärtigen Selbst und dem zukünftigen Selbst findet Kommunikation statt. Wie andere, üblichere Kommunikationsarten auch sind Tagebücher und an sich selbst gerichtete Notizen in ein Sender-Empfänger-System eingebunden.

Im Kapitel 2 bin ich bereits auf die beiden Rollen zu sprechen gekommen, die Kommunikation zwischen Individuen einnehmen kann, sowie auf die daraus resultierenden Auffassungen hinsichtlich der Funktion, die die ersten Nervensysteme für ihre Besitzer eingenommen haben. Eine dieser Rollen besteht darin, das, was wahrgenommen wird, mit dem, was getan wird, zu koordinieren; sie findet sich in dem Laternencode von Paul Revere veranschaulicht. Die andere besteht darin, verschiedene Elemente einer einzelnen Aktion zu koordinieren, etwa wenn eine Person in einem Ruderboot die Schlagzahl ausruft. Ich habe gesagt, dass diese Rollen meistens gleichzeitig gespielt werden, es aber dennoch lohnenswert sei, sie zu unterscheiden. Das ist nach wie vor richtig, nun offenbart sich aber zudem ein Zusammenhang, der in dieser ersten Erörterung noch nicht erkennbar war.

Wenn man etwas aufschreibt, um sich zu einem späteren Zeitpunkt an die Erledigung einer Aufgabe zu erinnern, dann stellt man eine Markierung her, die man mit einem späteren Selbst empfinden wird, eine Sache also, die man wahrnehmen wird. In dieser Hinsicht verhält sich das Ganze zueinander wie der Küster und Revere. Die Markierung ist aber auch von einem aktuellen Selbst gemacht worden, um ein späteres Selbst dazu zu veranlassen, eine Aufgabe zu erledigen. In dieser Hinsicht verhält sich das Ganze wie die interne Koordinierung von Aktivitäten, wie eine Handlungsformung, auch wenn dabei von einer Kausalschleife Gebrauch gemacht wird, die durch die äußere Welt läuft. Zur Koordinierung gehört, dass eine Markierung vorgenommen wird, die erst zu einem späteren Zeitpunkt empfunden wird.

Manche dieser nützlichen Schleifen verlaufen außerhalb der Haut, manche innerhalb. Efferenzkopien sind interne Botschaften, Aktivitäten im Nervensystem. Wenn man seinen Kopf bewegt und die Welt scheint gleichwohl unbewegt zu bleiben, dann wird das durch innere Vorgänge erreicht. Dabei wird eine interne Botschaft zur Lösung eines Problems benützt, das entsteht, weil das Handeln sich auf das Empfinden auswirkt. Doch wie die äußeren haben auch diese internen Bögen Chancen und neue Ressourcen zu bieten. Auf das oben skizzierte Modell zum Ursprung des inneren Sprechens trifft dies ebenfalls zu. Kopien dessen, was man zu sagen vorhat, führen zu lautlosen Aktionen - inneren Handlungen, die neue Möglichkeiten wecken, Ideen neu zusammensetzen und Selbstkontrolle ausüben. Inneres Sprechen kann sich ein bisschen wie Reafferenz anfühlen - wie das Ergebnis einer Handlung, die die eigenen Sinne affiziert. Gleichwohl ist es auf die Innenwelt beschränkt, das heißt, es wird nicht wirklich vernommen (zumindest dann, wenn alles so funktioniert, wie es soll). Wenn das innere Sprechen einem Informationsrundfunk im Gehirn gleichkommt, dann ähnelt es auch der Reafferenzschleife, die auftritt, wenn man laut mit sich selbst spricht oder sich etwas aufschreibt. In diesem Fall ist die Schleife jedoch enger gezogen und begrenzter, unsichtbar statt öffentlich, sie wird zum Feld freien und stummen Experimentierens.

Wenn wir den menschlichen Geist als einen Ort betrachten, an dem zahllose solcher Schleifen am Werk sind, erhalten wir eine völlig neue Perspektive auf unser Leben und auch das Leben anderer Tiere – darunter auch die in diesem Buch besprochenen Kopffüßer. Deren Ausdrucksmedien, Farben und Muster, sind nicht für komplexe Schleifen ausgelegt. (Das stimmt auch, wenn man die Ironie im Zusammenhang mit ihrer mutmaßlichen Farbenblindheit hintanstellt.) Muster auf der Haut zu erzeugen, und seien sie noch so kompliziert, ist eher eine Einbahnstraße. Das Tier kann seine eigenen Muster nicht in einer Weise sehen, wie ein Mensch das, was er sagt, hören kann. Wahrscheinlich spielen bei der Erzeugung von Hautmustern Efferenzkopien keine so große Rolle (es sei denn, die spekulativen Theorien zur Rolle der Chromatophoren als Hautrezeptoren treffen zu). Die Zurschaustellungen der Kopffüßer besitzen eine enorme Ausdruckskraft, solange wir diese Tiere jedoch nicht als Paare oder Gruppen, sondern als Einzelwesen betrachten, werden diese Zurschaustellungen nicht allzu stark in Rückkopplungsschleifen eingebunden sein und vielleicht sogar überhaupt nicht. Beim Menschen, einem extremen Fall, sieht es so aus, dass die aus der Reafferenz rührenden Chancen dazu beigetragen haben, die Evolution eines komplexeren Geistes voranzutreiben. Kopffüßer haben einen anderen Weg eingeschlagen.

Und dies ist nicht der einzige Aspekt, der die Möglichkeiten eines Kopffüßerlebens einschränkt.

7
Komprimierte Erfahrung

Verfall

Mit der Beobachtung von Kopffüßern im Meer habe ich um 2008 angefangen. Zunächst bin ich den Riesensepien gefolgt, später, nachdem ich sie sehen gelernt hatte, den Kraken (natürlich waren sie stets und überall in meiner Nähe gewesen). Damals begann ich auch über Kopffüßer zu lesen und war gleich von dem, was ich seinerzeit mit als Erstes lernte, schockiert. Riesensepien, diese großen und komplizierten Tiere, leben nur sehr kurz, ihre normale Lebensspanne beträgt ein oder zwei Jahre. Der größte Kopffüßer, der Pazifische Riesenkrake, kann in freier Natur bis zu vier Jahre alt werden.

Ich konnte es kaum glauben. Ich dachte, die Tintenfische mit denen ich zu tun hatte, seien alt, wären schon oft Menschen begegnet, hätten herausgefunden, wie sie sich verhalten, und hätten in ihrem Meeresareal bereits viele Jahresläufe vorüberziehen sehen. Das hatte ich auch deshalb angenommen, weil sie alt wirkten; sie machten einen erfahrenen Eindruck. Darüber hinaus schienen sie für ihre jungen Jahre zu groß, waren sie doch oft zwischen einem halben und einem Meter lang. In jenem Jahr wurde mir jedoch bewusst, dass ich meinen Tintenfischen in der frühen Fortpflanzungssaison begegnet war und dass all die Tiere, die ich aufgesucht hatte, schon bald tot sein würden.

Und tatsächlich trat genau dies ein. Gegen Ende des südlichen Winters begannen die Tintenfische plötzlich abzubauen. Es zeigte sich über Wochen, und manchmal, wenn ich einem einzelnen

Exemplar folgen konnte, geschah es in wenigen Tagen. Sie fielen einfach auseinander. Schon bald fehlten bei manchen einige Arme oder ganze Fleischstücke. Sie verloren ihre magische Haut. Anfangs dachte ich, sie würden die weißen Flecken als Teil einer Zurschaustellung hervorbringen, doch bei näherem Hinsehen stellte sich heraus, dass die äußere Hautschicht, dieser lebende Videobildschirm, einfach auseinanderfiel und schieres weißes Fleisch zum Vorschein kam. Ihre Augen wurden trübe. Gelangt dieser Vorgang an sein Ende, sind die Tintenfische nicht mehr in der Lage, ihre Höhe im Wasser zu kontrollieren. Hat der Verfall erst einmal eingesetzt, geht alles sehr schnell. Die Gesundheit der Tiere scheint schlagartig zu schwinden.

Sobald ich wusste, dass dieser Zustand eintreten würde, bekam die Interaktion mit diesen Tieren, insbesondere mit den Zutraulichen, etwas Ergreifendes. Ihre Zeit war kurz bemessen. Durch diese Entdeckung wurde das Rätsel ihres großen Gehirns noch brennender. Welchen Zweck hat es, ein großes Nervensystem auszubilden, wenn das Leben nach ein oder zwei Jahre vorbei ist? Der Intelligenzapparat ist sowohl im Aufbau als auch im Unterhalt eine teure Angelegenheit. Der Nutzen des Lernens, wie ihn große Gehirne gewährleisten, scheint von der Lebenszeit abhängig. Welchen Zweck hat es also, in einen Lernprozess über die Welt zu investieren, wenn fast keine Zeit bleibt, diese Information auch einzusetzen?

Kopffüßer sind neben den Wirbeltieren die einzigen Tiere, bei denen die Evolution mit großen Gehirnen experimentierte. Die meisten Säugetiere, Vögel und Fische leben weit länger als Kopffüßer. Oder genauer, Säugetiere und Vögel leben dann länger, wenn sie nicht gefressen werden oder einem anderen Missgeschick zum Opfer fallen. Das gilt besonders für die größeren Arten wie Hunde und Schimpansen, aber es gibt auch Äffchen von der Größe einer Maus, die fünfzehn Jahre alt werden, und Kolibris, deren Lebensspanne zehn Jahre beträgt. Viele Kopffüßer sind eigentlich zu groß und zu klug, um derart durch ihr Leben zu hetzen. Wozu die ganze Gehirnleistung, wenn ein Krake in weniger als zwei Jahren, nachdem er aus dem Ei geschlüpft ist, stirbt?

Gibt es im Meer irgendeinen Faktor, der ein derart kurzes Leben erzwingt? Mir war rasch klar, dass dies die falsche Frage war. Ein merkwürdig aussehender und auf Felsen lebender Fisch, der in dem gleichen Meeresareal zu Hause ist wie meine Kopffüßer, gehört einer Gruppe von Fischen an, die bis zu zweihundert Jahre alt werden. Zweihundert Jahre! Das ist doch äußerst unfair. Ein stumpfsinnig aussehender Fisch, der Jahrhunderte alt wird, während die Sepien in all ihrer Pracht und die Kraken mit ihrer neugierigen Intelligenz sterben, bevor sie zwei sind?

Eine andere Möglichkeit wäre, dass im Bauplan der Weichtiere oder der Kopffüßer etwas vorliegt, was ein kurzes Leben zwangsläufig bedingt. Das wird zwar mitunter behauptet, aber es kann die Antwort nicht sein. Perlboote, diese eleganten, doch psychologisch wenig beeindruckenden Kopffüßer, die ihre Gehäuse wie Unterseeboote durch den Pazifik steuern, leben in der Regel mehr als zwanzig Jahre lang. Für einen auf Schnüffeln und Tasten spezialisierten Aasfresser - so wird das Tier von Biologen wenig schmeichelhaft charakterisiert -, ist das ein ziemlich lang gezogenes Leben. Perlboote sind mit den Kraken und Sepien verwandt, und sie hetzen alles andere als rasch durch ihr Leben.

All das waren Aspekte, die in mir ein ganz anderes Gefühl aufkommen ließen für das Leben eines Kraken oder einer Sepia, ein Leben, das reich an Erfahrungen ist, aber zugleich unglaublich komprimiert. Und umso größer wurde auch meine Verwunderung über die Gehirne, die diese Erfahrungen möglich machen.

~ Leben und Tod

Warum leben Kopffüßer nicht länger? Und warum bleiben wir alle nicht länger am Leben? In manchen Bergregionen Kaliforniens und Nevadas stehen Kiefern, die schon lebten, als Julius Cäsar in Rom herumspazierte. Warum leben manche Organismen Dutzende, Hunderte oder Tausende von Jahren, während andere von Natur aus noch nicht einmal ein Jahr erleben? An einem Unfall oder durch eine Infektionskrankheit zu sterben, ist kein Rätsel, an Altersschwäche zu sterben aber schon. Warum erleiden wir, nachdem wir eine Zeit lang gelebt haben, einen Zerfall? Bei jedem Geburtstag lauert diese Frage im Hintergrund, aber das kurze Leben der Kopffüßer lässt sie umso brennender werden. Warum also altern wir?

Rein intuitiv nehmen wir an, es handle sich um einen natürlichen Verschleiß des Körpers. Man könnte etwa sagen, wir müssen irgendwann kaputtgehen, so wie Autos kaputtgehen. Die Analogie mit Autos ist allerdings nicht treffend. Die Originalteile eines Autos verschleißen in der Tat, doch bei einem erwachsenen Menschen sind die Originalteile gar nicht mehr in Betrieb. Wir sind aus Zellen gemacht, die ständig Nährstoffe aufnehmen, sich teilen und alte Teile durch neue ersetzen. Sogar eine Zelle, die lange am Leben bleibt, tauscht ständig ihr Material aus – jedenfalls das meiste davon. Werden die Teile eines Autos ständig erneuert, gibt es keinen Grund, warum es nicht immer weiter fahren sollte.

Damit sind wir bei einer anderen Möglichkeit, das Rätsel zu betrachten. Unsere Körper sind Ansammlungen von Zellen. Diese Zellen haften zusammen und arbeiten koordiniert, sie sind aber nichts anderes als Zellen. Die meisten Zellen, aus denen wir bestehen, teilen sich beständig und erzeugen zwei Zellen aus einer. Angenommen, diese sich teilenden Zellen sind aus irgendeinem Grund zum Altern verdammt, obgleich sie in ihrer aktuellen Generation noch gar nicht so lange bestehen. Nehmen wir also an, dass selbst neu entstandene Zellen das Alter ihres Zellstammbaums aufweisen und dieses Alter verantwortlich ist für den Verfall des Körpers. Wenn dem aber so wäre, warum gibt es dann überhaupt noch Bakterien und andere einzellige Organismen? Die aktuell lebenden einzelnen Bakterien sind zwar Produkte von Zellteilungen, die erst vor Kurzem stattgefunden haben, aber ihr Zellstammbaum ist Milliarden von Jahren alt.

Stellen wir uns vor, wir würden eine große Masse Bakterien einer bestimmten Art - vielleicht die bekannten E. coli - nehmen und zu einem Klumpen zusammenfügen. Wenn die Bakterienzellen sich teilen, bleiben ihre Nachkommen in dem gleichen Klumpen. Während die Zellen kommen und gehen, besteht der Klumpen also weiter. Unter günstigen Bedingungen könnte er für Millionen von Jahren bestehen. Der Klumpen wäre so etwas wie ein Körper, eine große Ansammlung von Zellen. Es besteht kein Grund, dass er, nur weil er alt ist, verschleißen oder zerfallen sollte. Noch einmal, die aktuell vorhandenen Teile sind nicht alt; es handelt sich um brandneue Zellen. Wenn dieser Zellklumpen, der sich stetig ersetzt und ergänzt, ewig zu leben vermag, warum dann nicht auch jener Klumpen, der unser Körper ist?

Man könnte jetzt anführen, es handle sich um eine Disposition unserer Zellen, die uns von den Bakterien unterscheidet. Wir sind eben nicht einfach nur ein Klumpen. Diese Disposition kann zerfallen, auch wenn stets neue Zellen entstehen. Warum aber sind neue Zellen nicht in der Lage, die Disposition korrekt nachzubilden? Wenn ein Kind empfangen und geboren wird und sich vom Säugling zum Erwachsenen entwickelt, sind die Zellen in der Lage, die richtige Anordnung zu generieren. Weshalb aber kann diese lebensnotwendige Disposition nicht fortwährend von den neu entstehenden Zellen *re*generiert werden?

Erklärungen, die auf den Verschleiß von Teilen abheben, reichen für eine Lösung des Problems nicht aus. Selbst wenn es eine Version dieser Idee gäbe, die plausibel wäre, sie ließe sich mit dem, was zur Lebensspanne von Tieren beobachtet wurde, nur schlecht vereinbaren. Wenn Verschleiß tatsächlich das Problem wäre, dann sollten Tiere mit einer höheren Stoffwechselrate - also solche, die mehr Energie verbrennen - rascher altern. Diese

Relation besitzt tatsächlich eine gewisse Vorhersagekraft, versagt aber in etlichen Fällen. Beuteltiere wie Kängurus haben eine niedrigere Stoffwechselrate als Plazentatiere wie wir, sie altern aber rascher. Fledermäuse besitzen einen hochaktiven Metabolismus, altern aber langsam.

Auf Zellebene ist die Möglichkeit endloser Erneuerung gegeben. Doch so wie wir als Objekte geartet sind, in dieser charakteristischen Art der Zellansammlung, liegt etwas, das uns und andere Tiere auf eine Weise altern lässt, die sich von den übrigen Lebewesen unterscheidet. So betrachtet führt uns das Thema viele Kapitel zurück, nämlich zu der Evolution der Tiere selbst. Geburt und Tod sind bei den Tieren zu jenen Grenzen geworden, die ein individuelles Leben markieren, auch wenn ständig Zellen sterben und neue entstehen und auch wenn die Zellstammbäume bereits weit vor uns bestanden und in die Zukunft reichen. Und wieder sind wir mit dem Ausgangsproblem konfrontiert. Warum also leben Kolibris zehn Jahre, Felsenfische zweihundert Jahre, Grannenkiefern (*Pinus longaeva*) Tausende und Kraken nur zwei Jahre?

~ Ein Schwarm Motorräder

Mit evolutionstheoretischen Schlussfolgerungen von einiger Eleganz konnte dieses Rätsel weitgehend gelöst werden.

Denkt man in Evolutionsbegriffen, ist es normal zu fragen, ob das Altern nicht irgendeinen verborgenen Nutzen mit sich bringt. Da das Einsetzen des Alterns derart vorprogrammiert erscheint, ist das ein verlockender Ansatz. Sterben alte Individuen vielleicht deshalb, weil dies der Art als Ganzer nützt, insofern Ressourcen für die Jungen und Kräftigen geschont werden? Dies allerdings ist eine Art Zirkelschluss und setzt voraus, dass die Jungen tatsächlich kräftiger sind. Dafür gibt es jedoch, soweit ersichtlich, keinen Grund.

Überdies wäre eine derartige Situation wahrscheinlich alles andere als stabil. Angenommen, wir haben eine Population, in der die Alten gnädigerweise zu einem angemessenen Zeitpunkt den Staffelstab weitergeben, und es würde ein Individuum auftauchen, das zu diesem Selbstopfer nicht bereit wäre und einfach weiterleben würde. Sehr wahrscheinlich hätte es damit die Chance, noch etwas mehr Nachwuchs zu bekommen. Wenn die Weigerung sich zu opfern bei der Fortpflanzung vererbt würde, würde sich diese Anlage vermehren und die Praxis des Selbstopfers würde ausgehöhlt. Demnach würde das Altern allein, selbst wenn es der Art als Ganzer nützen würde, nicht ausreichen, um es persistent zu halten. Mit diesem Argument ist die Idee des verborgenen Nutzens zwar noch nicht am Ende, die moderne Evolutionstheorie des Alterns verfolgt jedoch einen anderen Ansatz.

Der erste Schritt bestand in einem kurzen, verbalen Einwurf, der in den 1940er-Jahren von dem britischen Immunologen Peter Medawar geäußert wurde. Ein Jahrzehnt später unternahm der amerikanische Evolutionsbiologe George Williams einen weiteren Schritt. Und noch einmal zehn Jahre später, in den 1960er-Jahren, gab William Hamilton - wahrscheinlich *das* Genie in der Evolutionsbiologie des späten zwanzigsten Jahrhunderts - dem neuen Bild eine strenge mathematische Anordnung. Die Theorie erhielt damit eine präzise Form, doch ihre wichtigsten Ideen sind überzeugend einfach.

Beginnen wir mit einem Gedankenexperiment. Angenommen, es gäbe eine Art, bei der kein natürlicher, zeitbedingter Verfall eintritt; sie würde, wie die Biologen gerne sagen, keine Seneszenz zeigen. Die Tiere beginnen früh in ihrem Leben mit der Fortpflanzung, und sie pflanzen sich fort, bis sie aufgrund von äußeren Ursachen - als Beute, vor Hunger oder durch Blitzschlag - sterben. Das Risiko, wegen solcher Ereignisse zu sterben, wird als konstant angenommen, sagen wir, die Todesfallrate würde fünf Prozent betragen. Diese Rate würde mit fortschreitender Lebenszeit weder steigen noch sinken, aber es gäbe Jahre, in denen das eine oder andere Missgeschick einen so gut wie sicher erwischte. In diesem Szenario hätte ein Neugeborenes eine Chance von zum Beispiel weniger als ein Prozent, mit neunzig Jahren noch am Leben zu sein. Doch wenn ein Individuum die neunzig Jahre erreicht, dann wird es mit hoher Wahrscheinlichkeit auch die einundneunzig erreichen.

Als Nächstes müssen wir uns mit den biologischen Mutationen befassen. Mutationen sind zufällige Änderungen in der Struktur unserer Gene. Sie sind das Rohmaterial der Evolution. In sehr seltenen Fällen tritt eine Mutation auf, die den Organismus besser befähigt, zu überleben und sich fortzupflanzen. Die große Mehrheit der Mutationen ist jedoch schädlich oder bleibt einfach folgenlos. Die Evolution bringt, bezogen auf viele Gene, ein sogenanntes Mutations-Selektions-Gleichgewicht hervor. Es funktioniert wie folgt: Aufgrund von Unfällen auf molekularer Ebene dringen fortwährend mutierte Genformen in eine Population ein. Individuen mit den mutierten Formen werden sich allerdings mit geringerer Wahrscheinlichkeit fortpflanzen, sodass die schlechten Mutationen schlussendlich in der Population verschwinden. Doch auch wenn sehr schlechte Mutationen verloren gehen, braucht der Vorgang Zeit, und neue Mutationen kommen fortwährend hinzu. Man kann also erwarten, dass eine Population ständig einige schädliche Mutationsformen eines jeden Gens aufweist. Ein Mutations-Selektions-Gleichgewicht ist dann gegeben, wenn schlechte Genmutationen ebenso rasch eliminiert werden, wie sie eintreten.

Viele Mutationen wirken sich erst in bestimmten Lebensphasen aus. Manche wirken früher, andere später. Nehmen wir an, dass in unserer Modellpopulation eine schädliche Mutation auftritt, die bei ihren Trägern erst nach vielen Lebensjahren zur Wirkung kommt. Für eine gewisse Zeit geht es den betroffenen Individuen gut. Sie pflanzen sich fort und geben die Mutation weiter. Die meisten der Träger-Individuen werden von der Mutation nie betroffen sein, da sie, bevor sie sich auswirken kann, aus anderen Ursachen sterben. Nur ein Individuum, das ungewöhnlich lang am Leben bleibt, wird mit den schlechten Auswirkungen zu tun haben.

Da wir annehmen, dass sich die Individuen während ihres gesamten langen Lebens fortpflanzen können, gibt es eine Tendenz der natürlichen Selektion, diesen spät ausbrechenden Mutationen entgegenzuwirken. Die langlebigen Individuen ohne Mutation werden wahrscheinlich mehr Nachkommen hervorbringen, als die, die sie in sich tragen. Aber kaum ein Individuum wird lange genug leben, damit dieser Unterschied zum Tragen kommt. Der Selektionsdruck auf eine spät wirkende Mutation ist demnach sehr gering. Wenn, wie oben beschrieben, molekulare Unfälle Mutationen in eine Population tragen, werden die spät wirkenden Mutationen weniger effizient ausgemerzt als die sich früh manifestierenden. In der Folge wird der Genpool der Population eine Vielzahl von Mutationen aufweisen, die sich schädlich auf langlebige Individuen auswirken. Die einzelnen Mutationen werden sich mehr und mehr verbreiten oder, meist zufällig, ganz verloren gehen, und so erhöht sich die Wahrscheinlichkeit, dass die eine oder andere zum Normalfall wird. Jedes Individuum wird dann einige dieser Mutationen in sich tragen. Wenn dann das eine oder andere glückliche Individuum seinen Fressfeinden oder anderen natürlichen Gefahrenquellen entkommt und ungewöhnlich lange am Leben bleibt, wird es, sobald die Mutationen anschlagen, feststellen, dass in seinem Körper etwas falschläuft. Alles wird danach aussehen, als sei der Zerfall vorprogrammiert, denn die Wirkungen dieser lauernden Mutationen werden terminiert auftreten. In unserer Population hat die Evolution des Alterns eingesetzt.

Das zweite Hauptelement der Theorie wurde 1957 von George Williams, einem amerikanischen Biologen, eingeführt. Dabei handelt es sich nicht um eine rivalisierende Idee, die beiden Theorien sind miteinander vereinbar. Man kann Williams' wichtigstes Argument mit einer einfachen Frage zur Rentenvorsorge veranschaulichen. Lohnt es sich, genug Geld zu sparen, um auch noch mit 120 Jahren im Luxus leben zu können? Unter Umständen durchaus, aber nur, wenn man ein unbegrenztes Einkommen hat. Vielleicht lebt man ja tatsächlich so lange. Wenn man aber kein unbegrenztes Einkommen hat, dann ist all das für eine lange Rente zu ersparende Geld, Geld, das man aktuell nicht für andere Dinge ausgeben kann. Da es relativ unwahrscheinlich ist, 120 Jahre alt zu werden, dürfte es, anstatt den erforderlichen Extrabetrag zu sparen, sinnvoller sein, ihn auszugeben.

Das gleiche Prinzip gilt auch für Mutationen. Zahlreiche Mutationen haben mehr als eine Wirkung, und in manchen Fällen kann eine Mutation einen Effekt haben, der früh im Leben sichtbar wird und einen, der erst später zutage tritt. Sind beide Wirkungen ungünstig, lassen sich die Folgen unschwer voraussagen. Die Mutation sollte aufgrund der schlechten Auswirkung schon früh im Leben ausgemerzt werden. Ebenso ist eine Voraussage einfach, wenn beide Effekte günstig sind. Was aber, wenn eine Mutation zunächst eine gute und später eine schlechte Wirkung zeitigt? Wenn dieses Später so weit in der Ferne liegt, dass man es aufgrund der normalen Alltagsrisiken wahrscheinlich nicht mehr erlebt, fällt der schlechte Effekt kaum ins Gewicht. Entscheidend ist nur der gute Effekt. Aus diesem Grund werden sich Mutationen akkumulieren, die sich früh im Leben vorteilhaft auswirken und spät im Leben nachteilig; die natürliche Auslese wird sie begünstigen. Sobald viele solcher Mutationen sich in einer Population etabliert haben und alle oder fast alle Individuen sie in sich tragen, wird ein Verfall im fortgeschrittenen Alter vorprogrammiert erscheinen. Auch wenn sich die Wirkung von Individuum zu Individuum geringfügig unterscheidet, wird es aussehen, als würde der Verfall planmäßig eintreten. Dies geschieht nicht aufgrund verborgener evolutionärer Vorteile des Zusammenbruchs selbst, sondern weil damit die Kosten für die früheren Gewinne bezahlt werden.

Der Medawar-Effekt und der Williams-Effekt greifen ineinander. Ist einer der Prozesse erst einmal in Gang gesetzt, verstärkt er sich laufend selbst und vergrößert zudem den anderen. Es existiert also eine Art positives Feedback, das zu immer größerer Seneszenz führt. Haben sich Mutationen, die zu einem altersbedingten Verfall führen, erst einmal festgesetzt, wird es noch unwahrscheinlicher, dass Individuen das Alter überstehen, in dem sie sich auswirken. Das bedeutet, dass die Auslesemechanismen gegen Mutationen, die erst im fortgeschrittenen Alter schlechte Auswirkungen nach sich ziehen, noch weniger greifen. Ist das Rad erst einmal ins Rollen gekommen, dreht es sich immer und immer schneller.

Das hier entwickelte Szenario entfaltet starken Druck auf die Verkürzung der Lebensspanne. Wie verhält es sich aber mit den jahrtausendealten Grannenkiefern in Kalifornien? Sie zeigen keine Anzeichen des Niedergangs. Bäume sind in doppelter Weise ein Sonderfall. Erstens: Sie stimmen nicht mit einer Annahme überein, die ich am Anfang meiner Argumentation vorgebracht habe. Ich habe behauptet, dass der unterschiedliche Erfolg, mit dem sich Individuen erst spät im Leben fortpflanzen, evolutionär gesehen nicht ins Gewicht fällt, da die meisten Individuen dieses Stadium erst gar nicht erreichen. Die Dinge liegen jedoch anders, wenn ein paar Individuen, die sich noch in hohem Alter erfolgreich fortpflanzen können, eine sehr große Zahl von Nachkommen hervorbringen. Das trifft zwar nicht auf uns zu, gilt aber für Bäume. An jedem einzelnen Ast eines Baumes kann Fortpflanzung stattfinden; ein sehr alter Baum kann mit seinen zahlreichen Ästen demnach weit fruchtbarer sein als ein junger Baum. Damit sind Bäume in der Lage, manche Konsequenzen zu vermeiden, die sich aus Medawars und Williams' Argumentationen ergeben.

Zweitens: Ein Baum ist ein anderes Lebewesen als ein Tier, und bis zu einem gewissen Grad lassen sich die Williams-Medawar-Folgerungen auf Bäume erst gar nicht anwenden. Dieses Argument bekommt man am besten zu fassen, wenn man als Erstes jene Organismen betrachtet, die sich bei näherem Hinsehen als Kolonien entpuppen. Seeanemonen zum Beispiel formen engmaschige Kolonien aus lauter kleinen Polypen, die, insbesondere hinsichtlich der Fortpflanzung, eine deutliche Unabhängigkeit behalten haben. Ein Polyp kann einen anderen abschnüren, und jeder Polyp kann seine eigenen Geschlechtszellen produzieren. Diese Kolonien könnten im Prinzip unendlich lang leben, so wie eine menschliche Gesellschaft, bei der Individuen kommen und gehen, während die Gesellschaft als solche bestehen bleibt.

Bei Kolonien und Gesellschaften kommen Medawars und Williams' Argumente nicht zum Tragen, denn in ihnen läuft die Fortpflanzung nicht entsprechend ab. Allerdings kann bei den Mitgliedern einer Kolonie oder Gesellschaft (etwa von Menschen) Seneszenz auftreten. Ein normaler Baum, eine Kiefer oder eine Eiche etwa, ist keine Kolonie, aber er ist auch kein einzelner Organismus in der Weise, wie ein Mensch einer ist. Ein Baum steht in mancher Hinsicht zwischen diesen beiden Fällen. Ein Baum wächst, indem er kleine Einheiten vervielfacht - sich verzweigende Triebe -, die sich jeweils selbst fortpflanzen können und aus denen, wenn sie abgeschnitten und verpflanzt werden, neue Bäume entstehen können. Alles, was wächst und sich durch die Vervielfachung kleiner Einheiten entwickelt, die sich solcherart fortpflanzen können, ist von den Medawar-Williams-Schlussfolgerungen ausgenommen.

Die beiden hinter der Evolutionstheorie des Alterns stehenden Hauptideen sind hiermit eingeführt. In den 1960er-Jahren, als sich der englische Evolutionstheoretiker William Hamilton dieses Problems mit seinem brillanten Verstand annahm, erhielt die Theorie Strenge und Genauigkeit. Hamilton gelang es, die zentralen Ideen in eine mathematische Form zu gießen. Ungeachtet seiner Forschungsarbeit, die viel dazu beigetragen hat, den Lauf, den das Menschenleben nimmt, zu verstehen, war Hamilton ein Biologe, dessen große Liebe den Insekten und ihren Verwandten galt, insbesondere solchen Insekten, die unser Leben und auch das eines Kraken eher langweilig aussehen lassen. Hamilton entdeckte Milben, bei denen die Weibchen mit geschwollenen Leibern in der Luft hängen, vollgepackt mit frisch geschlüpften Jungen. Die

Männchen in der Brut spüren ihre Schwestern auf, mit denen sie noch in der Mutter kopulieren. Er entdeckte winzige Käfer, bei denen die Männchen Samenzellen produzieren und durch die Gegend hieven, die länger als ihr Körper sind.

Hamilton starb im Jahr 2000, nachdem er sich auf einer Reise nach Afrika, bei der er die Ursprünge des AIDS-Virus untersuchen wollte, mit Malaria angesteckt hatte. Etwa zehn Jahre vor seinem Tod hatte er darüber geschrieben, wie er sich seine Beerdigung wünschte. Er wollte, dass sein Körper in die Wälder Brasiliens verbracht und dort ausgelegt würde, damit er von innen von einem riesigen, beflügelten *Coprophanaeus*-Käfer aufgefressen würde. Sein Körper sollte dem Nachwuchs des Käfers als Nahrung dienen, der schließlich aus ihm hervorbrechen und davonfliegen würde:

> Kein Wurm für mich, auch keine schmutzige Fliege, wie eine Hummel will ich in der Abenddämmerung surren. Werde viele sein, surren wie ein Motorradschwarm sogar, hinausgetragen von vielen fliegenden Körpern in die brasilianische Wildnis unter den Sternen, von den herrlichen und nicht verwachsenen Elytren [Deckflügeln] angehoben, die wir über unseren Rücken halten werden. So schließlich werde auch ich leuchten wie ein violetter Laufkäfer unter einem Stein.

~ Lange und kurze Lebenserwartung

Mit der Evolutionstheorie des Alterns haben wir eine Erklärung für die grundlegenden Fakten altersbedingten Zerfalls. Sie erklärt, warum bei älteren Individuen der Verfall wie nach Fahrplan einsetzt. Diese Skizze kann dahin gehend erweitert werden, dass mit ihr auch Sonderfälle zu beschreiben sind. Mein Gedankenexperiment beruhte auf der Annahme, dass in der gesamten Lebenszeit eines Organismus Fortpflanzung stattfindet. Bei vielen Tieren, darunter auch die Kopffüßer, trifft dies nicht einmal annähernd zu.

Biologen unterscheiden zwischen semelparen und iteroparen Organismen, wobei erstere sich in einer kurzen, einmaligen Phase fortpflanzen. Man nennt dies auch Big-Bang-Reproduktion. Iteropare Organismen, zu denen auch der Mensch gehört, pflanzen sich über eine längere Periode mehrmals fort. Weibliche Kraken stellen einen extremen Fall von Semelparität dar - sie sterben nach einer einzigen Fruchtbarkeitsperiode. Ein weiblicher Krake kann sich mit mehreren Männchen paaren, wenn aber die Eiablage bevorsteht, zieht er sich dauerhaft in einen Unterschlupf zurück. Dort legt er Eier und befächelt und pflegt sie während ihrer Entwicklung. Diese eine Brut kann Tausende Eier enthalten. Das Ausbrüten kann einen Monat oder je nach Art und Umständen (in kälterem Wasser läuft alles langsamer ab) auch Monate dauern. Sind die Eier ausgebrütet, treiben die Larven ins offene Wasser. Kurz darauf stirbt das Weibchen.

Ich verallgemeinere hier. Bei den Kraken gibt es zumindest eine Ausnahme. Es handelt sich um eine seltene Art, die von Martin Moynihan und Arcadio Rodaniche vor Panama entdeckt wurde, demselben Team, das die in Kapitel 5 besprochenen Signale der Kalmare erforscht hat. Bei dieser Krakenart sind die Weibchen über eine längere Periode fortpflanzungsfähig. Man weiß nicht, warum diese Art eine Ausnahme darstellt.

Sepien verhalten sich etwas anders, doch auch sie fallen in die Big-Bang-Kategorie. Sie sind nur für eine Brutsaison aktiv, wobei sich beide Geschlechter mehrmals paaren können. Die Weibchen können in dieser Saison zahlreiche Eierpakete legen. Sie pflegen und hüten die Eier nicht so wie die Kraken, sondern kleben sie auf passende Felsen, wo sie sie sich selbst überlassen, um sich zu einer nächsten Paarung mit folgender Eiablage aufmachen. Dann beginnen sie, rasch zu verfallen.

Weshalb sollte ein Organismus all seine Ressourcen auf eine Brut oder eine Fortpflanzungssaison verwenden? Vieles hängt auch hier wieder von dem Risiko ab, durch einen Fressfeind oder andere äußere Ursachen zu sterben – insbesondere auch davon, wie sich dieses Risiko im Laufe eines Lebens ändert. Vorausgesetzt, bei manchen Tieren ist vor allem das Jugendstadium riskant; gelangen sie aber ins Erwachsenenalter, überleben sie eine gewisse Zeit, ohne aufgefressen zu werden. In diesem Fall macht es Sinn, dass sich die ausgewachsenen Tiere mehr als einmal fortpflanzen. Dies ist bei Fischen und zahlreichen Säugetieren der Fall. Ist aber das Erwachsenenstadium sehr riskant, dürfte es sinnvoller sein, alles auf eine Karte zu setzen, sobald man fortpflanzungsfähig wird.

Zudem spielen Jahreszeiten eine Rolle. Womöglich gibt es eine günstige Zeit für die Eiablage oder für die Brutzeit. Das Jahr wird von einem Zeitplan bestimmt, der es sinnvoll erscheinen lässt, sich entweder im Frühjahr oder im Winter zu paaren. Dann stellt sich die Frage, über wie viele Jahre die Fortpflanzung erfolgen soll. Zunächst scheint es offenbar nicht zu schaden, diese Frage zumindest offenzulassen, da gegebenenfalls ein paar Jahre vor einem liegen. Man könnte ja immerhin einige Jahre überleben. Warum also schon vorher sterben? Doch hier kommt Williams' Argumentation zum Tragen, zusammen mit der Notwendigkeit, über solche Fragen der Evolution unter Berücksichtigung großer Individuenzahlen und vieler Generationen nachzudenken. Rein evolutionstheoretisch wäre es wünschenswert, auf ewig zu leben und sich fortpflanzen zu können. Wer aber wird mehr Nachkommen zeugen, ein Organismus, der sich in einer Brutsaison völlig verausgabt, oder ein Konkurrent, der, in der Hoffnung sich später erneut fortpflanzen zu können, fürs Erste weniger einsetzt? Ad hoc weniger aufzuwenden, um etwas für später zurückzubehalten, wird kaum nutzbringend sein, wenn man zu den Tieren gehört, die nur wenige Chancen haben, auch die nächste Brutsaison noch zu erleben. In diesem Fall ist es besser, alles auf eine Paarungssaison zu setzen und alle Optionen auszuschöpfen, die für den Moment einen Vorteil verschaffen, auch wenn man dies am Ende der Saison mit dem Tod bezahlt.

Die Evolution kann einer Art eine immense oder eine winzige Lebenszeit verpassen. Unter den Tieren sind der Felsenfisch mit 200 Jahren Lebensdauer und der Echte Tintenfisch Extreme, wobei die Menschen dazwischen liegen. Wie unsereins entwickelt sich auch der Felsenfisch recht langsam bis zur Geschlechtsreife, er lebt aber insgesamt länger. Es handelt sich um eine stachelige und giftige Kreatur, auf die nichts und niemand Appetit hat. Die Sepia hingegen legt alles daran, rasch zu wachsen und fruchtbar zu werden, paart sich eine Saison lang und fällt dann auseinander.

Die Lebenszeit eines Tieres wird von den unterschiedlichen Risiken bestimmt, aufgrund äußerer Ursachen zu sterben, davon, wie schnell es in ein fortpflanzungsfähiges Alter gelangt und auch noch von anderen von Lebensumständen und Umwelt abhängigen Aspekten. Deshalb leben wir vielleicht hundert Jahre lang, ein unauffälliger Fisch mag doppelt so lang leben, und eine Grannenkiefer, die zu Zeiten Johannes des Täufers austrieb, lebt auch heute noch, während eine Riesensepia mit ihren schrillen Farben und ihrer freundlichen Neugier auf die Welt kommt und in ein, zwei Sommern schon wieder verschwunden ist.

Im Lichte all dessen wird es meines Erachtens klarer, wie die Kopffüßer zu der für sie typischen Merkmalskombination gelangten. Frühe Kopffüßer besaßen schützende äußere Schalen, die sie, durch die Ozeane treibend, mit sich schleppten. Dann wurden die Schalen aufgegeben. Dies hatte mehrere miteinander verschränkte Wirkungen. Erstens verlieh es den Cephalopodenkörpern die fremdartigen, unbeschränkten Möglichkeiten. Der Extremfall ist der Krake, der so gut wie keine festen Teile mehr besitzt und dessen Körper anstatt Knochen Neuronen durchziehen. Im Kapitel 3 habe ich behauptet, dass diese Offenheit, diese grenzenlosen Verhaltensmöglichkeiten wesentlich für die Evolution der komplexen Nervensysteme waren. Doch nicht allein der Verlust der Schale verursachte den evolutionären Druck, der schließlich zu diesen Nervensystemen führte. Vielmehr wurde ein

Feedback-System eingeführt. Die diesem Körper innewohnenden Möglichkeiten schufen die Anlagen für die Evolution einer nuancierteren Verhaltenskontrolle. Und ist erst einmal ein größeres Nervensystem vorhanden, lohnt es sich, die Möglichkeiten des Körpers auszuweiten, all die Sensoren auf den Armen zusammenzuführen und damit den Mechanismus des Farbwechsels und eine Haut, die sehen kann, zu erschaffen.

Der Verlust der Schale hatte aber auch noch andere Folgen, insofern er die Tiere verwundbarer für Raubtiere machte, insbesondere für schnell schwimmende, mit Knochen, Zähnen und guten Augen ausgestattete Fische. Dies förderte die Evolution von Schlichen und Tarnungen. Aber diese Tricks vermögen nur so lange etwas auszurichten, wie sie die Tiere vor Fressfeinden bewahren. Ein Krake kann kein langes Leben erwarten, besonders, da er selbst als Räuber unterwegs sein muss. Er kann sich nicht einfach in einem Loch verstecken und warten, dass etwas zu fressen vorbeischwimmt. Diese Tiere müssen sich hinausbegeben und unterwegs sein, und wenn sie sich frei bewegen, sind sie auch verwundbar. Diese Verwundbarkeit macht sie zu idealen Kandidaten für die von Medawar und Williams formulierten Effekte, die ihre natürliche Lebenszeit zusammenschrumpfen lassen; die Lebensspanne der Kopffüßer ist von dem beständigen Risiko bestimmt, den nächsten Tag nicht mehr zu erleben. Das ist auch der Grund, warum sie zu ihrer ungewöhnlichen Kombination gekommen sind – einem sehr großen Nervensystem bei einem überaus kurzen Leben. Über ersteres verfügen sie aufgrund ihrer entgrenzten Körper und der damit einhergehenden Möglichkeiten und weil sie – selbst Jagdbeute – auf die Jagd gehen müssen. Ihre Verwundbarkeit – die auf die Lebensspanne abfärbt – ist verantwortlich für ihr kurzes Dasein. So ergibt die anfänglich paradox erscheinende Kombination einen Sinn.

Unterstützt wird diese Darstellung durch die erst vor Kurzem erfolgte Entdeckung einer Ausnahme von dem geläufigen

Kopffüßer-Muster, eine Ausnahme, die die Regel bestätigt. Das meiste, was ich hier über Kraken geäußert habe, beruht auf Arten, die an Riffen und entlang der Küstenlinie in relativ flachem Wasser leben. Weit weniger ist über Arten bekannt, die in den echten Meerestiefen leben. Ein an der Monterey Bay in Kalifornien gelegenes Institut für Meeresforschung (MBARI) erforscht Tiefseegebiete mit ferngesteuerten und mit Videokameras ausgerüsteten Unterseebooten. Im Jahre 2007 inspizierten die Forscher einen in fast 1500 Meter Tiefe vor der Küste Kaliforniens liegenden Felskamm. Dabei wurde ein Tiefseekrake (*Graneledone boreopacifica*) bei seinen Streifzügen beobachtet. Als man etwa einen Monat später an die gleiche Stelle zurückkehrte, wurde derselbe Krake beim Bewachen seiner Brut beobachtet. Also kehrten die Forscher immer wieder an diese Stelle zurück, um den Fortschritt der Eientwicklung zu beobachten, und stießen stets auf dasselbe Krakenweibchen. Am Ende hatten sie diesen einen Oktopus über viereinhalb Jahre beobachtet.

Diese Spezies also brütet ihre Eier länger aus, als alle anderen bekannten Oktopusarten vermutlich an Lebenszeit haben, und die 53 Monate, die das Krakenweibchen dort verbracht hat, sind die längste Brutperiode, die aus dem Tierreich berichtet wurde. (Es ist zum Beispiel kein Fisch bekannt, der seine Eier länger als vier oder fünf Monate bewacht). Auch wenn man nicht weiß, wie lange die Lebenszeit dieser Krakenart bemessen ist, merkt der Bericht von Bruce Robison und seinen Kollegen an, dass sie, wenn sie für die Brutpflege, gemessen an der Lebensspanne, die gleiche Zeit aufbringt wie andere Oktopusarten, ungefähr sechzehn Jahre zu leben hätte.

Das ist ein ausreichend starker Befund, um jeder Behauptung zu widersprechen, dass im Krakenorganismus eine Art physiologische Schranke für ein langes Leben angelegt ist. Weshalb aber lebt dieser Krake im Gegensatz zu anderen Arten so lange? In dem Aufsatz von Robison und seinen Kollegen wird angeführt, dass die Wassertemperatur biologische Prozesse womöglich langsamer ablaufen lässt. In der Tiefe ist das Wasser in der Regel sehr kalt (ich kann nicht umhin, mich daran zu erinnern, dass bei dem einen Mal, als ich in der Nähe von Monterey auf Tauchgang war, mir so kalt wurde wie noch nie in meinem Leben). Im kalten Wasser sind viele Lebensfunkionen verlangsamt. Damit lässt sich Robison und seinen Kollegen zufolge unter anderem erklären, warum die Mutterkrake so lange am Leben bleiben kann – und dies offensichtlich ohne Nahrungsaufnahme. In dem Text findet sich zudem die Feststellung, dass die Jungen durch die lange Brutzeit in einem größeren und fortgeschrittenerem Stadium schlüpfen können. Robison geht davon aus, dass die lange Entwicklungszeit der Eier dem Kraken in dieser Umgebung Wettbewerbsvorteile verschafft. Ich würde zudem behaupten, dass auch hier die Medawar-Williams-Theorie eine Rolle spielt. Aus ihr lässt sich schließen, dass das Risiko, einem Räuber zum Opfer zu fallen, für diese Art weit weniger ausgeprägt sein muss, als es für im flacheren Wasser lebende Oktopusarten der Fall ist, da sich dieses Risiko auf die natürliche Lebenszeit eines Tieres auswirkt. Und es gibt einen starken Beleg dafür. Die MBARI-Bilder zeigen ein Krakenweibchen, das mit seinen Eiern über Jahre an einer ungeschützten Stelle verbringt. Es hat sich keinen Unterschlupf gesucht. Soweit mir bekannt ist, gibt es keine im flacheren Wasser lebende Oktopusspezies, die ihre Eier so ungeschützt ausbrüten würde. Sie wären für Raubtiere aller Art eine allzu leichte Beute. In der Tiefsee jedoch gibt es weit weniger Fische als in relativ flachen Gewässern. Die Tatsache, dass der Monterey-Krake seine Eier so exponiert ausbrüten konnte, legt nahe, dass die Art weniger durch Raubfische zu befürchten hat als andere Oktopusse. Die Evolution hat ihre Lebenszeit daher anders eingestellt.

All dies zusammengenommen, begreifen wir, wie viele der Merkmale von Kopffüßern – insbesondere jene so auffälligen – sich wohl der Jahrmillionen zurückliegenden Preisgabe der Schalen zu verdanken haben. Dieser Verzicht eröffnete ihnen einen Weg, auf dem sie Beweglichkeit, Geschicklichkeit und ein komplexes Nervensystem erwarben, und der überdies zu einem schnelllebigen Lebensstil mit einem frühen Tod führte, zu einer Existenz, die fortwährend den scharfzähnigen Räubern in ihrer Umgebung ausgesetzt ist.

~ Gespenster

Einmal tauchte ich in Sydney etwas entfernt von meinen üblichen Stellen. Plötzlich wurde es dunkel, und es dauerte einen Moment, bevor mir klar wurde, dass ich in eine dicke Tintenwolke geschwommen war. Das Gebiet, in dem ich unterwegs war, bestand aus verstreuten Felsbrocken, die so eng beieinanderlagen, dass sich tiefe Spalten zwischen ihnen gebildet hatten. Der mit Tinte verdunkelte Bereich hatte etwa die Ausdehnung eines großen Zimmers. Alles war schiefergrau, durchsetzt von dicken schwarzen, strangartigen Formen. So viel Tinte schwebte im Wasser, dass nicht auszumachen war, was vor sich ging, besonders unten zwischen den Spalten nicht, und die Tinte hing dort für geraume Zeit.

Am nächsten Tag warf ich wieder einen Blick in das Gebiet. Diesmal war keine Tinte im Wasser, aber nach und nach sah ich Dutzende Tintenfischeier, die auf dem sandigen Boden einiger Spalten verstreut waren. In der Nähe schwamm zudem eine Riesensepia. Sie befand sich in einem fürchterlichen Zustand. Ihr Körper war nahezu weiß, und ihre Arme waren ziemlich versehrt. Sie beobachtete mich, im Wasser schwebend. Beim näheren Hinschauen entdeckte ich unter einer Stonehenge-artigen Struktur samt einem natürlichen Felsendach, die mehrere Meter über den Meeresboden aufragte, noch drei weitere Sepien, allesamt ziemlich groß. Bei einem Exemplar handelte es sich eindeutig um ein Männchen, die beiden anderen schienen Weibchen zu sein. Es war schwer zu sagen, denn alle befanden sich in verschiedenen Stadien des Zerfalls. Die am schlimmsten Betroffenen hatten bereits einen Großteil ihrer Haut verloren und ließen nur noch die nackten perlweißen Körper sehen, wobei die verbleibende Haut wie zerbrochenes Glas von gefächerten, kreuzweisen Rissen durchzogen wurde. Die, die noch mehr Haut besaßen, waren blassgrau. Ihre Augen befanden sich zum Teil in übler Verfassung. Eine fünfte Sepia, deren Haut noch stellenweise ein kräftiges Gelb aufwies, gesellte sich dazu. Doch fünf ihrer Arme waren weitgehend verschwunden, und die verbleibenden Stümpfe waren von dunklen Wunden gezeichnet. Sie schwamm wieder davon.

Die vier anderen Exemplare trieben nahe beieinander, schwebten in den schwachen Strömungen zwischen den Felsen. Die auf dem Meeresboden verstreuten Eier waren mir ein Rätsel. Normalerweise heften die Riesensepien ihre Eier unter einen Felsvorsprung, von wo sie wie Tulpenzwiebeln herabhängen. Ich wusste nicht, ob die Eier von ihrer eigentlichen Stelle abgetrieben oder dort, wo sie waren, abgelegt worden waren. Die Tinte, die ich am Tag zuvor gesehen hatte, ließ zwar darauf schließen, dass wohl etwas schiefgelaufen war, aber ich hatte keine Ahnung, was es gewesen sein mochte. Die Tintenfische schenkten den Eiern keine Aufmerksamkeit; sie schienen einfach nur zu warten. Zudem schienen sie mich zu beobachten, zeigten aber so gut wie keine Posen, und ich war mir im Unklaren darüber, ob manche mich überhaupt noch sehen konnten. Blass und ruhig wie sie waren, sahen sie wie Gespenster aus, Kopffüßergespenster.

Über mehrere Tage waren an der besagten Stelle Riesensepien anzutreffen. Offenbar kamen neue hinzu, andere verschwanden. Die Eier blieben auf dem Boden einer Spalte liegen, sie lagen im Dämmerlicht zwischen dem Sand. Schließlich war ich zugegen, als sich eines der Weibchen ihrem Ende näherte. Als ich ankam, trieb sie gerade etwas außerhalb der Spalte. Sie hatte einen Großteil ihrer Haut verloren, nur einige Stellen waren noch braunorange. Zwei Arme waren komplett verschwunden, und einer ihre Fangtentakel hing bewegungslos herab.

Sie schwamm noch mit leichten Bewegungen ihres Flossensaums. Als ich sie so beobachtete, bemerkte ich, dass wir etwas in der Wassersäule aufgestiegen waren und die Felsspalte unter uns gelassen hatten. Schon bald begannen sich zwei Fische für das Tier zu interessieren. Ein rosa Fisch fing an, sie zu umkreisen, griff aber nicht an. Ein Fisch aus der Familie der Stachelmakrelen (*Oligoplites saurus*) war das größere Problem. Er kam herangeschwommen, schaute, begann zu kreisen und startete dann eine Reihe von Angriffen, wobei er versuchte, aus dem Kopfende der Sepia Stücke herauszubeißen, auch wenn das Opfer um einiges größer war als er selbst. Ich versuchte den Fisch abzuhalten, aber er zog sich nicht sehr weit zurück und nahm seine Attacken auf, wann immer sich ihm eine Gelegenheit bot.

Als Reaktion auf die ersten Angriffe zuckte die Sepia lediglich zusammen und wedelte wirkungslos mit den Armen. Der Fisch kam immer wieder. Dann bemerkte ich, dass meine Verteidigungsversuche die Sepia weit mehr in Panik versetzten als die Attacken des Fischs. Ich war einfach zu groß, um ihr so nahe kommen zu können.

Die Stachelmakrele schwamm von Neuem heran und biss fester zu. Dieses Mal stieß die Sepia Tinte aus. Der Fisch ließ sich davon kaum abschrecken und näherte sich abermals. Die Sepia stieß mehr Tinte aus und begann zudem, sich schleppend aufwärts zu schrauben. Wir stiegen weiter nach oben. Durch die langsamen Spiralbewegungen und mit der aus ihrem Sipho dringenden grauschwarzen Tinte, sah die Sepia aus wie ein langsam taumelndes und brennendes Flugzeug - ein Flugzeug, das nicht in Richtung Erde fiel, sondern aufstieg. Vielleicht lag es an der Tinte, vielleicht aber auch an der Höhe, die wir nun im Wasser erreicht hatten, dass der Fisch von seinen Attacken abließ. Doch dies war das einzige, was die Sepia ihm noch entgegenzusetzen hatte. Als sie weiter aufstieg, hörten die Spiralbewegungen auf. Sie kam die letzten Meter im Wasser nach oben und trieb plötzlich an der Oberfläche, völlig regungslos. Das Wasser war ein Gekabbel von kleinen Wellen, die den Tintenfisch vor- und zurückschwappen ließen. Ich überließ ihn seinem Schicksal.

Der Tod des Tintenfischs war ein Übergang von einer tiefen stillen Welt, in der er schwimmend seine Bahnen zog, über einen langsamen, spiralförmigen Aufstieg zu einem Treiben auf der lärmigen Oberfläche unserer Welt.

8
Octopolis

Ein Armvoll Kraken

Der häufigste Ort, an dem ich heutzutage Kraken beobachte, ist eine Stelle vor der Ostküste Australiens, in 15 Metern Tiefe, die ich und meine Mitarbeiter Octopolis nennen. Taucht man dort an klaren Tagen hinab, erscheint die Stelle in einem Smaragdgrün, das an den Zauberer von Oz erinnert. An anderen Tagen meint man eher in einer grauen Suppe zu schwimmen. Ich habe begonnen, die Stelle aufzusuchen, bald nachdem Matt Lawrence sie 2009 entdeckt hatte. Die Zahl der Kraken vor Ort ist mal höher, mal niedriger, aber immer sind welche anzutreffen. An den geschäftigsten Tagen zählen wir mehr als ein Dutzend, die in einer Arena von nur wenigen Metern Größe herumwandern, raufen oder einfach nur dasitzen.

Berichte von Kraken, die gehäuft an einer Stelle zusammenkommen, waren auch zuvor schon gelegentlich zu hören, Octopolis aber ist der erste Ort, der Jahr für Jahr besucht werden kann und an dem sich stets ein paar Tiere aufhalten und oft miteinander interagieren. Bisweilen sieht es so aus, als ob ein Krake das Kommando führt, doch meist handelt es sich um eine Teilherrschaft, sind doch zu viele Individuen vor Ort, als dass ein Krake allein sie kontrollieren könnte. Zunächst dachten wir, es handle sich um eine haremartige Situation, mit einem Männchen und vielen Weibchen, aber diese Annahme stellte sich als falsch heraus. Oft genug sind mehrere Männchen zugegen, auch wenn sie untereinander Abstand halten. Das Geschlecht eines Kraken zu bestimmen, ohne ihn zu untersuchen, ist schwierig. Bei vielen Arten besteht der Hauptunterschied in einer Furche unter dem dritten rechten, zur Paarung eingesetzten Arm des Männchens. Dieser Arm wird in Richtung des Weibchens ausgefahren, bisweilen aus der Nähe, bisweilen vorsichtig aus deutlichem Abstand. Wenn das Weibchen akzeptiert, wird ein Spermapaket die Unterseite des Arms entlang befördert. Oft lagert das Weibchen das Sperma einige Zeit, bevor es die Eier befruchtet.

Wir hatten uns von Anfang an vorgenommen, die Kraken so wenig wie möglich zu stören. Wir interagieren mit ihnen, doch nur, wenn sie mit uns interagieren möchten. Niemals zerren wir einen Kraken aus seinem Versteck oder drehen ihn gar um, um seine Unterseite zu untersuchen. Der einzige verlässliche Weg, mit dem wir bestimmen können, welcher Krake nun ein Männchen, welcher ein Weibchen ist, liegt darin, ihr Verhalten zu beobachten und mitzubekommen, welcher sich in dem für Männchen typischen Ausfahren eines Arms versucht. Damit gelingt es uns, das Geschlecht mancher Individuen herauszufinden, doch in vielen Fällen bleibt es unbestimmt. Dies reicht aber, um sicher sagen zu können, dass meist mehrere Männchen und mehrere Weibchen zugegen sind.

Anfangs haben wir, Matt Lawrence und ich, uns darauf beschränkt, hinabzutauchen und die Kraken zu beobachten, fragten uns aber, sobald wir aufgetaucht waren, was die Tiere wohl in unserer Abwesenheit tun würden. Eine Zeit lang konnten wir darüber nur Spekulationen anstellen, aber schon bald kamen die kleinen Unterwasser-GoPro-Videosysteme auf den Markt. Wir besorgten uns ein paar dieser Kameras, stellten sie auf Stative und ließen sie im Wasser bei den Kraken.

Als wir die Geräte das erste Mal wieder nach oben holten und das Material anschauten, hatten wir keine Ahnung, was wir zu sehen bekommen würden. Filmaufnahmen über das Verhalten von Kraken ohne die Gegenwart von Tauchern oder Unterseebooten waren zuvor nur selten gemacht worden. Könnte es sein, dass die Tiere völlig anderes agieren, wenn sie nur von einer kleinen Kamera beobachtet würden, und ein ganz neues Verhalten an den Tag legen? Soweit zu urteilen ist, weist ihr Verhalten, ob wir nun zugegen sind oder nicht, keine großen Unterschiede auf, allerdings wandern sie häufiger umher, interagieren mehr, wenn wir sie nicht beobachten. Das war zum einen enttäuschend - keine geheime Gruppenakrobatik -, zum anderen aber auch beruhigend, bestätigte sich doch, dass sie sich durch unsere Gegenwart kaum gestört fühlten.

Im Folgenden eine typische Aufnahme aus einem dieser Videos, mit drei über das Muschelbett streifenden Kraken. Das Exemplar im Hintergrund in der Mitte ist gerade dabei, irgendwohin abzudüsen, und auch das Individuum rechts bewegt sich im Wasserstrahlantrieb.

Kurz nachdem wir mit dieser Arbeit begonnen hatten, meldete sich David Scheel, ein in Alaska arbeitender Biologe, bei mir. Während seines Studiums hatte David Löwen in Afrika erforscht. Wochenlang war er Tag und Nacht kleinen Löwenrudeln in einem Landrover gefolgt und hatte ihre Wanderungsbewegungen und ihr Jagdverhalten aufgezeichnet. Dann wechselte er die Tierart, und heute ist er Experte für die größte Krakenspezies, den Pazifischen Riesenkraken. Tiere dieser Art können über 50 Kilogramm schwer werden, und mitunter muss David ein Exemplar im eiskalten

Wasser Alaskas an die Oberfläche zerren und in ein Boot hieven, um es in seinem Labor studieren zu können. Davids Labor gehört nicht zu jenen Einrichtungen, die die untersuchten Tiere sozusagen routinemäßig in Einzelteile zerlegen. Er hat viel Arbeit darauf verwendet, die Bewegungen von Kraken zu verfolgen, indem er kleine Sender auf ihrem Körper anbrachte und sie wieder freiließ. David war darauf erpicht, über eine andere Art (und in wärmerem Wasser) zu forschen. Schon bald hatte er sich zu einer Reise nach Australien aufgemacht, und nun, als wir in Richtung Octopolis tuckerten, zwängte sich eine weitere Person auf Matts Boot.

Mit Davids Hilfe fingen wir an, die Stelle systematischer zu erforschen, und wir verbrachten mehr und mehr Zeit damit, zu messen und zu zählen. David hat auch ein weit größeres Talent als ich, die Masse des gesammelten Videomaterials zu ordnen. Er ist sehr geschickt darin, das vielarmige Chaos zu sichten, Muster ausfindig zu machen und Fragen zu stellen, die tatsächlich beantwortet werden können. Im südlichen Sommer des Jahres 2015 verbrachten wir zusammen mit Stefan Linquist einige Tage in der Nähe der Stelle auf einem größeren Boot in der Absicht, so ziemlich jede Stunde Tageslicht mit unseren automatischen Videokameras abzudecken. Das erwies sich jedoch als kaum durchführbar. Zu den Feinden der Kamera gehörten die Kraken selbst. Unsere kopfförmigen, auf den kleinen Stativen aufgestellten Kameras werden wohl ein bisschen wie Eindringlinge ausgesehen haben – vielleicht wie fest stehende, aufgerichtete, dreibeinige Kopffüßer. Manchmal wurden die Kameras eindringlich inspiziert und mitunter beim Filmen attackiert. Auf dem betreffenden Material sind daher viele Nahaufnahmen von Saugnäpfen und Bissen zu sehen. Bei anderer Gelegenheit kamen riesige Stechrochen angeschwommen, die über die Stelle fegten und alles umstießen.

Im Januar 2015 waren uns die Sterne gewogen; wir konnten eine Menge Videomaterial aufzeichnen und hätten keinen besseren Zeitpunkt dafür wählen können.

Wir wurden Zeugen einer beispiellosen Betriebsamkeit, und für manche der zuvor gelegentlich beobachteten Verhaltensweisen schälten sich Muster heraus. Ein einzelner Krake, ein großes Männchen, schien entschlossen, den Zugang zu der besagten Stelle zu kontrollieren. Während der Tagesstunden war er unentwegt auf Patrouille. Manche Kraken verjagte er und kämpfte mit vollem Einsatz, wenn sie sich nicht zurückzogen. Andere duldete er - wir glauben, es handelte sich um Weibchen - und trieb sie mitunter in Kuhlen zusammen, wenn sie versuchten, davonzuziehen.

Wenn ein Krake über das Muschelbett wandert, werden er, aber auch die in ihren Vertiefungen hockenden Individuen die Arme sondierend ausfahren und sich mitunter damit peitschen. Über die Jahre haben wir diese Form des Armtests sehr häufig beobachtet, und ich dachte oft, es handle sich dabei um ein Kräftemessen - in unserem ersten Aufsatz sprach ich vom Boxen als einem häufigen Verhalten. Aber Stefan Linquist (eine überaus liebenswerte Person) war eher der Meinung, dass es sich bei vielen dieser Interaktionen um eine Art *High Five* handelte, um ein Abklatschen, das offenbar das gegenseitige Erkennen erleichtert oder mit dem zumindest die Rolle registriert wird, die ein Individuum einnimmt. Manchmal tasteten oder klatschten zwei Kraken ihre Arme ab, um gleich darauf wieder in eine entspannte Pose zurückzufallen. Bei anderen Gelegenheiten folgte dem Stochern mit den Armen ein Kampf. Das Foto unten zeigt einen Kraken, der sich vom rechten Bildrand nähert, und die beiden anderen strecken ihre Arme aus, um den Ankömmling prüfend abzutasten oder mit einem *High Five* zu begrüßen.

All diese Verhaltensformen werden von ständigen Farbwechseln begleitet. Einige davon scheinen ziemlich unorganisiert zu sein und der in Kapitel 5 skizzierten Geplapper-Hypothese zu entsprechen. Bisweilen filmte eine unserer autonomen Kameras einen Kraken, der, soweit ich das beurteilen kann, ruhig und für

sich selbst dasitzt, nicht mit Artgenossen oder irgendetwas anderem interagiert und ohne ersichtlichen Grund eine Reihe von Farb- und Musterwechseln durchläuft. Hinter anderen Farben und Mustern jedoch steckt mehr Absicht. Wenn ein aggressives Männchen einen Artgenossen angreifen möchte, wird er häufig eine dunkle Farbe annehmen, sich über den Meeresboden erheben und seine Arme auf eine Weise strecken, die ihn größer erscheinen lässt. Manchmal wird er sogar seinen Mantel, den gesamten hinteren Teil seines Körpers, über den Kopf in die Höhe recken:

Diese Pose haben wir – nach dem Stummfilm-Vampir mit dem schwarzen Umhang und der bedrohlichen Erscheinung – als Nosferatu-Pose bezeichnet. Es war ein Gebaren, das wir zuvor schon in anderen Fällen gesehen hatten – das von uns 2015 beobachtete Männchen, das versuchte, Kontrolle über das besagte Areal auszuüben, setzte es häufig ein. Es stürzte sich auf einen Artgenossen, der nun entscheiden musste, wie er sich verhielt. Manch einer floh; andere blieben standfest, und es ergab sich ein Kampf. Das Nosferatu-Männchen war nicht immer größer als seine Widersacher, aber es verlor einen Kampf nur äußerst selten – tatsächlich unterlag er auf den Aufnahmen nur ein einziges Mal.

David Scheel entwickelte ein Interesse für die während dieser Interaktionen von den Kraken zur Schau gestellten Farben, und so ging er unsere alten Filmaufnahmen durch und wertete Hunderte Begegnungen zwischen einem Angreifer und seinem Ziel aus. Er stellte fest, dass sich aus der Dunkelheit der Hautfarbe verlässlich voraussagen lässt, wie aggressiv ein Krake ist, ob er vorrückt oder ob er seine Position verteidigt, wenn sich ein Gegner nähert. Wenn der Krake hingegen nicht willens ist zu kämpfen, produziert er verschiedene blasse Designs. Das eine ist ein fades, blasses Grau, das andere ein nüchternes Fleckenmuster. Letzteres lässt sich auch beobachten, wenn Kopffüßer der einen oder anderen Art von Fressfeinden bedroht werden; es wird als deimatische Zurschaustellung bezeichnet, und gewöhnlich wird es als allerletzter Versuch interpretiert, den Gegner zu erschrecken oder zu irritieren. Daraus ließe sich schließen, dass die deimatische Zurschaustellung im Moment einer akuten Bedrohung unwillentlich erzeugt wird und, wenn wir sie an unserer Stelle beobachten, kein Signal darstellt, das Artgenossen gilt. Mitunter jedoch zeigt sich dieses deimatische Verhalten, wenn sich ein Exemplar unter den Argusaugen eines aggressiveren Individuums zurück zu seinem Unterschlupf begibt. Das heißt, es steht keine Flucht an, und es ist auch kein Versuch, zu erschrecken. Wir nehmen also an, dass in Octopolis dieses Muster als Geste der Unterwerfung oder der Nichtaggression dienstbar gemacht wurde. Dunkle Farben und die Nosferatu-Pose scheinen hingegen Zurschaustellungen zu sein, die die Ernsthaftigkeit einer aggressiven Bewegung bezeugen. Ich habe eine Künstlerin mit der Anfertigung einer Zeichnung beauftragt, in der die verschiedenen Muster deutlicher sichtbar werden. Der weit blassere Krake rechter Hand, dessen eine Körperhälfte das deimatische Muster aufweist, ist im Begriff zu fliehen.

~ Wie Octopolis entstanden ist

Als Matt die Stelle entdeckte, dachte er schon, dass es sich um einen besonderen Ort handelte, konnte sich aber nicht vorstellen, wie ungewöhnlich er war. Ein Bericht, der der Sache noch am ähnlichsten kam, aber dreißig Jahre zurücklag, stammte aus den tropischen Gewässern vor Panama und war umstritten. 1982 meldeten Martin Moynihan und Arcadio Rodaniche die Entdeckung eines ungewöhnlichen, weiß gestreiften und bis dato unbeschriebenen Oktopus, der in einer Gruppe von einigen Dutzend Individuen lebte, mit denen er bisweilen den Unterschlupf teilte. Die Meldung fand sich in der bereits erwähnten Studie über Riffkraken, jener Studie, die behauptete, Kraken verfügten über eine aus den Farben und Mustern ihrer Haut bestehende Sprache. Moynihan und Rodaniche hatten keine Fotos oder Videos von den Tieren in freier Natur (Unterwasserfotografie war 1982 noch eine überaus schwierige Angelegenheit), und zudem enthielt der Bericht nur wenige Informationen, die für Biologen wirklich spannend gewesen wären. Die beiden Autoren bereiteten eine ausführlichere Beschreibung der Krakenart zur Veröffentlichung vor, die jedoch abgelehnt wurde. Über Jahre noch begegneten Biologenkollegen der ganzen Geschichte um den lebhaft gestreiften Panama-Kraken mit Skepis – sehr zum Leidwesen Moynihans und Rodaniches.

Sie blieb eine reizvolle Sammlung anekdotischer Beschreibungen, bis 2012 das Tier in der kommerziellen Aquaristik wieder auftauchte. Einige lebende Exemplare gelangten nach Kalifornien, wo sie von Richard Ross und Roy Caldwell in den Bestand des Steinhart Aquariums aufgenommen wurden. In Gefangenschaft bestätigten sich manche der ungewöhnlichen Verhaltensweisen, wie sie von Moynihan und Rodaniche beschrieben worden waren, andere kamen hinzu. Unter Laborbedingungen dulden sich diese Tiere und benutzen einen gemeinsamen Unterschlupf. Die Weibchen paaren sich über längere Phasen und legen über längere Zeit Eier ab – wie in Kapitel 7 erörtert, brüten Krakenweibchen in der Regel ein einziges Gelege aus, um dann zu sterben. In dem Aufsatz von Caldwell, Ross und Kollegen werden keine Feldstudien beschrieben, es wird aber erwähnt, dass eine Firma, die vor Nicaragua Meerestiere einsammelt, von einer einzelnen Stelle weiß, an der die Streifenkraken in größeren Zahlen anzutreffen sind. Zur Zeit wird eine Feldstudie durchgeführt.

Wir haben jedoch Octopolis, und die Stelle ist tatsächlich sehr ungewöhnlich. Das bei Kraken anzutreffende Muster sieht gewöhnlich wie folgt aus: Ein Individuum bereitet sich einen Unterschlupf, lebt dort für einige Zeit, vielleicht ein paar Wochen, gibt ihn auf und richtet sich einen neuen ein. Die Männchen treffen auf die Weibchen, um sich zu paaren, jedoch häufig aus der Distanz, mit einem ausgestreckten Arm, bleiben jedoch nicht in der Nähe, um den Weibchen dabei zu helfen, die Eier auszubrüten. Allgemein wird angenommen, dass zwischen ausgewachsenen Kraken keine oder so gut wie keine Interaktion stattfindet. Selbst *Octopus tetricus*, die Art, die an unserer Stelle vorkommt, ist, wenn sie anderswo beobachtet wird, anscheinend weit weniger gesellig.

Was ist also in Octopolis passiert? Manches des nun Folgenden ist zwar Spekulation, aber so sieht die Geschichte aus, die wir uns zurechtgelegt haben: Vor einiger Zeit fiel ein einzelner Gegenstand auf den sandigen Meeresgrund, wahrscheinlich aus einem Boot. Er war aus Metall, ist inzwischen jedoch völlig von marinen Lebensformen überkrustet. Der Gegenstand überragt den Meeresboden nur etwa dreißig Zentimeter und ist ebenso lang, aber er stellt ein wertvolles Stück Grundbesitz dar. Normalerweise lebt der größte Krake vor Ort unter ihm, und bisweilen gibt es auch einige Fische, die dort zu leben beanspruchen und sich um einen gleichgültig erscheinenden Kraken rotten. Wir nehmen an, dass dieser Gegenstand ausreichte, eine Art Kristallisationskeim für die Stelle zu bilden. Wir glauben, dass ein erster Krake, oder auch mehrere, sich einen Unterschlupf an dem Fundstück einrichtete und Kammmuscheln heranschaffte, die er dort fraß. Die übrig gebliebenen Muschelschalen häuften sich an und veränderten schon bald die natürlichen Gegebenheiten der Stelle. Die Muschelschalen sind Scheiben von mehreren Zentimetern Durchmesser. Sie eignen sich viel besser zum Bauen von Unterschlüpfen als der feine Sand, und schon bald konnten die ersten Kuhlen im Umkreis des ursprünglichen Unterschlupfs gebaut werden. Die neu hinzugekommenen Kraken schleppten weitere Muscheln an, die sie fraßen und deren Schalen sie liegen ließen. Ein positiver Rückkopplungsprozess war nun in Gang gesetzt: Je mehr Kraken sich an der Stelle ansiedelten, desto mehr Muschelschalen fielen an und desto mehr Kuhlen konnten erbaut werden. Dies führte wiederum zur Anhäufung von weiteren Muschelschalen und so weiter.

Eine weitere Möglichkeit ist, dass der metallene Gegenstand zusammen mit einer ersten Ladung Muschelschalen versenkt wurde. Dies könnte vor 1984 erfolgt sein, als in der Bucht die Muschelfischerei verboten wurde, oder um 1990, als auch die Muschelernte durch Taucher untersagt wurde. Eine solche Muschelladung hätte womöglich zu einer rascheren Entstehung der Stelle geführt. Aber seither sind die meisten Muscheln anscheinend von den Kraken herbeigeschafft worden. Sie haben über die Jahre durch die Jagd und das Heranbringen von Nahrung die Stelle, an der sie leben, umgeformt.

Warum aber hatte dieser Kristallisationskeim gerade an dieser Stelle eine derart große Wirkung? Das größere Gebiet, in dem der Metallgegenstand zu Boden sank, bietet unerschöpfliche Nahrung für einen Kraken, denn es handelt sich um ein Muschelbett. Die Kammmuscheln leben vereinzelt oder in kleinen Haufen. Sie sind ein gefundenes Fressen für die Achtarmer. Doch ungeachtet des unerschöpflichen Nahrungsangebots gibt es in dem Areal nur wenige geeignete Plätze, an denen sich Kraken einen Unterschlupf einrichten können. Der Meeresboden besteht aus feinem Sand, in den sich nur schwer ein stabiles Loch graben lässt, und es gibt zahlreiche todbringende Räuber in der Gegend. Wir haben Delfine und Robben beobachtet, die herabgetaucht kamen, um die Krakenverstecke zu untersuchen. Mehrere Arten Haie kommen hier vor. Riesige Teppichhaie, abgeflachte bodenbewohnende Tiere, die wie alte Bomber aussehen, kommen manchmal und legen sich über längere Zeit mitten auf unsere Stelle, während sich die Kraken in ihren Kuhlen zusammenkauern. Vor einigen Jahren nahm Matt nicht weit von der Stelle ein verstörendes Video auf, in dem ein Krake im freien Wasser von einer Schule aggressiver kleiner Fische (*Oligoplites saurus*) angegriffen wurden. Diese Stachelmakrelen sehen aus wie Piranhas und rotten sich zu Hunderten zusammen. Ich habe mehrmals erlebt, wie sie an mir knabberten. Wir wissen nicht, warum gerade dieser Krake angegriffen wurde, aber nach ein paar vorsichtigen Finten griffen die Fische en masse an und rissen ihn in Stücke. Anfangs versuchte der Oktopus noch, sich zu verteidigen, dann verzweifelt in Richtung Oberfläche zu fliehen, aber binnen weniger Minuten war er tot.

Danach fragte ich mich, wie es die Oktopusse überhaupt schafften, in diesem Gebiet zu überleben. Die genannten Fische halten sich fast immer in der Umgebung auf, und die Kraken verlassen häufig ihren Unterschlupf, um nach Nahrung zu suchen. Die beste Erklärung, die ich dafür parat habe, ist, dass der Krake sich eine gewisse Strecke von seinem Versteck entfernen kann, selbst wenn draußen Fische lauern, denn dann schafft er es im Falle eines Angriffs zurück zu seinem Unterschlupf, bevor der Fisch Schaden anrichten kann. Entfernt sich der Krake über diese Distanz hinaus, ist die Gefahr groß. Sehr wahrscheinlich haben kleinere Kraken mehr zu befürchten als große, aber viel werden die Kopffüßer kaum gegen Hunderte pfeilschnelle Piranhas ausrichten können. Die Stachelmakrelen streichen in der Gegend herum, die Robben schießen herab, und die Haie schwimmen heran und setzen sich auf die Stelle. Keine direkte Gefahr für die Oktopusse stellen die wahrscheinlich dramatischsten Eindringlinge dar: Gelegentlich verdunkelt sich das Licht, und ein riesiger schwarzer Stechrochen schwebt heran. Diese Tiere können so breit wie ein Auto werden, und sie kreuzen mit großen, langsamen Wellenbewegungen ihrer Flügel durch das Meer. Die Kraken verdrücken sich. Unsere Kameras werden, wie schon beschrieben, umgerissen.

Mit seinen tiefen, von Muschelschalen ausgekleideten Kuhlen wirkt Octopolis wie eine Insel der Sicherheit in einem gefährlichen Ozean, und dies erklärt wohl auch, warum es hier ständig von Kraken wimmelt. Doch dies wiederum wirft eine neue Frage auf: Warum fressen sich die Tiere nicht gegenseitig auf? Ich habe an diesem Ort Kraken von der Größe einer Streichholzschachtel gesehen und andere, deren Spannweite über einen Meter betrug, sowie alle Größen dazwischen. Größere Oktopusse dürften angesichts des mit einem Kampf verbundenen Risikos kaum übereinander herfallen, wodurch aber sind die kleineren geschützt? Viele Oktopusse sind kannibalistisch, darunter auch einige eng mit unseren Kraken verwandte Arten. Warum also hier nicht? Auch dies mag an dem überreichen Nahrungsangebot vor Ort – all den Kammmuscheln – liegen, sodass Kämpfe ausbleiben.

Kammmuscheln übrigens besitzen Augen mit einem ungewöhnlichen Bauplan, wozu auch ein Spiegel hinter der Netzhaut gehört. Sie schwimmen, indem sie ihre Schalen aufeinanderschlagen. Ich war verblüfft, als ich die schwimmenden Kastagnetten das erste Mal zu sehen bekam! Doch wenn ein Krake es auf sie abgesehen hat, helfen auch die Augen oder das Schwimmtalent nichts mehr. Die Muscheln haben der Situation nichts entgegenzusetzen.

Rekapitulieren wir die Geschichte, wie sie sich uns darbietet: Mit dem Eindringen eines fremden Gegenstands wurde ein seltener, sicherer Unterschlupf geschaffen. Die ersten Kraken schleppten Muscheln heran, fraßen sie und ließen die Schalen, wo sie waren. Schon bald waren so viele Schalen angehäuft, dass sie an der Stelle die Oberfläche einnahmen. Schließlich ließen sich in dem Muschelhaufen stabile Verstecke graben, in denen weitere Kraken hausen konnten. Das Muschelbett erstreckt sich mittlerweile über eine Fläche, die so groß ist, dass ein neu gegrabener Bau nicht mehr unbedingt nahe bei dem zentralen Bau liegen muss. Was das Muschelbett alles ermöglicht, hat sich uns noch nicht ganz erschlossen. Einige Baue sind ziemlich tief, mindestens vierzig Zentimeter, und wir sind uns ziemlich sicher, dass manche Kraken, wenn sie sich dort aufhalten, völlig unter Muschelschalen verschwinden und unsichtbar sind. Die Tiere dürften sogar unter der Oberfläche in Kontakt miteinander treten und interagieren, sich vielleicht sogar paaren. Wir haben in den Muschelschalen Bewegungen beobachtet, die von unten kamen, ohne dass ein Krake sichtbar gewesen wäre. Da sich immer mehr Oktopusse in dem Areal ansiedeln, besteht ihre Umwelt zunehmend aus Muschelschalen.

In unserer zweiten Studie zu dem Areal haben wir dies als Ökosystem-Engineering beschrieben – als Umformung der Umwelt durch das Verhalten der dort lebenden Tiere. Wie uns bei der Abfassung des Artikels bewusst wurde, sind es nicht nur die Kraken, auf die sich dieser Umstand auswirkt. Das Areal übt offenbar für viele andere Arten einen Reiz aus. Schulen von Fischen stehen über der Fläche und ziehen hin und her. Manchmal hat das dazu geführt, dass unser Videomaterial beeinträchtigt wurde. Sepien halten sich dort auf und geben ihren Artgenossen Signale. Die riesigen Teppichhaie, die sich auf der Fläche breitmachen, sind wahrscheinlich nicht vornehmlich hier, um Kraken zu fressen; auf Video haben wir festgehalten, wie eines dieser Tiere aus dem Hinterhalt spektakulär in einen über ihm schwimmenden Fischschwarm gestoßen ist. Zu manchen Zeiten im Jahr liegen Babyhaie einer anderen Art auf dem Muschelbett. Auch kleine, gemusterte, als Banjorochen bezeichnete Stechrochen ruhen sich dort aus, und Einsiedlerkrebse krabbeln über sie hinweg.

All diese Geschöpfe kommen an der Stelle in viel größerer Zahl vor als in benachbarten Arealen. Die Kraken haben durch das Zusammentragen der Muscheln eine Art künstliches Riff gebaut, und dies scheint dazu geführt zu haben, dass sich ein ungewöhnliches Sozialleben entwickeln konnte, ein Leben hoher Populationsdichten und fortwährender Interaktion. Man kann unsere Beobachtungen in Octopolis dahin gehend interpretieren, dass die Kraken, dieser Art aber vielleicht auch anderer Arten, im Allgemeinen sozialer sind, als man wahrhaben will. Dies legt ihr Signalisierungverhalten – die Farbwechsel, die Posen – nahe. In dieselbe Richtung weist eine wachsende Zahl von Untersuchungen, die nahelegen, dass Kraken mehr miteinander zu tun haben, als ursprünglich gedacht. Aus einer 2011 durchgeführten Studie an einer nah mit unseren Octopolis-Bewohnern verwandten Art geht hervor, dass Kraken andere Individuen unter ihren Artgenossen erkennen können. 1992 behauptete eine eher umstrittene Studie, dass Kraken lernen, indem sie sich Verhaltensweisen untereinander abschauen. Eine andere Interpretation, die zumindest teilweise auf unsere Beobachtungen zutrifft, lautet, dass diese spezielle Stelle ungewöhnlich ist. Zusammen mit der umfassenden Intelligenz der Kraken hat ein ungewöhnliches Umfeld zu ungewöhnlichen Verhaltensweisen geführt. Die Kraken mussten herausfinden, wie sie in dieser Umgebung leben konnten, und manche der daraus hervorgehenden Verhaltensweisen sind opportunistisch und neuartig. Sie mussten herausfinden, wie sie dort zurechtkommen.

Ich vermute, dass wir es mit einer Mischung aus neuen und alten Verhaltensweisen zu tun haben, schon lange bestehenden und anderen improvisierten Modifikationen, entstanden aus individuellen Anpassungen an ungewöhnliche Umstände. Octopolis ist ein Ort, an dem verschiedene Elemente gegeben sind, die normalerweise in einem Krakenleben nicht vorkommen und die zugleich relevant für die Entwicklung von Gehirn und Geist sind. Es finden zahlreiche Interaktionen und soziale Steuerungen statt, und häufig stellt sich eine Rückkopplung ein zwischen dem, was getan, und dem, was wahrgenommen wird. Die Kraken sind mit einem ungewöhnlich komplizierten Umfeld konfrontiert, denn einen wichtigen Teil ihrer Umgebung machen Artgenossen aus. Zudem unterliegt das Muschelbett unentwegt Manipulationen und Umformungen. Die Tiere werfen mit dem Abfall um sich, und häufig werden Mitbewohner des Areals von Schalen und anderem Material getroffen. Dieses Verhalten mag zwar lediglich der Säuberung der Baue dienen, aber in dem eng besiedelten Szenario zeitigt es neue Folgen, denn offenbar wirken sich die Projektile auf das Verhalten der getroffenen Tiere aus. Im Moment versuchen wir herauszufinden, ob manche Würfe wohl gezielt stattfinden.

Soweit wir es überblicken können, findet dies alles in der üblichen kurzen Lebensspanne der Kraken statt. Das Leben der Achtarmer ist kurz bemessen, und nachdem die Larven geschlüpft sind, werden sie nicht mehr umsorgt. Angenommen, die Kraken werden ungefähr zwei Jahre alt, dann haben seit 2009 mehrere Generationen in dem Areal gelebt. Seit dem Beginn unserer Beobachtungen müssen demnach zahlreiche Kraken auf die Welt gekommen und wieder verschwunden sein, und immer wieder erschaffen sich die Tiere die gleiche komplizierte Semi-Sozialität von Neuem. Wir können uns weitere evolutionäre Schritte vorstellen, die in einer derartigen Situation erfolgen könnten. Nehmen wir an, die Interaktionen würden komplizierter, die Signale nuancierter, die Besiedlungsdichte noch höher. Das Leben der Tiere dort müsste noch mehr mit dem Leben der anderen verquickt sein, und dies würde sich in der aktuellen Evolution ihres Gehirns niederschlagen. In Kapitel 7 haben wir gesehen, dass die Lebensspanne sich an der Lebensweise, insbesondere der Bedrohung durch Räuber, ausrichtet. Wenn es dieser Krakenart gelingen würde, verlässlich weitere Jahre leben zu können, ohne gefressen zu werden, dann gibt es keinen Grund, warum sich am Ende nicht auch eine längere Lebenszeit evolutionär durchsetzen sollte.

Ich sage nicht, dass all dies in Octopolis stattfinden könnte – dies ist mit Sicherheit nicht möglich. Es handelt sich ja um ein kleines Areal, einen winzigen Bruchteil des Gebiets, das von der Art besetzt wird. Wenn Krakeneier schlüpfen, bleiben die Babykraken nicht an der Stelle, wo sie auf die Welt kamen, sondern treiben davon. Wenn sie überleben, lassen sie sich irgendwo nieder und beginnen umherzustreifen. Es gibt also keinen Grund zu der Annahme, die Kraken, die heute in unserem Areal leben, seien die Kinder oder Enkel von solchen, die früher dort lebten. Ein kleines Areal und ein paar Jahre bedeuten in evolutionärer Hinsicht gar nichts. Gegebenheiten wie diese müssten schon im großen Maßstab und für Tausende von Jahren bestehen, um Wirkung zu zeigen. Die Stelle gewährt allerdings einen Ausblick auf einen möglichen Weg in der laufenden Evolution der Kraken.

~ Parallelen

Betrachten wir, da wir uns dem Ende des Buchs nähern, noch einmal die Evolution von Körper und Geist. In Kapitel 2 haben wir die ältesten und in tiefsten Schichten begrabenen Wendepunkte beschrieben: die ersten Sinneswahrnehmungen und Verhaltensweisen, die Evolution der Tiere aus einzelligen Organismen, die ersten Nervensysteme. Dann folgte die Evolution des bilateralen Körperbauplans, einem Grundplan, den wir mit Bienen und Kopffüßern teilen. Schon bald nachdem die Bilateria erschienen waren, tat sich im Stammbaum des Lebens eine Gabelung auf, deren eine Seite zu den Wirbeltieren und deren andere zu der vielgestaltigen Gruppe der Wirbellosen - Insekten, Würmer, Weichtiere - führte.

Für alle bekannten Organismen, darunter auch die einzelligen Lebensformen, ist das Hin und Her zwischen Empfinden und Handeln charakteristisch. Bereits als die ersten Tiere mit Nervensystemen entstanden, wurde die nach außen gerichtete Maschinerie von Empfinden und Signalisieren nach innen gewendet; dies ermöglichte die Koordination innerhalb größerer lebender Einheiten. Wofür auch immer die Nervensysteme ursprünglich ausgelegt waren, beim Übergang vom Ediacarium zum Kambrium schälte sich - samt der Körper, die dies möglich machten - ein neues Regime tierischer Verhaltensweisen heraus. Das Leben der Organismen war auf neue Weise, vornehmlich in einem Räuber und Beute-Verhältnis, miteinander verquickt. Der Stammbaum des Lebens verzweigte sich immer weiter, bei manchen Tieren wuchs das Gehirn, und zweimal erfolgten Experimente mit sehr großen Nervensystemen, einmal bei den Wirbeltieren und einmal bei den Kopffüßern.

Mit diesem Überblick vor Augen möchte ich noch einmal ein paar Merkmale des Stammbaums des Lebens betrachten, die nun zu neuer Relevanz gelangen. Es handelt sich um Bereiche des Baums, die sichtbar werden, wenn wir einige Äste detaillierter in Augenschein nehmen, Äste, die in den vorigen Kapiteln aus größerem Abstand betrachtet wurden. Blicken wir auf die Seite der Wirbeltiere, sehen wir uns selbst und andere Säugetiere. Doch Säugetiere sind nicht die einzigen, die in dieser Gruppe ein hohes Maß an Intelligenz entwickeln. Fische und Reptilien sind zu erstaunlichen Leistungen fähig, aber das Beispiel, an das ich vor allem denke, sind Vögel wie Papageien und Raben. Die Wirbeltiergehirne sind sozusagen Variationen über ein Thema, sie haben vieles gemeinsam, gleichwohl sind die Verzweigungen ausgeprägt. Der gemeinsame Vorfahr von Vögeln und Menschen war ein eidechsenähnliches Tier, das vielleicht vor 320 Millionen Jahren lebte, lange vor der Zeit der Dinosaurier. Davon ausgehend entwickelten sich auf mehreren Wegen und unabhängig voneinander große Gehirne im Reich der Wirbeltiere. In Kapitel 3 habe ich angemerkt, dass die Geschichte großer Gehirne etwa die Form eines Ypsilon aufweist, mit einem Wirbeltier- und einem Kopffüßerast, doch dies war eine starke Vereinfachung. Nimmt man die Wirbeltierseite genauer unter die Lupe, zeigen sich darin wichtige Verzweigungen.

Die frühe Evolution der Kopffüßer habe ich in Kapitel 3 behandelt und in weiteren Kapiteln über Kraken und Sepien beschrieben, die beide zu den Kopffüßern gehören, aber sich in zahlreichen Punkten unterscheiden. Wie also verlief ihre Geschichte? In der Evolution der Kopffüßer muss es eine grundlegende Aufspaltung gegeben haben; doch wie weit reicht sie zurück?

Eine Zeit lang wurde aufgrund der Fossilberichte davon ausgegangen, dass die *Coleoiden* genannte Gruppe der Kopffüßer, zu der Kraken, Sepien und Kalmare gehören, das erste Mal zur Zeit der Dinosaurier, also vor etwa 170 Millionen Jahren, in Erscheinung trat. Demnach hätten sie sich während des letzten Abschnitts der Herrschaft der Riesenechsen und auch noch danach in ihre verschiedenen bekannten Formen auseinanderentwickelt. In einem berühmt gewordenen Aufsatz stellte Andrew Packard 1972 die These auf, dass die Evolution der Kopffüßer parallel zu der Evolution bestimmter Fischarten stattfand. Fische begannen sich vor etwa 170 Millionen

Jahren zu den heute bekannten Formen zu entwickeln. Die frühen Kopffüßer waren die einstigen Raubtiere der Meere. Bei den Fischen bildeten sich neue Formen heraus, die mit ihnen konkurrierten, und als Reaktion entwickelten sich auch die Kopffüßer weiter. Dazu gehörte auch die Evolution ihres komplexen Verhaltens.

Mit der Idee, die modernen Kopffüßer seien in einem gar nicht so lange zurückliegenden plötzlichen Ausbruch entstanden, lässt sich die Auffassung stützen, dass sich ihre großen Nervensysteme einer Art einmaligem Evolutionsereignis verdanken, das sich später noch diversifizierte. Die Hypothese, dass die Intelligenz dieser Tiere das Ergebnis eines Zufalls sei, ist vielerorts ernsthaft in Betracht gezogen worden. Die Versuchung besteht durchaus, zu glauben, dass insbesondere Kraken viel zu viel Gehirn für ein Tier haben, das nur so kurze Zeit und so ungesellig lebt. Ob es sich nun um einen Zufall handelt oder nicht, die von Packard und anderen in Umlauf gebrachte evolutionsgeschichtliche Einordnung hat die Auffassung bestärkt, dass es sich bei der Evolution großer Gehirne in der Gruppe der Kopffüßer um einen einzelnen Vorgang handelte, dem spätere unerhebliche Variationen folgten.

Doch dann änderte sich das historische Szenario. Grundlage von Packards Sicht waren Fossilbefunde, die bei Weichtieren immer lückenhaft sind. Als später die Genetik neue Einblicke gewährte, ergab sich ein verändertes Bild. Demnach lebte der letzte gemeinsame Vorfahr von Kraken, Sepien und Kalmaren nicht vor 170, sondern vor 270 Millionen Jahren. An diesem Punkt führte die Evolution zu der Spaltung zwischen der Gruppe der *Vampyropoda* – der Achtarmer, wozu Kraken und die in der Tiefsee lebenden *Vampyromorpha* gehören – auf der einen Seite und einer Gruppe der *Dekabrachia*, der zehnarmigen Tintenfische, auf der anderen Seite.

Die um 100 Millionen Jahre frühere Datierung dieser Spaltung rückt die Auseinanderentwicklung der Kopffüßer in ein völlig anderes evolutionäres Szenario. Die Spaltung findet nun im Perm statt, noch bevor die Dinosaurier auf den Plan traten. Damals sah das

Leben in den Meeren ganz anders aus. Es wird zwar bereits eine Konkurrenz zwischen Kopffüßern und Fischen gegeben haben, doch aufgrund des früheren Datums ist es auch wahrscheinlicher, dass die Kopffüßer mindestens zwei Mal ein komplexes Nervensystem entwickelt haben - einmal in der Linie, die zu den Kraken, und einmal in der, die zu den Sepien und Kalmaren führte.

Man könnte nun einwenden, dass der gemeinsame Vorfahre all dieser Kopffüßer damals bereits ein ausgeprägt komplexes Verhalten erworben hatte und das schlaueste Tier war, das seinerzeit in den Meeren des Perms lebte. Der Zeitpunkt der Divergenz lässt einen solchen Einwand zu. Doch neue Befunde sprechen dagegen. 2015 ist das erste Krakengenom sequenziert worden. Aus den Genen können wir neue Informationen gewinnen, die Auskunft darüber geben, wie Nervensysteme zu Lebzeiten der einzelnen Individuen aufgebaut werden. Für den Aufbau eines Nervensystems müssen Zellen sehr präzise zusammengefügt werden. Bei uns sorgt die Molekülfamilie der Protocadherine dafür, dass dies zuverlässig geschieht. Es stellte sich nun heraus, dass beim Aufbau der Nervensysteme der Kraken Moleküle aus der gleichen Familie zum Einsatz kommen.

Das ist interessant, denn in beiden Fällen werden die gleichen Werkzeuge benutzt. Doch gleichzeitig stieß man auf etwas anderes. Die zum Aufbau der Nervensysteme nötigen Moleküle haben sich bei Kraken und Sepien aufgefächert, und zwar, nachdem die Spaltung zwischen den beiden Gruppen bereits erfolgt war, also unabhängig voneinander. Die Evolution der Kraken hat zu einer Erweiterung dieser Molekülfamilie geführt, die der Sepien und Kalmare zu einer anderen. Demnach haben sich diese Moleküle mindestens drei Mal und nicht nur jeweils bei den Kopffüßern und bei Tieren wie uns aufgefächert.

Wie bedeutsam dies ist, hängt von der Frage ab, wie intelligent Sepien und/oder Kalmare tatsächlich sind. (Zu diesem Zweck können wir Sepien und Kalmare als eine Gruppe betrachten.) Über die kognitiven Fähigkeiten von Sepien wissen wir weniger als über die von Kraken, weniger Erkenntnisse noch haben wir über die von Kalmaren. Doch jüngere Befunde lassen auch bei Sepien auf eine beträchtliche Gehirnleistung schließen.

Als Beispiel sei eine Studie genannt, die in der Normandie von Christelle Jozet-Alves und ihrer Gruppe an einer im Vergleich zu meinen Riesensepien kleineren Art zur Gedächtnisleistung durchgeführt wurde. Bei den Tieren liegt das Gedächtnis in mehreren Varianten vor. Für das subjektive Erleben des Menschen spielt das episodische Gedächtnis eine wichtige Rolle - als solches speichert es, im Gegensatz zu dem Gedächtnis für Fakten oder Fähigkeiten, bestimmte Ereignisse. (Die Erinnerung an den letzten Geburtstag ist eine Sache des episodischen Gedächtnisses, wie man schwimmt, wird im prozeduralen Gedächtnis abgespeichert, und das Wissen um die geografische Lage Frankreichs gehört zum semantischen Gedächtnis.) Jozet-Alves und ihre Gruppe bauten ihre Tintenfischexperimente auf einer berühmten Testreihe auf, bei der sich zeigte, dass Vögel offenbar eine Art episodisches Gedächtnis besitzen. Zu dem Forschungsteam gehörte auch Nicola Clayton, eine führende Vogelforscherin. Weil das episodische Gedächtnis des Menschen ein so lebhaftes Element subjektiven Erlebens beinhaltet und die Forscher nicht wissen, ob dies auch für die untersuchten Tiere zutrifft, sprechen sie bei den Vogel- wie bei den Tintenfischexperimenten von einem quasi-episodischen Gedächtnis.

Bei den Tests wurde das quasi-episodische Gedächtnis auf das Wo und Wann eines bestimmten Nahrungsangebots abgefragt; es handelt sich also um ein Was-wo-wann-Gedächtnis. Die Tintenfischtests liefen wie folgt ab: Als Erstes versuchten die Forscher herauszufinden, welches von zwei Nahrungsangeboten (Krebse oder Garnelen) von den einzelnen Sepien präferiert wurde, und die Tiere wurden in ein Becken gesetzt und in eine Situation gebracht, bei der die Nahrungsangebote jeweils mit einem anderen visuellen Hinweis verknüpft waren. Die von ihnen bevorzugte Nahrung

(Garnelen, wie sich herausgestellt hatte) wurde in einem langsameren Rhythmus ersetzt als die andere. Wenn die Sepien die Garnelen fraßen, dauerte es drei Stunden, bevor diese an derselben Stelle wiederauftauchten, wohingegen die Krebse nach einer Stunde wieder erhältlich waren. Wenn die Sepien nur eine Stunde nach ihrer letzten Garnelen-Mahlzeit in das Becken gesetzt wurden, wussten sie bald, dass es keinen Zweck hatte, an den Platz mit den Garnelen zu schwimmen, denn dort würde es keine geben. Nach einer Pause von einer Stunde schwammen sie also an die Stelle mit den Krebsen. Hatte die Pause drei Stunden gedauert, wendeten sie sich der Stelle mit den Garnelen zu.

Dass es bei Säugetieren wie uns, bei Vögeln und Tintenfischen ein quasi-episodisches Gedächtnis gibt, ist ein schlagendes Beispiel dafür, dass in allen drei Abstammungslinien mit großer Sicherheit eine parallele oder konvergente Evolution vorliegt. Mir ist nicht bekannt, ob ähnliche Experimente auch an Kraken durchgeführt wurden, und ich weiß auch nicht, wie sie bei einer solchen Aufgabe abschneiden würden. Die Studie von Jozet-Alves hat auf dem Zweig der zehnarmigen Tintenfische eine ziemliche komplexe Kognitionsleistung nachgewiesen, in Gehirnen also, die sich in einigen Punkten anders entwickelt haben als die der Kraken. Anders gesagt, wir haben somit einen Beleg für die Parallelevolution innerhalb der Kopffüßer. Dies untermauert die Ansicht, dass die Entstehung komplexer Nervensysteme bei den Kopffüßern kein Zufall war, keine Sache demnach, die einmal eingetreten ist und beibehalten wurde und in verschiedenen Entwicklungslinien variiert wurde. Stattdessen hat es in der Linie der Oktopoden eine Erweiterung des Nervenssystems gegeben und eine zweite, parallel dazu, bei den anderen Kopffüßern.

Das Verhältnis von Kraken und Tintenfischen gestaltet sich ziemlich analog zu dem von Säugetieren und Vögeln. In der Abstammungslinie der Wirbeltiere führte eine etwa 320 Millionen Jahren zurückliegende Aufspaltung zu den Säugetieren und den Vögeln, in beiden Linien entwickelten sich bei einem etwas unterschiedlichen Körperbau große Gehirne. Bei den Kopffüßern haben sich sowohl Kraken als auch Sepien und Kalmare aus dem Bauplan der Weichtiere entwickelt, aber die Trennung der beiden Gruppen weist etwa die gleiche zeitliche Tiefe wie bei den Vertebraten auf, und auch hier brachte eine parallele Evolution große Gehirne hervor. Der Stammbaum könnte etwa so wie auf der nächsten Seite abgebildet aussehen.

Kopffüßer waren schon seit uralten Zeiten große Prädatoren. Vor etwa 270 Millionen spaltete sich eine Cephalopodengruppe ab, wahrscheinlich nachdem sie den entscheidenden Weg zur Abschaffung einer äußeren Schale schon eingeschlagen hatte. Zumindest zwei Abstammungslinien entwickelten unabhängig voneinander große Nervensysteme. Kopffüßer und intelligente Wirbeltiere sind voneinander unabhängige Experimente in der Evolution des Geistes. Wie Säugetiere und Vögel stellen die in diesem Buch besprochenen Kraken und Tintenfische (Sepien und Kalmare) kleinere Experimente innerhalb dieses größeren Experiments dar.

~ Ozeane

Der Geist entstand im Meer. Das Wasser hat es möglich gemacht. Im Wasser haben die frühen Stadien stattgefunden: die Entstehung des Lebens, die Geburt der Tiere, die Evolution des Nervensystems und des Gehirns und das Aufkommen komplexer Körper, für die sich ein Gehirn auszahlt. Die ersten Abenteuer an Land fanden wahrscheinlich nicht lange nach der in den ersten Kapiteln aufgezeichneten Geschichte statt - gesichert vor 420 Millionen Jahren, wahrscheinlich aber früher -, doch die Frühgeschichte der Tiere handelt vom Leben im Meer. Als die Tiere an Land gingen, nahmen sie das Meer mit. Alle grundlegenden Lebensaktivitäten treten in wassergefüllten und von Membranen umhüllten Zellen

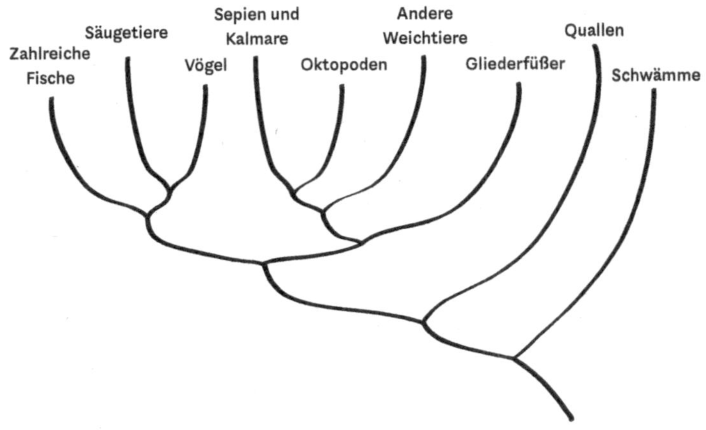

Ausschnitt aus dem Stammbaum des Lebens

Die vorliegende Zeichnung stellt einige der evolutionären Verzweigungen dar, die in diesem Buch eine Rolle spielen. Die Länge der Linien zwischen den Abzweigungen ist nicht maßstabsgetreu, und zudem habe ich Gruppen sehr unterschiedlicher Größe auf gleicher Ebene dargestellt. Säugetiere und Vögel sind gemessen an den Arten große Gruppen, während die beiden Kopffüßergruppen viel kleiner sind. (Säugetiere und Vögel sind, in dem klassischen Rahmen biologischer Klassifikation, jeweils Klassen, während die Kopffüßer insgesamt eine Klasse darstellen.) Die Gliederfüßer auf der rechten Seite sind ein ganzer Stamm, der aus einer großen Zahl von Insekten, Krebsen, Spinnen, Hundertfüßern und anderen Tieren besteht. In dem Diagramm sind viele Gruppen weggelassen: Wenn zum Beispiel Regenwürmer mit aufgenommen wären, würden sie zwischen den sogenannten anderen Weichtieren und den Gliederfüßern stehen und von dem kurzen Ast abzweigen, der zu den Weichtieren führt. Seesterne würden auf der anderen Seite in der Nähe der Wirbeltiere anzusiedeln sein. Fische insgesamt bilden gar keinen einzelnen Stamm. Die Mehrzahl wäre zwar auf dem Ast ganz links zu verzeichnen, aber manche, wie die Quastenflosser, befinden sich auf dem Ast, der auch zu uns und den Vögeln führt.

auf, in kleinen Behältern, deren Inhalte Überbleibsel des Meeres sind. In Kapitel 1 habe ich gesagt, dass die Begegnung mit einem Kraken einer Begegnung mit einem intelligenten Alien am nächsten kommt. Aber ein Krake ist nicht wirklich ein Alien; beide sind wir Hervorbringungen der Erde und ihrer Ozeane.

Die Merkmale, durch die das Meer Leben und Geist hervorbringen konnte, bleiben uns meistens verborgen. Sie existieren in einer winzigen Maßeinheit. Das Meer verändert sich durch die Dinge, die wir ihm antun, nicht sichtbar - nicht in der Art, wie das Abholzen eines Waldes sofort und unbestreitbar sichtbar ist. Abfall, der ins Meer geschüttet wird, scheint einfach wegzutreiben und sich in Nichts aufzulösen. Daher rückt das Meer nur selten als Umweltproblem in den Fokus, und Maßnahmen, die wir zu seiner Entlastung vornehmen, werden in den meisten Fällen nur mit großer Verzögerung sichtbar. Manchmal jedoch wird die Wirkung unserer Aktionen deutlich, sobald man nur einen beiläufigen Blick unter die Oberfläche wirft.

Die ersten Gedanken zu dem vorliegenden Buch habe ich mir etwa 2008 gemacht. Ich hatte mir ein kleines Apartment unweit der Küste Sydneys gekauft, in dem ich während der nördlichen Sommerzeit wohnte. Wie an allen an der Küste rund um Sydney gelegenen Stränden waren auch in meiner Gegend viel zu lange viel zu viele Menschen auf Fischfang gegangen, und mit Anbruch des neuen Jahrtausends waren die Gewässer so gut wie leer gefischt. 2002 dann wurde eine kleine Bucht zu einem Meeresschutzgebiet erklärt und alles Leben darin ausnahmslos geschützt. Nur wenige Jahre später wimmelte die Bucht wieder von Fischen und anderen Tieren, und dort war es auch, wo ich auf die Kopffüßer stieß, die mich dazu veranlassten, das Buch zu schreiben.

Die durchschlagende Wirkung von Naturschutzgebieten ist ermutigend, gleichwohl haben die Meere mit enormen Bedrohungen zu kämpfen. Am offensichtlichsten ist die Überfischung der Ozeane: Alles, was schwimmt, wird unterschiedslos in die

Gefrierräume der Fischkutter gezogen, und zwar immer mehr davon. Dass wir dies nicht in den Griff bekommen, liegt nicht nur an der Gier und den Wettbewerbsinteressen, sondern an der Schwierigkeit, das Problem als solches zu erkennen und unsere eigenen zerstörerischen Kapazitäten zu begreifen. Denn das Meer sieht unverändert aus, nachdem die Kutter abgezogen sind.

Im späten neunzehnten Jahrhundert, kurz nach der Veröffentlichung von *Über die Entstehung der Arten*, war Thomas Huxley, selbst ein führender Biologe, Charles Darwins wichtiger wissenschaftlicher Verbündeter. In den Fünfzigerjahren jenes Jahrhunderts hatten die Fischer in der Nordsee damit begonnen, sich Gedanken darüber zu machen, ob sich die Fischbestände vielleicht erschöpfen könnten, und Huxley wurde eingeladen, sich dazu zu äußern. Er meinte, es gebe keinen Grund zur Sorge. Mit Kalkulationen, die er zur Produktivität des Meeres im Verhältnis zu den entnommenen Fischmengen anstellte, kam er in einer 1883 gehaltenen Rede zu dem Schluss: »Ich glaube, man kann mit Gewissheit feststellen, dass gemessen an unseren gegenwärtigen Fangmethoden ein großer Teil der Fischereiwirtschaft auf dem Meer, so die Fischerei auf Kabeljau, auf Hering oder auf Makrelen, unerschöpflich ist.«

Mit seinem Optimismus lag er spektakulär falsch. Innerhalb weniger Jahrzehnte standen viele der Fischereien, insbesondere die auf den Kabeljau spezialisierten, vor ernsthaften Problemen. Wegen seiner zuversichtlichen Versicherungen wurde Huxley zu einer Art Bösewicht abgestempelt. Das ist nicht unbegründet, auch wenn die Diffamierer einen Teil des berühmten Zitats gerne übersehen (oder sogar unterschlagen): »gemessen an unseren gegenwärtigen Fangmethoden«.

Huxley mag, selbst mit der genannten Einschränkung, falschgelegen haben, doch auf den falschen Pfad geführt hat auch die Unfähigkeit der Menschen, zu erkennen, in welchem Maße sich die Fischereitechnologie verändern würde. Letztere führte wiederum dazu, dass die Menge Fisch, die ein einzelner Kutter aus dem Meer holen konnte, sich rapide steigerte. Mit der zunehmenden Mechanisierung der Ausrüstung, später mit den Kühlanlagen und den avancierten Technologien zum Aufspüren des Fischs, waren »unsere gegenwärtigen Fangmethoden« schon bald nach Huxleys optimistischen Äußerungen verschwunden - und so auch die Fische.

Die Überfischung hat im neunzehnten Jahrhundert ihren Anfang genommen und setzt sich, mit magereren Fangquoten, bis auf den heutigen Tag fort. Die Veränderung der chemischen Zusammensetzung ist ein weiteres Problem, mit dem das Meer zu kämpfen hat. Das Phänomen ist noch schwieriger zu erkennen, seine Ursprünge sind globaler Natur und von daher noch schwieriger zu beheben. Ein Beispiel ist die Versauerung. Da die CO_2-Konzentration durch die Verbrennung fossiler Energien in der Atmosphäre steigt, löst sich ein Teil des zusätzlichen Kohlenstoffdioxids in den Meeren. Dort verändert es die Balance im pH-Wert des Wassers, der sich von seinem normalen, leicht alkalischen Zustand entfernt. Dies wirkt sich auf den Stoffwechsel des überwiegenden Teils der Meerestiere, darunter auch der Kopffüßer, aus und besonders schwerwiegend auf Korallen und andere Organismen, die ihre Skelette aus Kalzium produzieren. In dem veränderten Meerwasser werden diese harten Teile weich und lösen sich auf.

Als ich mit der Arbeit an diesem Buch schon weiter fortgeschritten war, traf ich mich mit dem Bienenbiologen Andrew Barron zum Mittagessen. Zusammen mit Colin Klein, einem Philosophen, wollten wir besprechen, wie wir die evolutionären Ursprünge subjektiven Erlebens ergründen und ausarbeiten können. Als ich hörte, dass Andrew über Bienen forscht, wollte ich von ihm auch etwas über das sogenannte Bienensterben erfahren, das Bienen auf der ganzen Welt heimsucht. Das Problem ist etwa um 2007 in Erscheinung getreten. In zahlreichen Ländern begannen ziemlich unvermittelt die Bienenvölker einzugehen, mit der Folge, dass alle möglichen Feldfrüchte wie Äpfel, Stachelbeeren und viele andere, die auf die Insekten angewiesen sind, nicht mehr bestäubt wurden. Angesichts der wirtschaftlichen Bedeutung, die den Bienen als Bestäubern zukommt, ist eingehend nach der Ursache für den Kollaps geforscht worden. Es musste sich um etwas handeln, das weltweit und nicht nur lokal auftritt. Gleichzeitig verbreitete sich das Bienensterben ziemlich rasch. Handelte es sich um einen Parasiten? Einen Pilz? Chemische Giftstoffe? Als ich Barron fragte, antwortete er: »Ja, so langsam kann man sich von der Sache ein Bild machen.« Und woran liegt es also? Er antwortete, soweit man beurteilen könne, handele es sich nicht um einen einzelnen Faktor. Stattdessen seien mit den Jahren mehr und mehr kleine Belastungen im Leben der Bienen aufgetreten, mehr Schadstoffe, neue Mikroorganismen, weniger Lebensräume. Lange Zeit hätten die Bienen mit diesen ständig zunehmenden Belastungen fertigwerden können. Die Völker hätten die Beeinträchtigungen aufgefangen, indem sie härter arbeiteten. Die Bienen hätten zwar nicht sichtbar gelitten, aber die Fähigkeit, diese Probleme abzufedern, habe sich mit der Zeit verbraucht. Schließlich sei ein kritischer Punkt erreicht gewesen, und die Honigbienenvölker seien einfach zusammengebrochen. Sie starben, nicht etwa, weil sie durch eine plötzliche Seuche dahingerafft wurden, sondern weil ihre Möglichkeiten, mit dem Stress fertig zu werden, sich erschöpft hatten. Heute verfrachten die Obstbauern Bienenvölker über Tausende Kilometer von Plantage zu Plantage und versuchen verzweifelt, ihre Feldfrüchte von jenen Bienen bestäuben zu lassen, die noch gesund genug für diese Aufgabe sind.

Schauen wir, mit dieser Geschichte im Hinterkopf, in der gleichen Weise auf die Ozeane. Diese Sphäre biologischer Kreativität ist so immens, dass wir über Jahrhunderte ohne große Auswirkungen mit ihr anfangen konnten, was wir wollten. Doch heute sind unsere Möglichkeiten, dieses System unter Stress zu setzen, weit größer. Die Belastungen werden absorbiert - nicht immer unsichtbar, häufig jedoch auf eine Weise, die schwer zu erkennen und, sobald Geld eine Rolle spielt, leicht zu ignorieren ist. In manchen Gegenden haben wir es schon zu weit getrieben. Vielerorts in den Weltmeeren gibt es Totzonen, in denen Tiere - und auch nahezu alles andere - insbesondere aufgrund von Sauerstoffmangel nicht mehr überleben können. Totzonen wird es in den Meeren von Zeit zu Zeit auch ohne menschengemachten Stress gegeben haben, doch mittlerweile treten sie in weit größerem Maßstab auf. Manche entstehen und verschwinden saisonbedingt und folgen damit einem schädlichen, vom Düngemitteleintrag aus den Landwirtschaftsbetrieben verursachten Rhythmus, andere hingegen scheinen dauerhaft zu sein. Totzonen, das genaue Gegenteil eines Ozeans.

Es gibt viele Gründe, die Ozeane zu lieben und für sie Sorge zu tragen. Ich hoffe, mit diesem Buch einen weiteren hinzugefügt zu haben. Taucht man ins Meer hinein, taucht man an den Ursprung allen Lebens.

Ein *Octopus tetricus* oder Gemeiner Sydneykrake, der die Arme über seinem Kopf wandern lässt. Alle Kraken, die hier abgebildet sind, gehören dieser Spezies an, die in Australien und Neuseeland vorkommt.

Dieser Krake hat es beinahe geschafft, die Farbe der Algen hinter ihm anzunehmen.

Die folgenden Abbildungen sind Ausschnitte aus einem Video, das einen Kampf zwischen zwei Kraken in Octopolis, Australien, zeigt.

Der besiegte Kraken befreit sich und schwimmt davon.

Der Kraken, der den Kampf gewonnen hat, bewegt sich hier mithilfe seines Strahlantriebs von rechts nach links.

Eine Riesensepia, *Sepia apama*. Es handelt sich um Kandinsky, der in Kapitel 5 beschrieben wird.

Diese Riesensepia weist an den Armen und im Gesicht erste Anzeichen altersbedingten Verfalls auf.

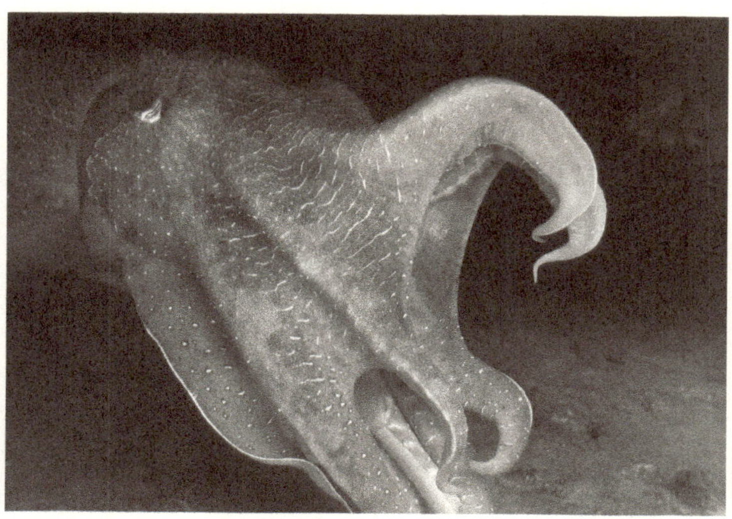

Das ist Rodin, eine Riesensepia, die gern mit hochgezogenen Armen posierte.

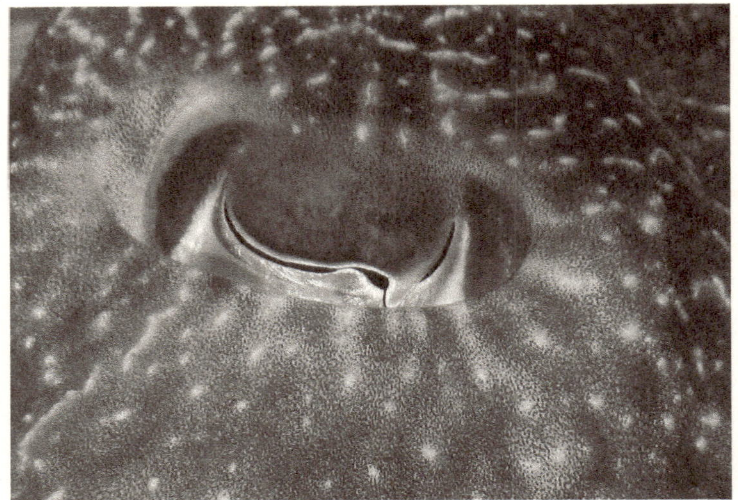

Die Pupille im Auge einer Riesensepia ist w-förmig. Rund um das Auge erkennt man die Chromatophoren – kleine Pigmentsäckchen, die durch die Hautmuskulatur kontrolliert werden. (Dies ist das einzige Foto, für dessen Aufnahme zusätzliches Licht zum Einsatz kam.)

Diese zwei Fotos zeigen einen Farbwechsel von dunkelgelb zu rot. Zwischen der Aufnahme lagen vier Sekunden.

Zwei Riesensepien in Whyalla, Südaustralien, kurz vor der Paarung. Das Männchen befindet sich links. Es gab einige Diskussionen darüber, ob diese Tiere derselben Spezies angehören wie auch die anderen hier gezeigten Tiere, die in Sydney fotografiert wurden. Bisher wurde jedoch nur eine Spezies offiziell anerkannt: *Sepia apama*.

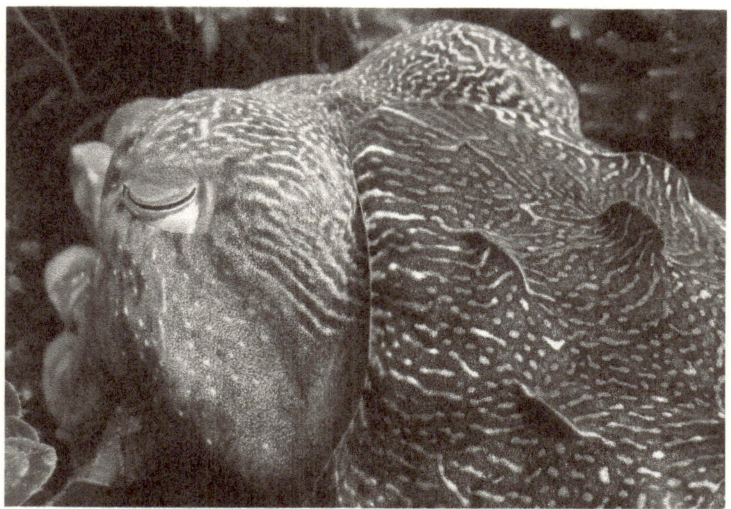

Dieses Foto zeigt das große Farbspektrum, das Riesensepien mithilfe eines in der Haut befindlichen Mechanismus hervorbringen können. Es wurde ebenfalls in Whyalla aufgenommen.

Eine freundliche Riesensepia schwimmt neben Karina Hall, die diese Tiere beforscht und die mir viel über sie beigebracht hat.

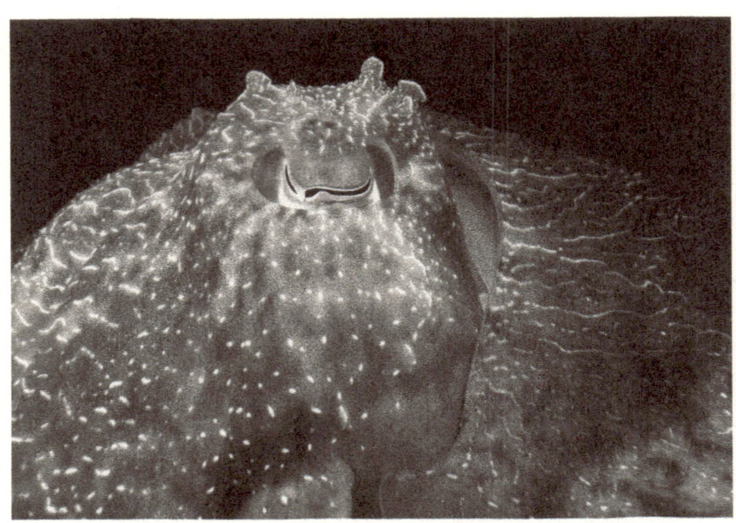

Eine Riesensepia, die ein komplexes Spektrum aus roter und oranger Farbe und silberweißen Malen produziert. Die beiden auf dieser Seite gezeigten Tiere legen die Haut über ihren Augen in Falten.

Danksagungen

Zahlreichen Wissenschaftlerinnen und Wissenschaftlern - Meeresbiologen, Evolutionstheoretikern, Neurologen und Paläontologen -, die mir bei diesem Projekt geholfen haben, schulde ich Dank. Ganz oben auf der Liste stehen Crissy Huffard und Karina Hall, die meine frühesten Bemühungen, Einblicke in das Wesen der Kopffüßer zu bekommen, unterstützten und ermutigten. Bedeutende Beiträge beigesteuert haben auch die Biologen Jim Gehling, Gáspár Jékely, Alexandra Schnell, Michael Kuba, Jean Alupay, Roger Hanlon, Jean Boal, Binyamin »Benny« Hochner, Jennifer Mather, Andrew Barron, Shelley Adamo, Jean McKinnon, David Edelman, Jennifer Basil, Frank Grasso, Graham Budd, Roy Caldwell, Susan Carey, Nicholas Strausfeld und Roger Buick. Welche Bedeutung Matt Lawrence, David Scheel und Stefan Linquist, meinen Mitstreitern in Octopolis, zufällt, ergibt sich aus dem Text. Ich bin ihnen zudem dankbar für die Erlaubnis, Bilder aus den Videos, die wir zusammen erstellt haben, verwenden zu dürfen.

Auf der Seite der Philosophie dürfte der Einfluss von Daniel Dennetts Arbeit den Bewunderern seiner Bücher nicht entgangen sein. Ich danke Fred Keijzer, Kim Sterelny, Derek Skillings, Austin Booth, Laura Franklin-Hall, Ron Planer, Rosa Cao, Colin Klein, Robert Lurz, Fiona Schick, Michael Trestman und Joe Vitti. Unbezahlbar für die Tauchausrüstung war auch die Unterstützung durch das Dive Center Manly und Let's Go Adventures (Nelson Bay). Eliza Jewett zeichnete die Abbildungen auf den Seiten 62 und 218 und Ainsley Seago die Skizze auf Seite 58. Die Fotografie auf der ersten Seite des farbigen Mittelteils erscheint auch in »Cephalopod Cognition (book review)«, in: *Animal Behaviour*, Bd. 106, August 2015, S. 145-147. Mein Dank gilt zudem Denise Whatley, Tony Bramley, Cynthia Chris, Denice Rodaniche, Mick Saliwon und Lyn Cleary. Das Graduiertenkolleg der City University of New York ist ein wunderbarer Ort für die akademische Arbeit, ein Ort, der neben einer großartigen intellektuellen Atmosphäre die Freiheit gewährt, ungestört nachdenken und schreiben zu können. Großen Dank auch an die Kuratoren am Cabbage Tree Bay Aquatic Reserve, Booderee National Park, Jervis Bay Marine Park und Port Stephens - Great Lakes Marine Park für ihre Arbeit zum Schutz und zur Pflege dieser Ökosysteme. Die Rolle, die Alex Star in diesem Projekt einnahm, ging weit über die notorische Unentbehrlichkeit eines guten Lektors hinaus. Abschließend möchte ich Jane Sheldon danken, die meine Entwürfe kritisch kommentierte, bemerkenswerte Tiere im Meer entdeckte, viele Ideen beisteuerte und geduldig mit den wachsenden Mengen an Salzwasser und Neopren umging, die sich in unserer kleinen Wohnung an der Küste, wo dieses Buch entstand, breitmachten.

Anmerkungen

S. 14 *Die Geschichte der Tiere hat die Form eines Baums*: In *Über die Entstehung der Arten* griff Darwin häufig auf die Vorstellung eines Stammbaums des Lebens zurück. Dabei war der Naturforscher, wie er selbst bekennt, nicht der Erste, der über die Beziehungen zwischen den Arten als in der Form eines Baumes nachdachte. Seine Neuerung bestand darin, dem Baum eine historische, genealogische Interpretation zu geben. In gewissem Sinne fasste er die Idee wörtlicher auf als andere vor ihm, in einer Weise mithin, die er in einer berühmten Passage gewandt in Worte kleidete: »Die Verwandtschaften aller Wesen einer Klasse zu einander sind manchmal in Form eines grossen Baumes dargestellt worden. Ich glaube, dieses Bild entspricht sehr der Wahrheit.« Charles Darwin, *Über die Entstehung der Arten im Thier- und Pflanzen-Reich durch natürliche Züchtung, oder Erhaltung der vervollkommneten Rassen im Kampfe um's Daseyn*, Stuttgart 1860, S. 140.

Für die Idee des Stammbaums und ihre Geschichte in der Biologie siehe Robert O'Hara, »Representations of the Natural System in the Nineteenth Century«, in: *Biology and Philosophy* 6 (1991), S. 255–274. Es gibt, insbesondere außerhalb des Tierreichs, Ausnahmen, die von der Baumform abweichen. Siehe Peter Godfrey-Smith, *Philosophy of Biology*, Princeton, NJ 2014. Richard Dawkins' Buch *Geschichten vom Ursprung des Lebens. Eine Zeitreise auf Darwins Spuren*, Berlin 2008, ist eine lebendige und leicht verständliche, die Baumstruktur hervorhebende Beschreibung der Geschichte der tierischen Lebensformen.

S. 18 *Der Ast beherbergt nicht alle Tiere …*: Der Ausdruck »Wirbellose« wird von manchen Biologen für problematisch gehalten, da er sich nicht auf einen bestimmten Ast des Baumes beschränkt, sondern Organismen auf mehreren Ästen zusammenfasst. Im vorliegenden Buch greife ich verschiedentlich auf Begriffe zurück, die mitunter auf Ablehnung stoßen, weil sie sich nicht auf einen bestimmten Ast beziehen. Dazu gehören die Bezeichnungen »Prokaryoten« und »Fische«. Ich denke aber, dass solche Begriffe oft noch nützlich sind.

S. 20 *An den Anfang des Buchs habe ich ein Motto gestellt* …: Das erste Motto ist entnommen aus William James, *Principles of Psychology*, Bd. I, New York 1890, S. 148. William James war, insbesondere gegen Ende seiner Laufbahn, versucht, dieser Kontinuität zwischen Geist und Materie mit ziemlich radikalen Mitteln nachzukommen – Mittel, die weit radikaler waren als die in den *Principles* angewendeten. Siehe William James, »A World of Pure Experience«, in: *The Journal of Philosophy, Psychology and Scientific Methods* 1, Nr. 20–21 (1904) S. 533–543, 561–570.

S. 21 *Wie fühlt es sich an, einer dieser mit großen Gehirnen* …: Der Ausdruck »dessen Inneres dunkel bleibt« ist entnommen aus: David Chalmers, *The Conscious Mind: In Search of a Fundamental Theory*, Oxford und New York 1996, S. 96. Natürlich ist in einem Gehirn alles dunkel (es sei denn während einer Operation). Einem Tier, das über ein solches Gehirn verfügt, müssen die Dinge nicht dunkel bleiben, aber es begegnet dem Licht, indem es nach draußen blickt. Die Metapher ist also in vielerlei Weise irreführend, trifft aber offenbar einen Punkt.

S. 22 *Der Anthropologe Roland Dixon schrieb den Hawaiianern die Evolutionslegende zu* …: Das Zitat stammt aus: Roland Dixon, *Oceanic Mythology*, Bd. 9 von *The Mythology of All Races*, Boston 1916, S. 15. Ich danke China Miéville, Autor des Cephalopoden-Romans *Der Krake*, Köln 2011, der mich auf Dixon und diese Passage aufmerksam gemacht hat.

S. 23 *Die Erde ist ungefähr 4,5 Milliarden Jahre alt* …: Genauer, die Erde begann sich vor 4,567 Milliarden Jahren zu bilden. Zum Ursprung und der Frühgeschichte des Lebens allgemein siehe John Maynard Smith und Eörs Szathmáry, *The Origins of Life: From the Birth of Life to the Origin of Language*, Oxford und New York 1999. Eine eher technische Darstellung einiger erst in jüngster Zeit diskutierter Vorstellungen bietet Eugene Koonin und William Martin, »On the Origin of Genomes and Cells Within Inorganic Compartments«, in: *Trends in Genetics* 21, Nr. 12 (2005) S. 647–654. Aktuelle Sichtweisen zum Ursprung des Lebens favorisieren offenbar einen Ursprung im Meer selbst, vielleicht sogar in der Tiefsee, obgleich in anderen Arbeiten auch flache, tümpelartige Umgebungen in Betracht gezogen werden. Der Zeitpunkt, an dem Leben ziemlich eindeutig existiert haben dürfte, liegt 3,49 Milliarden

Jahre zurück, was bedeutet, dass das Leben schon früher entstanden ist. Das Leben muss nicht unbedingt zusammen mit Zellen entstanden sein, aber man nimmt an, dass auch Zellen sehr alt sind.

S. 23 *Einige dieser Kollaborationen waren möglicherweise so eng …*: Siehe Bettina Schirrmeister u. a., »The Origin of Multicellularity in Cyanobacteria«, in: *BMC Evolutionary Biology* 11 (2011) S. 45.

S. 23f. *Einzellige Organismen sind in der Lage …*: Siehe Howard Berg, »Marvels of Bacterial Behavior«, in: *Proceedings of the American Philosophical Society* 150, Nr. 3 (2006) S. 428–442; Pamela Lyon, »The Cognitive Cell: Bacterial Behavior Reconsidered«, in: *Frontiers in Microbiology* 6 (2015) S. 264; Jeffry Stock und Sherry Zhang, »The Biochemistry of Memory«, in: *Current Biology* 23, Nr. 17 (2013) S. R741–745.

S. 25 *Diese Zellen, die Eukaryoten, sind größer …*: Zur Evolution komplexer Zellen und was das Verschlucken einer Zelle durch eine andere bedeutete siehe John Archibald, *One Plus One Equals One: Symbiosis and the Evolution of Complex Life*, Oxford und New York 2014. Die verschluckende Zelle war bakterienartig (wie ich im Text sage) lediglich in einem informellen Sinn. Es handelte sich wahrscheinlich um ein *Archaeon* oder Archaebakterium.

S. 25 *Für Lebewesen spielt das Licht eine doppelte Rolle*: Einen allgemeinen Überblick bietet Gáspár Jékely, »Evolution of Phototaxis«, in: *Philosophical Transactions of the Royal Society B* 364 (2009) S. 2795–2808. Eine beachtenswerte Studie beschrieb 2016 ein Cyanobakterium, das eventuell in der Lage ist, ein scharfes Bild zu projizieren, indem es seine gesamte Zelle als eine Art mikroskopischen Augapfel einsetzt und auf der der Lichtquelle entgegengesetzten Innenseite der Zelle ein Bild erzeugt. Siehe Nils Schuergers u. a., »Cyanobacteria Use Micro-Optics to Sense Light Direction«, in: *eLife* 5 (2016), Artikel e12620.

S. 26 *Die Bakterien wurden nämlich ebenso von chemischen Stoffen angezogen …*: Siehe Melinda Baker, Peter Wolanin und Jeffry Stock, »Signal Transduction in Bacterial Chemotaxis«, in: *BioEssays* 28 (2005) S. 9–22.

S. 27 *Ein Beispiel dafür ist das* Quorum sensing: Siehe Spencer Nyholm und Margaret McFall-Ngai, »The Winnowing: Establishing the Squid-Vibrio Symbiosis«, in: *Nature Reviews Microbiology* 2 (2004) S. 632–642.

S. 27 *Genau dieses aquatische Szenario sollten wir im Kopf behalten …*: Zu einer weiterführenden Diskussion dieses Themas siehe Peter Godfrey-Smith, »Mind, Matter, and Metabolism«, in: *Journal of Philosophy* 113, Nr. 10 (2016), S. 481–506.

S. 28 *Wir erreichen aber nicht nur eine, sondern gleich zwei Schwellen*: Diese Beziehungen hat John Tyler Bonner gedanklich sehr sorgfältig ausgearbeitet in *First Signals: The Evolution of Multicellular Development*, Princeton, NJ 2000. Das Buch hat mein Denken über die Entstehung des Verhaltens im Zusammenhang mit vielzelligem Leben stark beeinflusst.

S. 28 *Aus der zwischen Organismen erfolgenden Wahrnehmung …*: J. B. S. Haldane, einer der großen Evolutionstheoretiker einer früheren Generation, notierte 1954, dass viele Hormone und Neurotransmitter – Substanzen, mit denen Abläufe in Organismen wie dem unseren gesteuert und koordiniert werden – sich auf einfache marine Lebewesen auswirken, wenn sie in ihrer Umwelt mit diesen chemischen Stoffen in Berührung kommen. Chemische Stoffe, die bei uns als interne Signalgeber zum Einsatz kommen, werden von einfacheren Organismen als externe Signale oder Reize interpretiert. Haldane stellte die Hypothese auf, dass Neurotransmitter und Hormone ihren Ursprung in chemischen Stoffen haben, mit denen sich einige unserer einzelligen Vorfahren Signale übermittelten. Siehe Haldane, »La Signalisation Animale«, in: *Année Biologique* 58 (1954) S. 89–98. Im vorliegenden Text verzichte ich darauf, die hormonalen Systeme, die zusammen mit dem Nervensystem Handlungen in Echtzeit abzuwandeln vermögen, zu erörtern. Sie stellen einen weiteren interessanten Fall interner Signalgebung dar.

S. 29 *Tiere sind Vielzeller*: Siehe den Klassiker von John Maynard Smith und Eörs Szathmáry, *Evolution: Prozesse, Mechanismen, Modelle*, Heidelberg 1996, sowie den Folgeband, herausgegeben von Brett Calcott und Kim Sterelny, *The Major Transitions in Evolution Revisited*, Cambridge, MA 2011. Für eine Übersicht der in vielen Gruppen erfolgten zahlreichen Übergänge zur Vielzelligkeit siehe Richard Grosberg und Richard Strathman, »The Evolution of Multicellularity: A Minor Major Transition?«, in: *Annual Review of Ecology, Evolution, and Systematics* 38 (2007) S. 621–654. Sogar Prokaryoten haben mehrzellige Lebensformen entwickelt. Übergänge zur Vielzelligkeit werden zudem erörtert in Peter Godfrey-Smith, *Darwinian Populations and Natural Selection*, Oxford und New York 2009.

S. 29 *Die folgenden Stadien der Entwicklungsgeschichte sind unklar*: Zum Zeitpunkt der Niederschrift ist dies eine virulente Debatte. Eine gute Darstellung dessen, was ich in diesem Text als »mehrheitliche Auffassung« bezeichne, bietet Claus Nielsen, »Six Major Steps in Animal Evolution: Are We Derived Sponge Larvae?«, in: *Evolution and Development* 10, Nr. 2 (2008) S. 241–257. Diese Sicht ist von Fachartikeln infrage gestellt worden, die aufgrund genetischer Daten die These aufstellen, dass Rippenquallen sich bereits vor den Schwämmen von den übrigen Tieren abgespalten haben. Siehe insbesondere den Text von Joseph Ryan (und sechzehn Mitautoren), »The Genome of the Ctenophore *Mnemiopsis leidyi* and Its Implications for Cell Type Evolution«, in: *Science* 342 (2013), Artikel 1242592.

Der Umstand, dass Schwämme (oder Rippenquallen) sehr entfernt mit uns verwandt sind, bedeutet nicht, dass wir einen Vorfahren hatten, der wie ein Schwamm oder eine Rippenqualle aussah. Ein heute lebender Schwamm ist nicht weniger das Produkt einer langen Evolution als wir. Warum also sollte ein solcher Urahn eher wie ein Schwamm aussehen denn wie wir? Aber es spielen noch andere Faktoren hinein. Wenn wir uns innerhalb der Schwämme umschauen, so gibt es alte evolutionäre Verzweigungen, die auf beiden Armen zu einem schwammähnlichen Organismus führen. Es ist zudem möglich, dass Schwämme paraphyletisch sind – dass nicht alle von demselben gemeinsamen Vorfahren abstammen, der sich einst von den anderen Tieren abgespalten hatte. Falls das zutrifft, unterstützt es die Auffassung, dass in unserer Vergangenheit eine schwammartige Lebensform vorhanden war, denn dann führte mehr als eine Abstammungslinie zu einem heutigen schwammartigen Tier (ein endgültiger Beweis ist dies allerdings nicht).

Mehr zu den verborgenen Verhaltensweisen der Schwämme bietet Sally Leys und Robert Meech, »Physiology of Coordination in Sponges«, in: *Canadian Journal of Zoology* 84, Nr. 2 (2006), S. 288–306; Leys, »Elements of a ›Nervous System‹ in Sponges«, in: *Journal of Experimental Biology* 218 (2015), S. 581–591; Leys u. a., »Spectral Sensitivity in a Sponge Larva«, in: *Journal of Comparative Physiology A* 188 (2002),

S. 199–202; Onur Sakarya u. a., »A Post-Synaptic Scaffold at the Origin of the Animal Kingdom«, in: *PLoS ONE* 2, Nr. 6 (2007), Artikel e506.

S. 32 *Bei der normalen Signalübermittlung von Zelle zu Zelle …*: In der Biologie gibt es fast immer Ausnahmen: Manche Neuronen besitzen direkte elektrische Verbindungen untereinander und sind zur Überbrückung der Lücke nicht darauf beschränkt, chemische Signale zu verwenden. Zudem bauen nicht alle Neuronen Aktionspotenziale auf. Beispielsweise ist es zum Zeitpunkt der Niederschrift unklar, ob *Caenorhabditis elegans*, ein winziger Wurm, der in der Biologie als wichtiger Modellorganismus fungiert, in seinem Nervensystem überhaupt Aktionspotenziale einsetzt. Das System könnte lediglich mit weicher abgestuften und weniger »digitalen« Veränderungen in den elektrischen Eigenschaften seiner Neuronen arbeiten.

Zur Diskussion über die Evolution der Neuronen siehe Leonid Moroz, »Convergent Evolution of Neural Systems in Ctenophores«, in: *Journal of Experimental Biology* 218 (2015), S. 598–611; Michael Nickel, »Evolutionary Emergence of Synaptic Nervous Systems: What Can We Learn from the Non-Synaptic, Nerveless Porifera?«, in: *Invertebrate Biology* 129, Nr. 1 (2010), S. 1–16; Tomás Ryan und Seth Grant, »The Origin and Evolution of Synapses«, in: *Nature Reviews Neuroscience* 10 (2009), S. 701–712. Für einen Überblick über die aktuellen Debatten siehe Benjamin Liebeskind u. a., »Complex Homology and the Evolution of Nervous Systems«, in: *Trends in Ecology and Evolution* 31, Nr. 2 (2016), S. 127–35. Einige Biologen vertreten die Ansicht, dass auch Pflanzen über Nervensysteme verfügen. Siehe Michael Pollan, »The Intelligent Plant«, in: *The New Yorker*, 23. Dezember 2013, S. 93–105.

S. 33 *So wie ich es sehe, wird das Denken …*: Hinsichtlich der Geschichte und Bedeutung dieser Debatte bin ich Fred Keijzer, seiner Arbeit und den Diskussionen mit ihm zu Dank verpflichtet. Beide hier erörterten Vorstellungen gehen von der Annahme aus, dass das Nervensystem vor allem das Verhalten steuert. Dies ist eine Vereinfachung, weil Nervensysteme noch vieles andere tun. Sie kontrollieren physiologische Abläufe wie etwa Schlaf-Wach-Rhythmen, und sie steuern große körperliche Wandlungsprozesse wie etwa Metamorphosen. Hier indessen liegt der Fokus auf dem Verhalten. Die erste, die sensomotorische

Steuerung hervorhebende Tradition ist eine natürliche Weiterentwicklung früherer philosophischer Ideen, wobei sie in ihrer expliziten Ausprägung wohl mit George Parkers Buch *The Elementary Nervous System*, Philadelphia und London 1919, ihren Anfang nahm. George Mackie schrieb einige interessante Artikel, die sich an Parkers Ideen orientierten. Siehe George Mackie, »The Elementary Nervous System Revisited«, in: *American Zoologist* (jetzt *Integrative and Comparative Biology*) 30, Nr. 4 (1990), S. 907–920, sowie Meech und Mackie, »Evolution of Excitability in Lower Metazoans«, in: Geoffrey North und Ralph Greenspan (Hg.), *Invertebrate Neurobiology*, Cold Spring Harbor, NY 2007, S. 581–615. Die Tradition wird fortgeführt in Gáspár Jékely, »Origin and Early Evolution of Neural Circuits for the Control of Ciliary Locomotion«, in: *Proceedings of the Royal Society B* 278 (2011), S. 914–922. Zusammen mit Jékely und Keijzer habe ich einen Artikel geschrieben, der unsere Ideen zur Funktion und frühen Evolution der Nervensysteme kombiniert; siehe Jékely, Keijzer und Godfrey-Smith, »An Option Space for Early Neural Evolution«, in: *Philosophical Transactions of the Royal Society B* 370 (2015), Artikel 20150181.

S. 34 *Das Handeln selbst muss erzeugt werden*: Siehe Fred Keijzer, Marc van Duijn und Pamela Lyon, »What Nervous Systems Do: Early Evolution, Input-Output, and the Skin Brain Thesis«, in: *Adaptive Behavior* 21, Nr. 2 (2013), S. 67–85; sowie eine interessante Fortführung durch Keijzer, »Moving and Sensing Without Input and Output: Early Nervous Systems and the Origins of the Animal Sensorimotor Organization«, in: *Biology and Philosophy* 30, Nr. 3 (2015), S. 311–331.

S. 35 *Die Interaktionen zwischen Neuronen habe ich bereits …*: Ein wichtiges frühes Modell findet sich in David Lewis, *Convention: A Philosophical Study*, Cambridge, MA 1969. Das Modell ist modernisiert worden in Brian Skyrms, *Signals: Evolution, Learning, and Information*, Oxford und New York 2010. Mein Aufsatz »Sender-Receiver Systems Within and Between Organisms«, in: *Philosophy of Science* 81, Nr. 5 (2014), S. 866–878, untersucht, wie sich Kommunikationsmodelle auf Interaktionen in den Grenzen eines Organismus anwenden lassen.

S. 36 *Diese zweite Auffassung ist in den 1950er-Jahren von dem englischen Biologen Chris Pantin …*: Siehe Chris F. Pantin, »The Origin of the

Nervous System«, in: *Pubblicazioni della Stazione Zoologica di Napoli* 28 (1956), S. 171–181; L. M. Passano, »Primitive Nervous Systems«, in: *Proceedings of the National Academy of Sciences of the USA* 50, Nr. 2 (1963), S. 306–313; sowie die oben zitierten Artikel Fred Keijzers.

S. 37 *Im Jahr 1946 erkundete der australische Geologe Reginald Sprigg …*: Eine Biografie Spriggs ist 2008 unter dem Titel *Rock Star: The Story of Reg Sprigg – An Outback Legend* erschienen, verfasst von Kristin Weidenbach (Hindmarsh, South Australia); als Kindle Edition, Adelaide, SA 2014. Sprigg nutzte sein Einkommen als Geologe, Prospektor und Unternehmer, um mit Arkaroola ein Reservat und Ökotourismus-Ressort einzurichten. Er baute sich eine Tiefsee-Tauchglocke und hielt eine Zeit lang einen örtlichen Tiefenrekord im Gerätetauchen (neunzig Meter, eine Tiefe, in der man mich nie antreffen wird).

S. 39 *Dort führte mich Jim Gehling …*: Die Ausstellung befindet sich im South Australian Museum in Adelaide, an dem Gehling leitender Forschungskurator ist. Meine Erörterung des Ediacariums und der zeitlichen Einordnung verschiedener Ereignisse in der Geschichte der Tiere bezieht sich in weiten Strecken auf Kevin Peterson u. a. (darunter auch Gehling), »The Ediacaran Emergence of Bilaterians: Congruence Between the Genetic and the Geological Fossil Records«, in: *Philosophical Transactions of the Royal Society B* 363 (2008), S. 1435–1443. Siehe auch Shuhai Xiao und Marc Laflamme, »On the Eve of Animal Radiation: Phylogeny, Ecology and Evolution of the Ediacara Biota«, in: *Trends in Ecology and Evolution* 24, Nr. 1 (2009), S. 31–40; Adolf Seilacher, Dmitri Grazhdankin und Anton Legouta, »Ediacaran Biota: The Dawn of Animal Life in the Shadow of Giant Protists«, in: *Paleontological Research* 7, Nr. 1 (2003), S. 43–54.

S. 40 *Das ist wohl am deutlichsten bei* Kimberella *der Fall*: Der Organismus hat zahlreiche Interpretationen erfahren und wurde unter anderem den Quallen oder den Weichtieren zugeordnet. Siehe M. Fedonkin, A. Simonetta und A. Ivantsov, »New Data on Kimberella, the Vendian Mollusc-like Organism (White Sea Region, Russia): Palaeoecological and Evolutionary Implications«, in: Patricia Vickers-Rich und Patricia Komarower (Hg.), *The Rise and Fall of the*

Ediacaran Biota, London 2007, S. 157–179; sowie, aktueller, Graham Budd, »Early Animal Evolution and the Origins of Nervous Systems«, in: *Philosophical Transactions of the Royal Society B* 370 (2015), Artikel 20150037. Für die Zuordnung zu den Mollusken siehe Jakob Vinther, »The Origins of Molluscs«, in: *Palaeontology* 58, Part 1 (2015), S. 19–34. In der Zeit, in der das Buch geschrieben wurde, wurde *Kimberella* zu einem noch wichtigeren und umstritteneren Fossil. Einer meiner Korrespondenten zeigte sich besorgt, dass ich an einer fragwürdigen Zuordnung *Kimberellas* zu den Weichtieren festhalten könnte; einem anderen erscheint genau diese Auslegung als entscheidend für die Interpretation der frühen Evolution der Bilateria. (Es handelt sich nicht um die Autoren des genannten Artikels.) Zu dem Zeitpunkt, an dem Sie dies lesen, stellen sich die genannten Sachverhalte womöglich schon klarer dar.

S. 42 *Vielmehr scheint es, um einen Ausdruck des amerikanischen Paläontologen Mark McMenamin zu bemühen …*: Siehe Mark McMenamin, *The Garden of Ediacara: Discovering the First Complex Life*, New York 1998.

S. 44 *Als die Royal Society of London 2015 eine Konferenz …*: Die auf dieser Konferenz diskutierten Vorträge sind veröffentlicht worden in *Philosophical Transactions of the Royal Society B* 370, Dezember 2015. Die Konferenz mit dem Titel »Ursprung und Evolution des Nervenystems« war von Frank Hirth und Nicholas Strausfeld organisiert worden. Betrachtungen zu den Nesselzellen der Quallen finden sich in Doug Irwins Artikel »Early Metazoan Life: Divergence, Environment and Ecology« in der erwähnten Sammlung. Siehe auch Graham Budds Artikel »Early Animal Evolution and the Origins of Nervous Systems«. In der darauf folgenden Ausgabe, Band 371, Januar 2016, finden sich Artikel einer Folgekonferenz mit dem Titel »Homologie und Konvergenz in der Evolution der Nervensysteme«, die von nicht minder großem Wert für dieses Buch waren.

S. 44 *Vor etwa 542 Millionen Jahren …*: Hier beziehe ich mich auf Charles Marshall, »Explaining the Cambrian ›Explosion‹ of Animals«, in: *Annual Review of Earth and Planetary Sciences* 34 (2006), S. 355–384; Roy Plotnick, Stephen Dornbos und Junyuan Chen, »Information

Landscapes and Sensory Ecology of the Cambrian Radiation«, in: *Paleobiology* 36, Nr. 2 (2010), S. 303–317.

S. 45 *Die ersten Bilateria, zumindest einige ihrer frühen Vertreter …*: Siehe Graham Budd und Sören Jensen, »The Origin of the Animals and a ›Savannah‹ Hypothesis for Early Bilaterian Evolution«, in: *Biological Reviews*, online veröffentlicht am 20. November 2015; Linda Holland und sechs Mitautoren, »Evolution of Bilaterian Central Nervous Systems: A Single Origin?« in: *EvoDevo* 4 (2013), S. 27. Siehe auch den oben zitierten Band der *Philosophical Transactions of the Royal Society*. Ganz andere Fragen ergeben sich, wenn man nach den allerersten Bilateria und dem jüngsten gemeinsamen Vorfahren aller heute lebenden Zweiseitentiere fragt. Augenflecken zum Beispiel könnten in den späteren Formen vorhanden gewesen sein, nicht aber in der ersten. Wenn der jüngste gemeinsame Vorfahr der heute lebenden Bilateria Augenflecken besaß, bedeutet dies, dass Tiere des Ediacariums wie *Kimberella* und *Spriggina* (falls sie überhaupt Bilateria waren) oder zumindest ihre Vorfahren Augenflecken besaßen. All das wird gegenwärtig noch kontrovers diskutiert.

Seesterne übrigens sind offiziell Zweiseitentiere, obwohl sie in ihrer adulten Form radialsymmetrisch aufgebaut sind. Die Kategorie selbst ist umstritten. Es wird sogar die Hypothese vertreten, dass Nesseltiere im Grunde genommen Bilateria sind oder einen bilateralsymmetrisch gebauten Vorfahren hatten. Siehe John Finnerty, »The Origins of Axial Patterning in the Metazoa: How Old Is Bilateral Symmetry?«, in: *International Journal of Developmental Biology* 47 (2003), S. 523–529.

S. 46 *Die Tiere mit dem höchstentwickelten Verhalten …*: Siehe Anders Garm, Magnus Oskarsson und Dan-Eric Nilsson, »Box Jellyfish Use Terrestrial Visual Cues for Navigation«, in: *Current Biology* 21, Nr. 9 (2011), S. 798–803.

S. 48 *So traten offenbar die ersten hoch entwickelten Augen auf …*: Siehe Andrew Parker, *In the Blink of an Eye: How Vision Sparked the Big Bang of Evolution*, New York 2003.

S. 49 *Nach Budds Auffassung veränderte das Verhalten der Tiere …*: Siehe Budd und Jensen, »The Origin of the Animals and a ›Savannah‹ Hypothesis«, wie bereits zitiert. Gehling brachte ähnliche Hypothesen vor, als er mich durch die Ediacara-Abteilung in Adelaide führte.

S. 50 *Michael Trestman, auch ein Philosoph ...*: Siehe Trestmans Artikel »The Cambrian Explosion and the Origins of Embodied Cognition«, in: *Biological Theory* 8, Nr. 1 (2013), S. 80–92.

S. 51 *Es gibt unzählige Möglichkeiten, wie etwa jene ...*: Siehe Maria Antonietta Tosches und Detlev Arendt, »The Bilaterian Forebrain: An Evolutionary Chimaera«, in: *Current Opinion in Neurobiology* 23, Nr. 6 (2013), S. 1080–1089; Arendt, Tosches und Heather Marlow, »From Nerve Net to Nerve Ring, Nerve Cord and Brain – Evolution of the Nervous System«, in: *Nature Reviews Neuroscience* 17 (2016), S. 61–72.

S. 53 *Im Folgenden ist ein Diagramm zu sehen ...*: In diesem Diagramm verzichte ich darauf, bei Fragen, die noch nicht entschieden sind, Partei zu ergreifen. Rippenquallen habe ich weggelassen, obwohl sich in der erwähnten Unsicherheit darüber, wo sich Neuronen entwickelt haben, die Unsicherheit widerspiegelt, wo die Rippenquallen auf dem Stammbaum des Lebens anzusiedeln sind. Seesterne und andere Stachelhäuter befinden sich zusammen mit weiteren bilateralen Wirbellosen auf unserer Seite der Gabelung. Organismen wie Pflanzen und Pilze, die keine Tiere sind, kommen in dem Diagramm nicht vor. Sie würden wie zahlreiche einzelligen Organismen auf Ästen erscheinen, die weiter rechts liegen.

S. 55 *Claudius Aelianus*: Hier zitiert nach Sy Montgomery, *Rendezvous mit einem Oktopus*, Hamburg 2017, S. 73. In älteren Übersetzungen ist von »Bösartigkeit und List« die Rede. Siehe Claudius Aelianus, *Werke*, Viertes Bändchen. Thiergeschichten (Buch 13), Stuttgart 1839 (A. d. Ü.).

S. 56 *Kraken und andere Kopffüßer sind Weichtiere ...*: Grundlagen der wissenschaftlichen Erforschung der Kopffüßer und ihres Verhaltens bieten Roger Hanlon und John Messenger, *Cephalopod Behaviour*, zweite Ausgabe, Cambridge, UK 2018; im Weiteren eine Textsammlung herausgegeben von Anne-Sophie Darmaillacq, Ludovic Dickel und Jennifer Mather, *Cephalopod Cognition*, Cambridge, UK 2014. Eher populärwissenschaftlich gehalten ist Jennifer Mather, Roland Anderson und James Wood, *Octopus: The Ocean's Intelligent Invertebrate*, Portland, OR 2010; sowie Sy Montgomery, *Rendezvous mit einem Oktopus*.

S. 57 *Die Abstammungslinie der Kopffüßer geht wahrscheinlich auf ein frühes Weichtier zurück ...*: Hinsichtlich der Evolutionsgeschichte in diesem Kapitel beziehe ich mich weitgehend auf Björn Kröger, Jakob Vinther und Dirk Fuchs, »Cephalopod Origin and Evolution: A Congruent Picture Emerging from Fossils, Development and Molecules«, in: *BioEssays* 33, Nr. 8 (2011), S. 602–613. Den großen Rahmen dazu bietet James Valentine, *On the Origin of Phyla*, Chicago 2004.

S. 57 *Auf trockenem Land ist es für ein Tier unmöglich, sich ohne Anstrengung in die Luft zu erheben*: Interessant ist, dass an Land das Fliegen möglicherweise mehrmals erfunden wurde, in einer Luft, die noch mehr dem Meer glich. Siehe Robert Dudley, »Atmospheric Oxygen, Giant Paleozoic Insects and the Evolution of Aerial Locomotor Performance«, in: *Journal of Experimental Biology* 201 (1998), S. 1043–1050.

S. 59 *Der auch als Perlboot bezeichnete Nautilus allerdings überlebte bis heute*: Für Näheres über Perlboote siehe Jennifer Basil und Robyn Crook, »Evolution of Behavioral and Neural Complexity: Learning and Memory in Chambered *Nautilus*«, in: Darmaillacq, Dickel und Mather (Hg.), *Cephalopod Cognition*, S. 31–56.

S. 60 *Das erste vermutlich von einem Kraken stammende Fossil …*: Zu dem ersten siehe Joanne Kluessendorf und Peter Doyle, »*Pohlsepia mazonensis*, an Early ›Octopus‹ from the Carboniferous of Illinois, USA«, in: *Palaeontology* 43, Nr. 5 (2000), S. 919–926. Nicht alle Biologen sind von diesem Exemplar, das mehr als 290 Millionen Jahre alt ist, überzeugt. Unumstritten ist hingegen das *Proteroctopus* genannte Exemplar, das viel jünger ist und ein Alter von etwa 164 Millionen Jahren besitzt. Siehe J.-C. Fischer und Bernard Riou, »Le plus ancien octopode connu (Cephalopoda, Dibranchiata), *Proteroctopus ribeti* nov. gen., nov. sp., du Callovien de l'Ardèche (France)«, in: *Comptes Rendus de l'Académie des Sciences de Paris* 295, Nr. 2 (1982), S. 277–280. Auf der TONMO-Website findet sich eine gute Darstellung fossiler Kraken {www.tonmo.com/pages/fossil-octopuses/}, Zugriff 09.01.2019.

S. 63 *In der Entwicklung der Kopffüßer zu ihren heutigen Formen …*: Ein guter Text zu diesem Thema ist Frank Grasso und Jennifer Basil, »The Evolution of Flexible Behavioral Repertoires in Cephalopod Molluscs«, in: *Brain, Behavior and Evolution* 74, Nr. 3 (2009), S. 231–245.

S. 63 *Ein Gewöhnlicher Krake* (Octopus vulgaris) *besitzt …*: In »Octopuses«, erschienen in: *Current Biology* 18, Nr. 19 (2008),

S. R897–898, gibt Binyamin Hochner die folgende Zusammenfassung: »Das Nervensystem des Kraken enthält etwa 500 Millionen Nervenzellen, mehr als 10 000 Mal so viel wie bei anderen Weichtieren (Gartenschnecken zum Beispiel haben 10 000 Neuronen) und weit über 100 Mal so viel wie bei hoch entwickelten Insekten (Schaben und Honigbienen zum Beispiel verfügen über etwa eine Million Neuronen), die den Kopffüßern hinsichtlich der Verhaltenskomplexität bei Wirbellosen wohl am nächsten kommen. Die Neuronenzahl bei den Kraken geht über die der Amphibien wie etwa den Fröschen (~16 Millionen) und der kleinen Säugetiere wie der Maus (~50 Millionen) oder der Ratte (~100 Millionen) hinaus und liegt nur wenig unter der von Hunden (~600 Millionen), Katzen (~1 Milliarde) und Rhesusaffen (~2 Milliarden).« Neuronen zu zählen oder zu schätzen, ist nicht ganz einfach, und die genannten Zahlen sollten als Annäherungswerte verstanden werden. Suzana Herculano-Houzel von der Universidade Federal do Rio de Janeiro hat eine neue Zählmethode erarbeitet und sie auf einige Tiere angewandt, Kraken stehen als Nächstes auf ihrer Liste.

S. 64 *Zu den faszinierendsten Befunden in den jüngsten Forschungen zur Intelligenz …*: Siehe Irene Maxine Pepperberg, *The Alex Studies: Cognitive and Communicative Abilities of Grey Parrots*, Cambridge, MA 2000; Nathan Emery und Nicola Clayton, »The Mentality of Crows: Convergent Evolution of Intelligence in Corvids and Apes«, in: *Science* 306 (2004), S. 1903–1907; Alex Taylor, »Corvid Cognition«, in: *WIREs Cognitive Science* 5, Nr. 3 (2014), S. 361–372.

S. 65 *Wenn Biologen sich das Gehirn eines Vogels …*: Siehe David Edelman, Bernard Baars und Anil Seth, »Identifying Hallmarks of Consciousness in Non-Mammalian Species«, in: *Consciousness and Cognition* 14, Nr. 1 (2005), S. 169–187.

S. 65 *Wenn Kraken im Labor getestet werden, erzielen sie recht …*: Hanlon und Messenger, *Cephalopod Behaviour*; Darmaillacq, Dickel und Mather (Hg.), *Cephalopod Cognition*.

S. 66 *Peter Dews, ein Wissenschaftler aus Harvard …*: Der Artikel heißt »Some Observations on an Operant in the Octopus«, in: *Journal of the Experimental Analysis of Behavior* 2, Nr. 1 (1959), S. 57–63. Zum Lernen durch Belohnung und Bestrafung und seine Ideengeschichte siehe

Edward Thorndike, »Animal Intelligence: An Experimental Study of the Associative Processes in Animals«, in: *The Psychological Review*, Series of Monograph Supplements 2, Nr. 4 (1898), S. 1–109; B. F. Skinner, *The Behavior of Organisms: An Experimental Analysis*, Oxford, U.K. 1938.

S. 69 *In mindestens zwei Aquarien haben Kraken gelernt ...*: Eine Nachricht stammt aus der britischen Zeitung *The Telegraph*: Das Sea-Star Aquarium in Coburg, Deutschland, wurde von rätselhaften Stromausfällen heimgesucht. Ein Sprecher sagte: »In der dritten Nacht haben wir dann herausgefunden, dass der Krake Otto für das Chaos verantwortlich war. Wir wussten, dass er gelangweilt war, denn das Aquarium hatte Winterpause, und mit 80 Zentimeter Größe hatte er herausgefunden, dass er nun groß genug war, um sich auf den Rand seines Beckens zu schwingen und den 2000-Watt-Strahler mit einem sorgfältig gezielten Wasserstrahl auszuschießen.« {www.telegraph.co.uk/news/newstopics/howaboutthat/3328480/Otto-the-octopus-wrecks-havoc.html}, Zugriff 09.01.2019. Ein anderer Fall trug sich an der Unversity of Otago in Neuseeland zu, er wurde mir von Jean McKinnon mitgeteilt (persönliche Kommunikation) mit dem Zusatz: »Dies wird nicht mehr passieren, wir haben jetzt wasserdichte Leuchten!«

S. 70 *Shelley Adamo von der Dalhousie University hatte eine Sepia ...*: Persönliche Kommunikation.

S. 70 *Ein 2010 durchgeführtes Experiment bestätigte ...*: Siehe Roland Anderson, Jennifer Mather, Mathieu Monette und Stephanie Zimsen, »Octopuses (*Enteroctopus dofleini*) Recognize Individual Humans«, in: *Journal of Applied Animal Welfare Science* 13, Nr. 3 (2010), S. 261–272.

S. 71 *Jean Boal von der Millersville University in Pennsylvania ...*: Persönliche Kommunikation.

S. 73 *Für jemanden, der die Kraken als fühlende Wesen betrachtet ...*: Viele der frühen neurobiologischen Experimente waren dieser Art – verschiedene Studien finden sich zum Beispiel beschrieben in Marion Nixon und John Z. Young, *The Brains and Lives of Cephalopods*, Oxford und New York 2003.

S. 73 *In den vergangenen zehn Jahren allerdings sind Kraken in Verordnungen ...*: Die neue EU-Verordnung ist die Richtlinie 2010/63/EU des Europäischen Parlaments und des Rates (A. d. Ü.)

S. 73 *Jennifer Mather, die, zusammen mit Roland Anderson vom Seattle Aquarium* ...: Siehe Mather and Anderson, »Exploration, Play and Habituation in *Octopus dofleini*«, in: *Journal of Comparative Psychology* 113, Nr. 3 (1999), S. 333–338; Michael Kuba, Ruth Byrne, Daniela Meisel und Jennifer Mather, »When Do Octopuses Play? Effects of Repeated Testing, Object Type, Age, and Food Deprivation on Object Play in *Octopus vulgaris*«, in: *Journal of Comparative Psychology* 120, Nr. 3 (2006), S. 184–190. Ein von den Spieltheoretikern Gordon Burghardt und Michael Kuba verfasstes Kapitel dazu findet sich in *Cephalopod Cognition*.

S. 75 *Nach einer zehnminütigen Tour* ...: Matt hat die Zeit auf seiner Kamera festgehalten. Es war nicht die einzige Tour, bei der er von einem Kraken geführt worden war, aber es war die längste.

S. 75 *Er postete ein paar Fotos auf einer Webseite* ...: Der Name der Website lautet {tonmo.com}, Zugriff 09.01.2019.

S. 75 *Die Stelle, die wir mittlerweile Octopolis nennen* ...: Unser erster Artikel zu der Stelle: Godfrey-Smith und Lawrence, »Long-Term High-Density Occupation of a Site by *Octopus tetricus* and Possible Site Modification Due to Foraging Behavior«, in: *Marine and Freshwater Behaviour and Physiology* 45, Nr. 4 (2012), S. 1–8.

S. 77 *Die nächste Szene spielt auf dem Muschelbett selbst*: Dieses Foto und weitere auf den Seiten 77, 78, 84 und 123 sind Stills aus einem Video, das von einer vor Ort aufgestellten automatischen Kamera aufgenommen wurde. Ich danke meinen Mitarbeitern Matt Lawrence, David Scheel und Stefan Linquist für die Erlaubnis, sie in das Buch aufnehmen zu dürfen.

S. 79 *In Indonesien staunte 2009 eine Forschergruppe nicht schlecht* ...: Siehe Julian Finn, Tom Tregenza und Mark Norman, »Defensive Tool Use in a Coconut-Carrying Octopus«, in: *Current Biology* 19, Nr. 23 (2009), S. R1069–1070. Das beste Beispiel für den Gebrauch zusammengesetzter Werkzeuge durch Tiere, das ich kenne, sind Schimpansen, die einen Steinamboss benutzen, um Nüsse zu knacken, und dafür noch einen Stein als Keil einsetzen. Der Keil wird unter den Amboss geschoben, um dessen Oberfläche zum einfacheren Gebrauch waagerecht auszurichten. Siehe William McGrew, »Chimpanzee Technology«, in: *Science* 328 (2010), S. 579–580.

S. 80 *Bei den Gliederfüßern wird sehr komplexes Verhalten ...*: Das ist eine starke Verallgemeinerung, und manche Autoren würden die Ausnahmen - Spinnen und Fangschreckenkrebse - hervorheben: Zu den Spinnen siehe Robert Jackson and Fiona Cross, »Spider Cognition«, in: *Advances in Insect Physiology* 41 (2011), S. 115-174. Roy Caldwell, ein führender Krakenforscher an der University of California, Berkeley, behauptet, dass Fangschreckenkrebse (oder *Stomatopoden*) ein sehr komplexes Verhalten an den Tag legen und nicht weniger hoch entwickelt als Kraken sind, wobei er davon ausgeht, dass angesichts der unterschiedlichen sensorischen Fähigkeiten ein Vergleich wenig sinnvoll ist. Siehe Thomas Cronin, Roy Caldwell und Justin Marshall, »Learning in Stomatopod Crustaceans«, in: *International Journal of Comparative Psychology* 19 (2006), S. 297-317.

S. 81 *Das Ahnentier am Gabelpunkt des Y besaß bereits Neuronen*: Die Debatte über die Komplexität dieses Tieres, des Vorfahren der Urmünder und der Neumünder ist noch im Gange. Siehe Nicholas Holland, »Nervous Systems and Scenarios for the Invertebrate-to-Vertebrate Transition«, in: *Philosophical Transactions of the Royal Society B* 371, Nr. 1685 (2016), Artikel 20150047; Gabriella Wolff und Nicholas Strausfeld, »Genealogical Correspondence of a Forebrain Centre Implies an Executive Brain in the Protostome-Deuterostome Bilaterian Ancestor«, Artikel 20150055 in der gleichen Ausgabe der *Philosophical Transactions B*, in der die Artikel des zweiten Tags der 2015 von Hirth und Strausfeld organisierten Konferenz versammelt sind, die ich bereits in Kapitel 2 diskutiert habe. Ich habe mit »mutmaßlich ein wurmähnliches Wesen« bewusst eine vage Formulierung gewählt, die keine Verbindung zu einer bestimmten Art heutiger Würmer (Plattwürmer, Ringelwürmer usw.) andeutet. Wolff und Strausfeld gehen davon aus, dass es, wie ihr Titel besagt, in dem gemeinsamen Ahnen ein ausführendes Gehirn gab, ihnen schwebt aber eine in jeder Hinsicht überaus einfache Struktur vor; sie setzen den hypothetischen Vorfahren von Plattwürmern mit Gehirnen auf eine Stufe, die vielleicht Hunderte Neuronen enthalten. Eine dem widersprechende Auffassung, die sehr kleine und einfachere frühe Bilateria postuliert, bietet Gregory Wray, »Molecular Clocks and the Early Evolution of Metazoan Nervous Systems«,

Artikel 20150046 in: *Philosophical Transactions B* 370, Nr. 1684 (2015), die Ausgabe, in der Artikel vom ersten Konferenztag versammelt sind.

S. 81 *Auf der Seite der Kopffüßer bildete sich ein ganz anderer Körperbauplan heraus …*: Siehe Bernhard Budelmann, »The Cephalopod Nervous System: What Evolution Has Made of the Molluscan Design«, in: O. Breidbach und W. Kutsch (Hg.), *The Nervous System of Invertebrates: An Evolutionary and Comparative Approach*, Basel 1995, S. 115–138.

S. 83 *Frühe, auf Verhalten und Anatomie ausgerichtete Forschungen …*: Siehe Nixon und Young, *The Brains and Lives of Cephalopods*.

S. 83 *Wenn ein Krake ein Stück Nahrung zum Mund führt …*: Siehe Tamar Flash und Binyamin Hochner, »Motor Primitives in Vertebrates and Invertebrates«, in: *Current Opinion in Neurobiology* 15, Nr. 6 (2005), S. 660–666.

S. 83 *Das Nervensystem der einzelnen Arme besitzt zudem Rückkopplungsschleifen …*: Siehe Frank Grasso, »The Octopus with Two Brains: How Are Distributed and Central Representations Integrated in the Octopus Central Nervous System?«, in: *Cephalopod Cognition*, S. 94–122.

S. 84 *Ein 2011 von Hochner zusammen mit Tamar Gutnick, Ruth Byrne und Michael Kuba verfasster Artikel …*: Siehe Tamar Gutnick, Ruth Byrne, Binyamin Hochner und Michael Kuba, »*Octopus vulgaris* Uses Visual Information to Determine the Location of Its Arm«, in: *Current Biology* 21, Nr. 6 (2011), S. 460–462. Sy Montgomery berichtet in ihrem Buch *Rendezvous mit einem Oktopus*, dass viele Forscher von Anekdoten wüssten, wonach sich bei einem Kraken, der mit einem Nahrungshappen in ein ungewohntes Becken gesetzt würde, offenbar in den Armen sein Hin- und Hergerissensein äußere. Einige Arme sind bestrebt, das Tier in Richtung Fressen zu ziehen, während andere es anscheinend dazu anhalten, sich in die Ecke zu ducken. Eine vergleichbare Situation konnte ich beobachten, als in einem Laboratorium in Sydney ein Krake in ein Becken gesetzt wurde. Das Tier schien zwischen Armen, die völlig unterschiedlich auf die Situation reagierten, hin- und hergerissen zu sein. Allerdings zweifle ich an der Signifikanz dieses Ereignisses, zumal ich später bemerkte, dass das Licht in dem Raum so hell war und das Tier nur völlig verwirrt gewesen sein könnte.

S. 85 *Sie streifen umher …*: Es gibt auch Tiefseekraken, über die man nur wenig weiß. Ein sehr gutes Kapitel über diese Arten findet sich in Darmaillacq u. a., *Cephalopod Cognition*.

S. 85 *Wenn Tierpsychologen die Evolution eines großen Gehirns zu erklären versuchen …*: Siehe Nicholas Humphrey, »The Social Function of Intellect«, in: P. P. G. Bateson und R. Hinde (Hg.), *Growing Points in Ethology*, Cambridge, U.K. 1976, S. 303-317; Richard Byrne und Lucy Bates, »Sociality, Evolution and Cognition«, in: *Current Biology* 17, Nr. 16 (2007), S. R714-723.

S. 85 *Um dieser Behauptung etwas Kontur zu verleihen …*: Kathrin Gibsons Text erschien unter dem Titel »Cognition, Brain Size and the Extraction of Embedded Food Resources«, in: J. G. Else und P. C. Lee (Hg.), *Primate Ontogeny, Cognition and Social Behaviour*, Cambridge, UK 1986, S. 93-103. Ich erörtere diese Ideen in »Cephalopods and the Evolution of the Mind«, in: *Pacific Conservation Biology* 19, Nr. 1 (2013), S. 4-9.

S. 87 *Die Anforderungen des sozialen Lebens innerhalb einer Art …*: Auf diesen Gesichtspunkt haben mich sowohl Michael Trestman als auch Jennifer Mather hingewiesen.

S. 90 *Wirbeltiere und Kopffüßer entwickelten jeweils unabhängig voneinander sogenannte Kameraaugen …*: Siehe Russell Fernald, »Evolution of Eyes«, in: *Current Opinion in Neurobiology* 10 (2000), S. 444-450; Nadine Randel und Gáspár Jékely, »Phototaxis and the Origin of Visual Eyes«, in: *Philosophical Transactions of the Royal Society B* 371 (2016), Artikel 20150042.

S. 90 *Lernen, indem auf Belohnung und Bestrafung geachtet …*: Siehe Clint Perry, Andrew Barron und Ken Cheng, »Invertebrate Learning and Cognition: Relating Phenomena to Neural Substrate«, in: *WIREs Cognitive Science* 4, Nr. 5 (2013), S. 561-582.

S. 90 *Echte Tintenfische (Sepien) verfügen offenbar über einen REM-(Rapid-Eye-Movement)-Schlaf …*: Siehe Marcos Frank, Robert Waldrop, Michelle Dumoulin, Sara Aton und Jean Boal, »A Preliminary Analysis of Sleep-Like States in the Cuttlefish *Sepia officinalis*«, in: *PLoS One* 7, Nr. 6 (2012), Artikel e38125.

S. 91 *Einer der entscheidenden Gedanken dabei ist die Vorstellung, dass nicht unser Gehirn …*: Eine klassische allgemeine Darstellung ist das Buch von Andy Clark, *Being There: Putting Brain, Body, and World Together Again*, Cambridge, MA 1997. Zur Robotik siehe Rodney Brooks, »New Approaches to Robotics«, in: *Science* 253 (1991), S. 1227-1232. Der Artikel von Hillel Chiel und Randall Beer lautet »The Brain Has a Body: Adaptive Behavior Emerges from Interactions of Nervous System, Body and Environment«, in: *Trends in Neurosciences* 23, Nr. 12 (1997), S. 553-557. Zwei interessante Texte, die sich im Hinblick auf Kraken der Theorie des *Embodiment* bedienen, sind Letizia Zullo und Binyamin Hochner, »A New Perspective on the Organization of an Invertebrate Brain«, in: *Communicative and Integrative Biology* 4, Nr. 1 (2011), S. 26-29, sowie Hochners »How Nervous Systems Evolve in Relation to Their Embodiment: What We Can Learn from Octopuses and Other Molluscs«, in: *Brain, Behavior and Evolution* 82, Nr. 1 (2013), S. 19-30. Das Material am Ende des Kapitels ist von einer Publikumsdiskussion beeinflusst, die im Anschluss an einen Vortrag von Sidney Diamante mit dem Titel »Reaching Out to the World: Octopuses and Embodied Cognition« im Rahmen eines Treffens der Australasian Association of Philosophy im Jahre 2014 stattfand. Zur Zeit leitet Cecilia Laschi in Pisa ein Team, das an einem Oktopus-Roboter arbeitet, wobei der Schwerpunkt auf den Armen liegt: Siehe {www.octopus-project.eu/index.html}, Zugriff 09.01.2019.

S. 92 *Doch dies setzt voraus, dass der Körper auch eine Form hat ...*: Technisch gesehen mag man einwenden, dass der Krake eine Topologie besitzt - welche Körperteile mit welchen verbunden sind, sind unumgängliche Tatsachen, die Entfernungen zwischen den Teilen jedoch und ihre Winkel zueinander sind alle veränderlich.

S. 92 *Beim Oktopus ist das Nervensystem als Ganzes ein maßgeblicheres Objekt als das Gehirn ...*: Obgleich der visuelle Cortex hinter den Augen wichtig für die Kognition der Kraken ist, wird er manchmal beschrieben, als gehöre er nicht wirklich zum zentralen Gehirn des Kraken.

S. 95f. *Vor etlichen Jahren nutzte Thomas Nagel den Ausdruck* Wie ist es? ...: Siehe Thomas Nagel, *Wie ist es, eine Fledermaus zu sein?*, Stuttgart 2016.

S. 96 *Ich möchte uns aber dem von James gesetzten Ziel näherbringen*: Weitere Schritte dazu unternehme ich in »Mind, Matter, and

Metabolism«, in: *The Journal of Philosophy* 113 (2016), S. 481–506, sowie in »Evolving Across the Explanatory Gap«, in: *Philosophy, Theory, and Practice in Biology* (2019) 11:1. Ein Teil der Lösung wird sich aus der Entwicklung neuer Theorieansätze ergeben, ein anderer aus einer kritischen Neuausrichtung des Problems selbst. Mit dieser Neuausrichtung befasse ich mich hier nur unwesentlich.

S. 96 *Das grundlegendste Phänomen, das es zu erklären gilt* …: Auf einige diese Unterschiede gehe ich näher ein in: »Animal Evolution and the Origins of Experience«, in: David Livingstone Smith (Hg.), *How Biology Shapes Philosophy: New Foundations for Naturalism*, Cambridge, UK 2016.

S. 97 *Es durchdringt auch nicht die ganze Natur, wie die Panpsychisten glauben*: Siehe Thomas Nagel, »Panpsychism«, in: *Mortal Questions*, Cambridge, UK 1979, S. 181–195; Galen Strawson u. a., *Consciousness and Its Place in Nature: Does Physicalism Entail Panpsychism?*, Exeter, UK und Charlottesville, VA 2006.

S. 98 *Nehmen wir den Fall der sensorischen Substitution* …: Siehe Paul Bach-y-Rita, »The Relationship Between Motor Processes and Cognition in Tactile Vision Substitution«, in: Wolfgang Prinz und Andries Sanders (Hg.), *Cognition and Motor Processes*, Berlin 1984, S. 149–160; Bach-y-Rita und Stephen Kercel, »Sensory Substitution and the Human-Machine Interface«, in: *Trends in Cognitive Sciences* 7, Nr. 12 (2003), S. 541–546. Für eine kritischere Sicht auf diese Technologien siehe Ophelia Deroy und Malika Auvray, »Reading the World through the Skin and Ears: A New Perspective on Sensory Substitution«, in: *Frontiers in Psychology* 3 (2012), S. 457.

S. 99 *Als Reaktion lehnten sie die Bedeutung der Sinnesempfindungen in Bausch und Bogen ab* …: Ich hoffe, dies hört sich merkwürdig an; wie kommt man darauf? Manche Philosophen betonen die Interpretation des Erlebens durch die Organismen so sehr, dass der sensorische Input schließlich zu einer Konstruktion des Organismus selbst wird. Ein anderer Ansatz – meist in biologisch orientierten Philosophien, wie sie für dieses Buch relevanter sind – besteht darin, die Grenzen des Organismus nach außen auszudehnen. Alles, was in dem Hin und Her zwischen Empfinden und Handeln eine signifikante Rolle spielt, muss sich in Wirklichkeit für das lebende System intern abspielen. Ein Ansatz dieser Art ist kürzlich von Evan Thompson verfochten worden. Siehe ders., *Mind in Life: Biology, Phenomenology, and the Sciences of Mind*, Cambridge, MA 2007. Solche Sichtweisen sind meist von der Absicht motiviert, den Blick auf den Organismus als passivem Empfänger von Information von außen zu vermeiden. Aber auch damit schießt man über das Ziel hinaus.

S. 100 *Das Schema der Ursache-Wirkung-Verhältnisse sieht wie folgt aus*: Siehe auch Alva Noë, *Out of Our Heads: Why You Are Not Your Brain, and Other Lessons from the Biology of Consciousness*, New York 2010, sowie Thompson, *Mind in Life*.

S. 101 *Es gibt zum Beispiel Fische, die zur Kommunikation mit anderen Fischen …*: Siehe Ann Kennedy u. a., »A Temporal Basis for Predicting the Sensory Consequences of Motor Commands in an Electric Fish«, in: *Nature Neuroscience* 17 (2014), S. 416–422.

S. 102 *Wie der schwedische Neurobiologe Björn Merker bemerkt …*: Siehe seinen exzellenten Artikel »The Liabilities of Mobility: A Selection Pressure for the Transition to Consciousness in Animal Evolution«, in: *Consciousness and Cognition* 14, Nr. 1 (2005), S. 89–114. Merkers Aufsatz hatte beträchtlichen Einfluss auf das vorliegende Kapitel.

S. 102 *Die Wechselwirkung zwischen Wahrnehmung und Aktion …*: Die Wichtigkeit der Wahrnehmungskonstanz in philosophischen Fragen hat Tyler Burge hervorgehoben in *Origins of Objectivity*, Oxford und New York 2010.

S. 104 *Als dieser Frage jedoch anhand von Tauben nachgegangen wurde …*: Siehe Laura Jiménez Ortega u. a., »Limits of Intraocular and Interocular Transfer in Pigeons«, in: *Behavioural Brain Research* 193, Nr. 1 (2008), S. 69–78.

S. 104 *Diese Experimente wurden auch mit Kraken durchgeführt*: Siehe W. R. A. Muntz, »Interocular Transfer in Octopus: Bilaterality of the Engram«, in: *Journal of Comparative and Physiological Psychology* 54, Nr. 2 (1961), S. 192–195.

S. 104 *In den letzten Jahren haben Tierforscher wie Giorgio Vallortigara …*: Siehe G. Vallortigara, L. Rogers und A. Bisazza, »Possible Evolutionary Origins of Cognitive Brain Lateralization«, in: *Brain Research Reviews* 30, Nr. 2 (1999), S. 164–175.

S. 105 *Die vorgenannten Entdeckungen erinnern an Experimente mit »Split-Brain«-Personen*: Siehe Roger Sperry, »Brain Bisection and Mechanisms of Consciousness«, in: John Eccles (Hg.), *Brain and Conscious Experience*, Berlin 1964, S. 298–313; Thomas Nagel, »Brain Bisection and the Unity of Consciousness«, *Synthese* 22 (1971), S. 396–413; Tim Bayne, *The Unity of Consciousness*, Oxford und New York 2010.

S. 106 *Marian Dawkins führte ein einfaches Experiment mit Hühnern durch …*: Marian Dawkins, »What Are Birds Looking at? Head Movements and Eye Use in Chickens«, in: *Animal Behaviour* 63, Nr. 5 (2002), S. 991–998.

S. 107 *Auch die Evolution ist eine Art Erwachen …*: Es gibt noch eine dritte Zeitskala, die der individuellen Entwicklung. Siehe Alison Gopnik, *Kleine Philosophen. Was wir von unseren Kindern über Liebe, Wahrheit und den Sinn des Lebens lernen können*, Berlin 2010.

S. 107 *DF wurde durch die Sehforscher David Milner und Melvyn Goodale ausführlich untersucht*: Siehe ihr Buch, *Sight Unseen: An Exploration of Conscious and Unconscious Vision*, Oxford und New York 2005. Das ist die richtige Stelle, um eine interessante Kritik anzuführen an der Art, wie in einigen Werken, die ich in den vorliegenden Abschnitten verwende, »unbewusste« Prozesse identifiziert werden. Behandeln die betreffenden Arbeiten das Vorhandensein bewussten Erlebens etwa zu sehr als Ja/Nein-Angelegenheit? Vielleicht wäre es klüger, das Ganze als eine graduelle Sache zu betrachten, in welchem Fall das Sammeln von Daten sowie der Ergebnisbericht anders ausfallen müssten. Siehe Morten Overgaard u. a., »Is Conscious Perception Gradual or Dichotomous? A Comparison of Report Methodologies During a Visual Task«, in: *Consciousness and Cognition* 15 (2006), S. 700–708.

S. 109 *In den 1960er-Jahren unternahm David Ingle chirurgische Eingriffe bei Fröschen …*: Sein Artikel »Two Visual Systems in the Frog«, erschien in *Science* 181 (1973), S. 1053–1055. Das Zitat von Milner und Goodale stammt aus dem Buch *Sight Unseen*.

S. 110 *Diese Auffassung verficht auch der Neurobiologe Stanislas Dehaene …*: Siehe Stanislas Dehaene, *Denken. Wie das Gehirn Bewusstsein schafft*, München 2014. Weiteres zur »Blinzelforschung«, wie sie im nächsten Absatz besprochen wird, findet sich in Robert Clark u. a.,

»Classical Conditioning, Awareness, and Brain Systems«, in: *Trends in Cognitive Sciences* 6, Nr. 12 (2002), S. 524–531.

S. 112 *Baars vertrat die Ansicht, dass uns jene Informationen bewusst sind …*: Siehe Bernard Baars, *A Cognitive Theory of Consciousness*, Cambridge, UK 1988.

S. 112 *Diese Sicht vertritt Jesse Prinz …*: Siehe Jesse Prinz, *The Conscious Brain: How Attention Engenders Experience*, Oxford und New York 2012.

S. 112 *Diese Ansätze zur Erklärung des subjektiven Erlebens …*: Siehe auch Godfrey-Smith, »Animal Evolution and the Origins of Experience«.

S. 113 *Doch einige sind offenbar der Ansicht, dass es keinen Unterschied …*: Prinz vertritt diese Auffassung. Was Dehaene anbelangt, bin ich mir nicht sicher.

S. 113f. *Nehmen wir die Intrusion plötzlichen Schmerzes …*: Hierbei beziehe ich mich auf jüngere Arbeiten zum Schmerz bei Fischen, Vögeln und Wirbellosen. Zu den wichtigsten gehören T. Danbury u. a., »Self-Selection of the Analgesic Drug Carprofen by Lame Broiler Chickens«, in: *Veterinary Record* 146, Nr. 11 (2000), S. 307–311; Lynne Sneddon, »Pain Perception in Fish: Evidence and Implications for the Use of Fish«, in: *Journal of Consciousness Studies* 18, Nr. 9–10 (2011), S. 209–229; C. H. Eisemann u. a., »Do Insects Feel Pain? – A Biological View«, in: *Experientia* 40, Nr. 2 (1984), S. 164–167; R. W. Elwood, »Evidence for Pain in Decapod Crustaceans«, in: *Animal Welfare* 21, suppl. 2 (2012), S. 23–27. Zu Derek Dentons Arbeit über »ursprüngliche Emotionen«, siehe Denton u. a., »The Role of Primordial Emotions in the Evolutionary Origin of Consciousness«, in: *Consciousness and Cognition* 18, Nr. 2 (2009), S. 500–514.

S. 116 *Die Überschrift dieses Kapitels ist einem Text …*: Siehe Simona Ginsburg und Eva Jablonka, »The Transition to Experiencing: I. Limited Learning and Limited Experiencing«, in: *Biological Theory* 2, Nr. 3 (2007), S. 218–230.

S. 118 *Ein einfaches Erleben würde demnach erst im Kambrium …*: Damals boten sich zahlreiche Optionen. Es dürfte ein Irrtum sein, den *Anfang* subjektiven Erlebens in diesem Stadium anzusiedeln, und nicht eine veränderte Ausprägung, einen veränderten Charakter vorauszusetzen. Einige eher radikale Optionen behandele ich in »Mind, Matter, and Metabolism«.

S. 118 *Dann muss es also mindestens drei gesonderte Ursprünge für diese Eigenschaft gegeben haben ...*: Ich gehe davon aus, dass der gemeinsame Vorfahre von Urmündern und Neumündern ein einfaches Wesen war, das ein einfaches ediacarisches Leben führte. Wie oben erörtert, nehmen einige Forscher an, dass dieses Tier komplexer gebaut war und ein, in der Formulierung von Gabriella Wolff und Nicholas Strausfeld, »ausführendes Gehirn« besaß, das Handlungsoptionen kontrollierte. Siehe dies., »Genealogical Correspondence of a Forebrain Centre Implies an Executive Brain in the Protostome-Deuterostome Bilaterian Ancestor«, in: *Philosophical Transactions of the Royal Society B* 371 (2016), Artikel 20150055. Die Autoren begründen ihre These mit Ähnlichkeiten zwischen dem Gehirn heutiger Wirbeltiere und dem von Gliederfüßern (wie etwa Insekten). Interessanterweise gehen sie davon aus, dass Kopffüßer, obgleich sich bei Menschen und Insekten derselbe urzeitliche Grundbauplan ausdifferenzierte, einen eigenen neuartigen Bauplan entwickelten: »[B]ei Kopffüßer-Weichtieren gibt es überwältigende Beweise dafür, dass miteinander vergleichbare und von Neuronennetzwerken gesteuerte Verhaltensweisen völlig unabhängige Abstammungsursprünge haben.« Allerdings drängt sich hier eine Frage auf: Der jüngste gemeinsame Vorfahre von Krake und Mensch ist das gleiche Tier wie der jüngste gemeinsame Vorfahre von Krake und Insekt. Nach Auffassung der Autoren scheinen demnach die Weichtiere ihr ererbtes ausführendes Gehirn aufgegeben zu haben, woraufhin die Kopffüßer ein neues entwickelten.

S. 119 *Kommen wir nun wieder zum Kraken zurück ...*: Wegweisende Aufsätze zu dieser Frage sind Jennifer Mather, »Cephalopod Consciousness: Behavioural Evidence«, in: *Consciousness and Cognition* 17, Nr. 1 (2008), S. 37–48, sowie Edelman, Baars und Seth, »Identifying Hallmarks of Consciousness in Non-Mammalian Species«, in: *Consciousness and Cognition* 14 (2005), S. 169–187.

S. 120 *In einem bereits 1956 durchgeführten Experiment ...*: Siehe B. B. Boycott und J. Z. Young, »Reactions to Shape in *Octopus vulgaris* Lamarck«, in: *Proceedings of the Zoological Society of London* 126,

Nr. 4 (1956), S. 491–547. Michael Kuba hat mir gegenüber die überraschende Tatsache bestätigt, dass diese Experimente seines Wissens nach nicht wieder aufgegriffen worden sind.

S. 121 *Vor einigen Jahren führte Jennifer Mather …*: Siehe Jennifer Mather, »Navigation by Spatial Memory and Use of Visual Landmarks in Octopuses«, in: *Journal of Comparative Physiology A* 168, Nr. 4 (1991), S. 491–497.

S. 124 *Mit schmerzbezogenen Verhaltensweisen, darunter auch der Wundpflege …*: Siehe Jean Alupay, Stavros Hadjisolomou und Robyn Crook, »Arm Injury Produces Long-Term Behavioral and Neural Hypersensitivity in Octopus«, in: *Neuroscience Letters* 558 (2013), S. 137–142; sowie Mather, »Do Cephalopods Have Pain and Suffering?«, in: Thierry Auffret van der Kemp und Martine Lachance (Hg.), *Animal Suffering: From Science to Law*, Toronto 2013. Die oben genannte Studie von Alupay und ihren Kollegen ergab zudem, dass ein Krake, auch wenn die Teile seines Zentralgehirns, die normalerweise für die »klügsten« gehalten werden, entfernt werden (die vertikalen und frontalen Lappen), weiterhin seinen der Wundversorgung gewidmeten Verhaltensweisen folgt. Demnach sei, wie die Forscher sagen, dieses Verhalten entweder kein Schmerzindikator, für das es gewöhnlich gehalten wird, oder die Kraken verfügen an anderer Stelle in ihrem Nervensystem über schmerzbezogene Körperrepräsentationen. Ich nehme Letzteres an, auch wenn dies niemand je wissen wird.

S. 125 *Betrachten wir einige Analogien, wie sie bei uns stattfinden …*: Ich danke Laura Franklin-Hall, die während einer Diskussion nach einem Besuch in Binyamin Hochners Oktopuslabor in Jerusalem interessante Erwägungen zu diesem Gesichtspunkt geäußert hat.

S. 126 *Sie bleiben uns in der Regel verborgen, sind aber vorhanden*: Siehe M. A. Goodale, D. Pelisson und C. Prablanc, »Large Adjustments in Visually Guided Reaching Do Not Depend on Vision of the Hand or Perception of Target Displacement«, in: *Nature* 320 (1986), S. 748–750.

S. 127 *In dem oben zitierten Text über verkörperte Kognition …*: Siehe Chiel und Beer, »The Brain Has a Body: Adaptive Behavior Emerges from Interactions of Nervous System, Body and Environment«, in: *Trends in Neurosciences* 23 (1997), S. 553–557.

S. 131 *Alexandra Schnell, eine der wenigen Personen ...*: Siehe Alexandra Schnell, Carolynn Smith, Roger Hanlon und Robert Harcourt, »Giant Australian Cuttlefish Use Mutual Assessment to Resolve Male-Male Contests«, in: *Animal Behavior* 107 (2015), S. 31–40.

S. 132 *Und das funktioniert so*: In Hanlons und Messengers Buch *Cephalopod Behavior* findet sich eine gute Beschreibung. Aus Roger Hanlons Laboratorium am Woods Hole Marine Biological Laboratory stammen zahlreiche weiterführende Artikel, siehe {www.mbl.edu/bell/current-faculty/hanlon}, Zugriff 10.01.2019. Für Einzelheiten zu den Chromatophoren siehe Leila Deravi u. a., »The Structure-Function Relationships of a Natural Nanoscale Photonic Device in Cuttlefish Chromatophores«, in: *Journal of the Royal Society Interface* 11, Nr. 93 (2014), {https://royalsocietypublishing.org/doi/full/10.1098/rsif.2013.0942.} Meine Skizze der Hautschichten ist angelehnt an eine Abbildung in diesem Text. Nicht alle Kopffüßer verfügen über den kompletten dreischichtigen Mechanismus, wie er hier abgebildet ist.

S. 143 *Diese eigentlich ausgeschlossene Annahme beruht ...*: Siehe Hanlon und Messenger, *Cephalopod Behaviour*, Box 2.1, S. 19.

S. 144 *Die ersten Teile wurden 2010 angeordnet ...*: Siehe Lydia Mäthger, Steven Roberts und Roger Hanlon, »Evidence for Distributed Light Sensing in the Skin of Cuttlefish, *Sepia officinalis*«, in: *Biology Letters* 6, Nr. 5 (2010), DOI 10.1098/rsbl.2010.0223.

S. 144 *Erstens ist es durchaus möglich ...*: Dieser erste Aufsatz stellte lediglich fest, dass die Gene für diese Moleküle in der Haut aktiv waren.

S. 145 *Ich hatte gerade eine Buchbesprechung abgeschickt ...*: Besprechung von *Cephalopod Cognition*, hg. von Darmaillacq, Dickel und Mather, erschienen in *Animal Behavior* 106 (2015), S. 145–147.

S. 145 *Der zusammen mit Todd Oakley verfasste Aufsatz legt zunächst dar ...*: Siehe M. Desmond Ramirez und Todd Oakley, »Eye-Independent, Light-Activated Chromatophore Expansion (LACE) and Expression of Phototransduction Genes in the Skin of *Octopus bimaculoides*«, in: *Journal of Experimental Biology* 218 (2015), S. 1513–1520.

S. 146 *Eine andere Möglichkeit wurde mir von dem Ökologen, Orchideenexperte und Künstler Lou Jost erläutert*: Zu finden auf meiner alten Website, {http://giantcuttlefish.com/?p=2274}, Zugriff 10.01.2016.

S. 147 *Wenn verschiedenfarbige Chromatophoren sich ausdehnen und kontrahieren …*: Kommt dieser Mechanismus zum Einsatz, wirkt sich die Ausdehnung eines roten Chromatophors weniger auf einfallendes Licht aus, als es die eines gelben tun würde. Dies bedeutet, dass das Licht mehr Rot enthält.

S. 149 *Doch sie entkam*: Die Tinte der Kopffüßer ist nicht nur ein dunkler Farbstoff. Sie enthält zudem Komponenten, die sich in verschiedener Weise auf die Nervensysteme der Fressfeinde auswirken können. Siehe Nixon und Young, *The Brains and Lives of Cephalopods*, New York 2003, S. 288.

S. 149 *Angenommen wird, dass der Farbwechsel bei Kopffüßern …*: In welchem Verhältnis Tarnung und Signalgebung zueinander stehen, wird ausführlich erörtert in Jennifer Mather, »Cephalopod Skin Displays: From Concealment to Communication«, in: D. Kimbrough Oller und Ulrike Griebel (Hg.) *Evolution of Communication Systems: A Comparative Approach*, Cambridge, MA 2004, S. 193-214.

S. 150 *Dies lässt sich besonders dramatisch an einer Stelle …*: Siehe Karina Hall und Roger Hanlon, »Principal Features of the Mating System of a Large Spawning Aggregation of the Giant Australian Cuttlefish *Sepia apama* (Mollusca: Cephalopoda)«, in: *Marine Biology* 140, Nr. 3 (2002), S. 533-545. Dabei ist ein komplexes Verhalten zu beobachten. Männchen, die nicht groß genug sind, um als Begattungspartner für Weibchen auftreten zu können, versuchen Weibchen zu verkörpern, um der Wachsamkeit eines Platzhirsch-Männchens zu entkommen und in die Nähe von Weibchen zu gelangen. Das gelingt ihnen recht häufig.

S. 153 *Eine andere Interpretation steht mit den weiter oben beschriebenen Spekulationen …*: Diese Hypothese wurde von Jane Sheldon aufgestellt.

S. 154 *Im Okavangodelta im afrikanischen Botswana lebende Paviane …*: Siehe Dorothy Cheney und Robert Seyfarth, *Baboon Metaphysics: The Evolution of a Social Mind*, Chicago 2007. Siehe auch Godfrey-Smith, »Primates, Cephalopods, and the Evolution of Communication«, in: Dorothy Cheney und Richard Seyfarth (Hg.), *The Social Origins of Language*, Princeton 2018, S. 102. Paviane verfügen neben ihren Rufen auch über eine Reihe von kommunikativen Gesten. Jennifer Mathers

Artikel »Cephalopod Skin Displays: From Concealment to Communication« erörtert zudem die ungewöhnlichen Sender-Empfänger-Verhältnisse bei den Zurschaustellungen der Kopffüßer.

S. 156 *Ausführlich dokumentiert wurde die Signalerzeugung ...*: Mehr zu der hier behandelten, interessanten Forschungsarbeit in Martin Moynihan und Arcadio Rodaniche, »The Behavior and Natural History of the Caribbean Reef Squid (*Sepioteuthis sepioidea*). With a Consideration of Social, Signal and Defensive Patterns for Difficult and Dangerous Environments«, in: *Advances in Ethology* 25 (1982), S. 1–151. Arcadio Rodaniche ist während der Fertigstellung des vorliegenden Buchs verstorben. Ich danke Denice Rodaniche, die mir im Hinblick auf die Geschichte von Moynihans und Rodaniches Arbeit geholfen hat.

S. 158 *Besagte Kalmare gehören zu den sozialsten Geschöpfen ...*: Die Ansammlung von Riesensepien in Whyalla ist ein weiteres Beispiel, auch wenn es nur zeitweise stattfindet – sie versammeln sich, um sich fortzupflanzen. Humboldt-Kalmare leben in großen Schwärmen. Sie sind, teils wegen ihrer Größe und teils weil sie aggressiv werden können, noch nicht sehr eingehend erforscht worden. Womöglich sind sie die aggressivsten Kopffüßer, die bislang bekannt sind. Auch Perlboote wurden bei Beobachtungen, die vor Kurzem durch Julian Finn vorgenommen wurden, in größeren Gruppen angetroffen.

S. 163 *In einer der berühmtesten Passagen der gesamten Philosophie ...*: Die Passage steht in David Humes 1739 veröffentlichtem Buch *A Treatise of Human Nature*. Hier in der Übersetzung von Theodor Lipp, Hamburg und Leipzig 1904: *Traktat über die menschliche Natur*, Buch I, Teil IV, Abschnitt VI, »Über persönliche Identität«.

S. 164 *Vielleicht gehörte Hume zu jenen Menschen ...*: Christopher Heavey und Russell Hurlburt haben festgestellt, dass das innere Sprechen bei einer Testgruppe von College-Studenten bis zu 26 Prozent des bewussten Wachlebens ausmacht. Zudem herrscht eine große Variationsbreite zwischen den einzelnen Individuen. Siehe Christopher Heavey und Russell Hurlburt, »The Phenomena of Inner Experience«, in: *Consciousness and Cognition* 17, Nr. 3 (2008), S. 798–810.

S. 165 *Annähernd zwei Jahrhunderte nach Hume bemerkte der amerikanische Philosoph John Dewey ...*: Der Kommentar findet sich in Kapitel 5 seines Buchs *Experience and Nature* Chicago 1925. Dt. *Erfahrung und Natur*, Frankfurt a. M. 1995.

S. 165 *Lew Wygotski wuchs als Sohn eines Bankiers im heutigen Weißrussland auf*: Wygotskis Buch *Denken und Sprechen* wurde 1934, im Todesjahr des Autors, postum veröffentlicht. Eine gekürzte deutsche Übersetzung ist 1964 im Akademie Verlag, Berlin erschienen. 2002 ist bei Beltz, Weinheim eine Neuübersetzung erschienen.

S. 166 *Nur einige wenige prominente Forscher wie Michael Tomasello würdigen seinen Einfluss …*: Bei dem (zurecht) berühmten Buch Tomasellos handelt es sich um *Die kulturelle Entwicklung des menschlichen Denkens. Zur Evolution der Kognition*, übers. von Jürgen Schröder, Frankfurt a. M. 2006. Andy Clark beruft sich auf Wygotski in seinem bahnbrechenden Buch *Being There: Putting Brain, Body, and World Together Again*, Cambridge, MA 1997.

S. 168 *In einer langen Reihe von Forschungen haben Nicola Clayton und andere Forscher …*: Einige Beispiele sind Joanna Dally, Nathan Emery und Nicola Clayton, »Food-Caching Western Scrub-Jays Keep Track of Who Was Watching When«, in: *Science* 312 (2006), S. 1662–1665; Clayton und Anthony Dickinson, »Episodic-like Memory During Cache Recovery by Scrub Jays«, in: *Nature* 395 (2001), S. 272–274.

S. 168 *Köhler war ein deutscher Psychologe …*: Siehe sein Buch *Intelligenzprüfungen an Menschenaffen*, Berlin und Heidelberg 1921, Nachdruck: Berlin 1973.

S. 169 *Als Zweites bezog er sich auf den bemerkenswerten Fall eines französisch-kanadischen Mönchs …*: Merlin Donalds Buch *Origins of the Modern Mind: Three Stages in the Evolution of Culture and Cognition*, Cambridge, MA 1991, ist, obwohl inzwischen veraltet, noch immer interessant. Zu dem Aufsatz zu Bruder John siehe André Roch Lecours und Yves Joanette, »Linguistic and Other Psychological Aspects of Paroxysmal Aphasia«, in: *Brain and Language* 10, Nr. 1 (1980), S. 1–23. Ich verwende hier die Vergangenheitsform, konnte aber nicht herausfinden, ob Bruder John noch am Leben ist.

S. 170 *Die extremen Ansichten zu dieser Frage rücken also in den Hintergrund …*: Peter Carruthers, »The Cognitive Functions of Language«, in: *Behavioral and Brain Sciences* 25, Nr. 6 (2002), S. 657–674, liefert einen guten Überblick; im Anschluss an den Artikel folgen Kommentare von Forschern, die alternative Sichtweisen bieten.

S. 170 *Es folgt ein Beispiel aus aktuellen Forschungen an Kleinkindern …*: Bei der Studie handelt es sich um Shilpa Mody und Susan Carey, »Evidence for the Emergence of Logical Reasoning by the Disjunctive Syllogism in Early Childhood«. Die Autorinnen stellten fest, dass Kinder unter drei Jahren eine Aufgabe, die die Anwendung eines Disjunktiven Syllogismus erfordert, nicht lösen konnten, Dreijährige aber schon. Sie merken zudem unter Bezug auf weitere Forschungen an, dass Kinder schon kurz nach ihrem zweiten Geburtstag das Wort »und« einsetzen, aber erst mit etwa drei Jahren das Wort »oder« verwenden. Mody und Carey interpretieren diesen Befund zurückhaltend und gehen nicht so weit zu behaupten, er belege, dass die Internalisierung dieses Aspekts der öffentlichen Sprache die Kinder zur Lösung der Aufgabe befähige. Ein bekanntes, in die gleiche Richtung weisendes Experiment ist von Linda Hermer und Elizabeth Spelke durchgeführt worden. Siehe »A Geometric Process for Spatial Reorientation in Young Children«, in: *Nature* 370 (1994), S. 57–59, ergänzende Forschungen und Schlussfolgrungen kommen zur Sprache in Spelke, »What Makes Us Smart: Core Knowledge and Natural Language«, in: Dedre Gentner und Susan Goldin-Meadow (Hg.), *Language in Mind: Advances in the Investigation of Language and Thought*, Cambridge, MA 2003. In dieser Arbeit wird die These aufgestellt, dass nur Menschen, die eine Sprache beherrschen, in der Lage sind, verschiedene Informationen miteinander zu kombinieren (etwa Geometrie und farbliche Fingerzeige), um sich in einem Raum zu orientieren, während Ratten und Kinder vor dem Spracherwerb dazu nicht imstande sind. Jüngere Forschungen haben jedoch gezeigt, dass die Aussagekraft dieser Experimente offenbar nicht so eindeutig ist wie gedacht. Hinsichtlich des Menschen siehe Kristin Ratliff und Nora Newcombe, »Is Language Necessary for Human Spatial Reorientation? Reconsidering Evidence from Dual Task Paradigms«, in: *Cognitive Psychology* 56 (2008), S. 142–163. Giorgio Vallortigara berichtet, dass Hühner die Aufgabe, mit der Ratten so viele Probleme haben, bewältigen können; siehe Vallortigara u. a., »Reorientation by Geometric and Landmark

Information in Environments of Different Size«, in: *Developmental Science* 8 (2005), S. 393-401.

S. 171 *Doch das folgende, auf der Arbeit mehrerer Forscher beruhende Modell* ...: Daniel Dennetts *Philosophie des menschlichen Bewusstseins*, Hamburg 1994, ist eine wichtige Quelle, was diese Sichtweise im Allgemeinen betrifft. Zur Idee, dass das innere Sprechen aus umfunktionierten Efferenzkopien entstanden ist, siehe Simon Jones und Charles Fernyhough, »Thought as Action: Inner Speech, Self-Monitoring, and Auditory Verbal Hallucinations«, in: *Consciousness and Cognition* 16, Nr. 2 (2007), S. 391-399. Peter Carruthers nimmt an, dass das innere Sprechen als eine Art innerer Rundfunk funktioniert und überlegtes, rationales Denken erleichtert; siehe Carruthers, »An Architecture for Dual Reasoning«, in: Jonathan Evans und Keith Frankish (Hg.), *In Two Minds: Dual Processes and Beyond*, Oxford und New York 2009. Siehe auch Charles Fernyhough, *Selbstgespräche. Von der Wissenschaft und Geschichte unserer inneren Stimmen*, München 2018. Einfluss auf mein Denken über das innere Sprechen hatte auch die Doktorarbeit von Kritika Yegnashankaran, »Reasoning as Action«, (Harvard University) 2010.

S. 171 *Diese vertrauten Tatsachen verknüpfe ich im Folgenden mit einem Konzept* ...: Über das Begriffsgerüst, aus dem dieses Konzept hervorging, später mehr. Eine gute Quelle ist der bereits zitierte Aufsatz von Merker, »The Liabilities of Mobility: A Selection Pressure for the Transition to Consciousness in Animal Evolution«, in: *Consciousness and Cognition* 14 (2005), S. 89-114; sowie Kalina Christoff u. a., »Specifying the Self for Cognitive Neuroscience«, in: *Trends in Cognitive Sciences* 15, Nr. 3 (2011), S. 104-112.

S. 172 *Die Idee der Efferenzkopie habe ich bereits, ohne den Begriff zu verwenden, in Kapitel 4 eingeführt* ...: Ich habe auch eines der Phänomene besprochen, zu deren Erklärung Efferenzkopien (wahrscheinlich) wichtig sind: die Wahrnehmungskonstanz. Wenn zum Beispiel die Augen hin und her springen (was sie routinemäßig tun), erscheinen die Objekte weiterhin stabil. Dies ist ein Aspekt aus der Reihe der Konstanzphänomene; ein anderer wäre die Fähigkeit, Veränderungen in den Lichtverhältnissen zu kompensieren, wobei Handlungen und Efferenzkopien keine Rolle spielen. Welche Rolle Efferenzkopien bei Konstanzphänomenen genau zukommt, wird noch erforscht. Siehe W. Pieter Medendorp, »Spatial Constancy Mechanisms in Motor Control«, in: *Philosophical Transactions of the Royal Society B* 366 (2011), DOI 20100089.

S. 174 *Sie ist, um auf die Terminologie von Daniel Kahneman und anderen Psychologen zurückzugreifen ...*: Kahnemans 2011 erschienenes Buch *Thinking, Fast and Slow* ist bereits ein Klassiker (dt. *Schnelles Denken, langsames Denken*, München 2018). Siehe auch die von Evans und Frankish herausgegebene Aufsatzsammlung *In Two Minds: Dual Processes and Beyond*. Dewey legte besonderen Wert auf das vorgestellte Probehandeln, insbesondere in seiner Theorie des moralischen Verhaltens.

S. 174 *Daniel Dennett hat, auf die schlingernden inneren Monologe in den Romanen von James Joyce verweisend ...*: Siehe sein Buch *Philosophie des Bewusstseins*. Dennett verwendet in seinem Modell die Efferenzkopie nicht. Er verbindet seine Darstellung des Ursprungs der *Joyce'schen Maschine* mit Richard Dawkins Konzept der Mem-Übertragung, einer Idee, der ich eher skeptisch gegenüberstehe. Siehe Dawkins, *Das egoistische Gen*, Berlin 1978.

S. 175 *In einem 2001 durchgeführten Experiment ...*: Siehe Harald Merckelbach und Vincent van de Ven, »Another White Christmas: Fantasy Proneness and Reports of ›Hallucinatory Experiences‹ in Undergraduate Students«, in: *Journal of Behavior Therapy and Experimental Psychiatry* 32, Nr. 3 (2001), S. 137–144.

S. 175 *In einer bahnbrechenden Arbeit aus den 1970er-Jahren lieferten die britischen Psychologen ...*: Siehe Alan Baddeley und Graham Hitch, »Working Memory«, in: Gordon H. Bower (Hg.), *The Psychology of Learning and Motivation*, Bd. VIII, Cambridge, MA 1974, S. 47–89.

S. 178 *Eine Version der Arbeitsraum-Theorie in zweiter Generation ...*: Siehe Stanislas Dehaene und Lionel Naccache, »Towards a Cognitive Neuroscience of Consciousness: Basic Evidence and a Workspace Framework«, in: *Cognition* 79 (2001), S. 1–37.

S. 179f. *Ein Phänomen, das anscheinend seit Langem mit dem Bewusstsein in Verbindung steht ...*: Siehe insbesondere die Arbeiten von David Rosenthal, etwa »Thinking That One Thinks«, in: Martin Davies und Glyn Humphreys (Hg.), *Consciousness: Psychological and Philosophical Essays*, Oxford 1993, S. 197–223.

S. 181 *Niemand weiß, wie alt die menschliche Sprache ist* …: Siehe William Tecumseh Fitch, *The Evolution of Language*, Cambridge, UK 2010.

S. 182 *Im Jahr 1950 führten die deutschen Biologen Erich von Holst und Horst Mittelstaedt* …: Siehe von Holst und Mittelstaedt, »Das Reafferenzprinzip. (Wechselwirkungen zwischen Zentralnervensystem und Peripherie)«, in: *Die Naturwissenschaften*, 37. Jahrgang, Nr. 20, 1950, S. 464ff. In einer Hinsicht ist die hier übernommene Terminologie nicht die beste. Die inneren Signale, die mit der Reafferenz zu tun haben, müssen nicht unbedingt Kopien im herkömmlichen Sinne des zu den Muskeln abgehenden Ausgangssignals sein. Was ich hier Efferenzkopie nenne, wird mitunter auch als *corollary discharge* (Parallelentladung) bezeichnet. Der Ausdruck »Entladung« ist neutraler als »Kopie«. Trinity Crapse und Marc Sommer treten in »Corollary Discharge Across the Animal Kingdom«, in: *Nature Reviews Neuroscience* 9 (2008), S. 587–600, dafür ein, Efferenzkopien als eine Art der Parallelentladung zu betrachten. Das ist vielleicht sogar eine gute Lösung. Im vorliegenden Buch möchte ich jedoch auf die Vorteile des gesamten von von Holst und Mittelstaedt eingeführten Systems von Unterscheidungen zurückgreifen: Afferenz versus Efferenz, Reafferenz versus Exafferenz und so weiter. Das Wort Kopie ist in diesem Begriffssystem zum Standard geworden, weshalb ich daran festhalte. Zunächst sind die betreffenden Phänomene im Zusammenhang mit dem Sehen untersucht worden; Vorformen der Hauptidee – die Notwendigkeit, die Reafferenz zu kompensieren, um eine uneindeutige Wahrnehmung aufzulösen – wurden bereits in Theorien des Sehens eingeführt, die auf das siebzehnte Jahrhundert zurückgehen. Eine interessante historische Skizze findet sich bei Otto-Joachim Grüsser, »Early Concepts on Efference Copy and Reafference«, in: *Behavioral and Brain Sciences* 17, Nr. 2 (1994), S. 262–265.

S. 184 *Doch Erinnerung dieser Art ist ein Kommunikationsphänomen*: Darauf gehe ich näher ein in dem Aufsatz »Sender-Receiver Systems Within and Between Organisms«, in: *Philosophy of Science* 81 (2014), S. 866–878.

S. 189 *Ein stumpfsinnig aussehender Fisch* …: Die Situation der Kopffüßer erinnert an Ridley Scotts Kinofilm *Blade Runner*, in dem eine Klasse künstlicher, aber menschenartiger sogenannter Replikanten so programmiert ist, dass sie nach nur vier Jahren sterben. (In *Träumen Androiden von elektrischen Schafen?*, dem Buch von Philip K. Dick, auf dem der Film basiert, ist der frühe Tod einer Panne geschuldet.) Anders als die Kopffüßer wissen die Replikanten aus *Blade Runner* um ihr Schicksal.

S. 189 *Und warum bleiben wir alle nicht länger am Leben?*: Die klassischen Arbeiten über die Evolution des Alterns, auf die ich mich im vorliegenden Kapitel beziehe, sind Peter Medawar, *An Unsolved Problem of Biology*, London 1952; George Williams, »Pleiotropy, Natural Selection, and the Evolution of Senescence«, in: *Evolution* 11, Nr. 4 (1957), S. 398–411; William Hamilton, »The Moulding of Senescence by Natural Selection«, in: *Journal of Theoretical Biology* 12, Nr. 1 (1966), S. 12–45. Eine gute Übersicht über die Entwicklung der Evolutionstheorie des Alterns findet sich in Michael Rose u. a., »Evolution of Ageing since Darwin«, in: *Journal of Genetics* 87 (2008), S. 363–371. Eine Theorie des Alterns, die ich hier nicht explizit besprochen habe, ist die *disposable soma*-Theorie (Wegwerfkörpertheorie). Ich betrachte sie als Variante von Williams' Theorie. Sie findet sich besprochen in Thomas Kirkwood, »Understanding the Odd Science of Aging«, in: *Cell* 120, Nr. 4 (2005), S. 437–447, ein Text, der auch insgesamt einen guten Überblick über das Thema gibt.

S. 199 *Hamilton starb im Jahr 2000 …*: Das nachfolgende Zitat stammt aus Hamilton »My Intended Burial and Why«, in: *Ethology Ecology and Evolution* 12, Nr. 2 (2000), S. 111–122. Für Weiteres von diesem bemerkenswerten Denker siehe *Narrow Roads of Gene Land: The Collected Papers of W. D. Hamilton*, Vol. 1: *Evolution of Social Behaviour*, Oxford und New York 1996. Schlussendlich wurde er in der Nähe von Oxford begraben; auf einer nahegelegenen Bank vermerkte eine Inschrift seiner Partnerin, dass er mit der Zeit, von einem Regentropfen getragen, das Amazonasgebiet erreichen würde.

S. 199 *Mit der Evolutionstheorie des Alterns haben wir eine Erklärung …*: Diese Theorie gibt keine genaue Auskunft darüber, auf welche Art der altersbedingte Zusammenbruch stattfindet, sie sagt aber, wie Williams anmerkte, voraus, dass sich mit dem Älterwerden zahlreiche Probleme einstellen werden. Noch sind die Biologen dabei, die allgemeinen Mechanismen zu erforschen, durch die der Verfall – sei es bei

Säugetieren, sei es bei anderen Organismen – eintritt. Bestimmte Hypothesen postulieren, dass eine einzige verbreitete Ursache des Verfalls nicht ausreichen dürfte, und widersprechen damit der hier beschriebenen Evolutionstheorie des Alterns. Mitunter erweist es sich als schwierig festzustellen, welche Theorien einander widersprechen oder sich ergänzen. Eine aktuellere Studie der Altersprozesse bietet Darren Baker u. a., »Naturally Occurring $p16^{Ink4a}$-Positive Cells Shorten Healthy Lifespan«, in: *Nature* 530 (2016), S. 184–189.

S. 200 *Weibliche Kraken stellen einen extremen Fall von Semelparität dar …*: Siehe Jennifer Mather, »Behaviour Development: A Cephalopod Perspective«, in: *International Journal of Comparative Psychology* 19, Nr. 1 (2006), S. 98–115.

S. 200 *Bei den Kraken gibt es zumindest eine Ausnahme*: Siehe Roy Caldwell, Richard Ross, Arcadio Rodaniche und Christine Huffard, »Behavior and Body Patterns of the Larger Pacific Striped Octopus«, in: *PLoS One* 10, Nr. 8 (2015), Artikel e0134152. In dem Text wird der Krake nicht wie in früheren Studien als iteropar beschrieben: »LPSO [die untersuchte Spezies] lässt sich mit einer einzigen länger dauernden Zeit der Eiablage wohl besser als ›ständig laichend‹ beschreiben und nicht als ›iteropar‹, was zahlreiche klar voneinander geschiedene Phasen der Eiablage voraussetzen würde.«

S. 202 *Dann wurden die Schalen aufgegeben*: Siehe Kröger, Vinther und Fuchs, »Cephalopod Origin and Evolution: A Congruent Picture Emerging from Fossils, Development and Molecules«, in: *BioEssays* 33 (2011), S. 602–613.

S. 204 *Im Jahre 2007 inspizierten die Forscher …*: Siehe Bruce Robison, Brad Seibel und Jeffrey Drazen, »Deep-Sea Octopus (*Graneledone boreopacifica*) Conducts the Longest-Known Egg-Brooding Period of Any Animal«, in: *PLoS One* 9, Nr. 7 (2014), Artikel e103437.

S. 205 *Die Evolution hat ihre Lebenszeit daher anders eingestellt*: Eine andere Ausnahme von der Regel, dass Kopffüßer nur ein kurzes Leben haben, ist wahrscheinlich der Vampirtintenfisch. Ungeachtet des Namens handelt es sich nicht um ein sonderlich Furcht einflößendes Tier. Über das Leben dieser Kreaturen ist so wenig bekannt, dass Henk-Jan Hoving, ein holländischer Wissenschaftler, mit ein paar Kollegen kürzlich damit begonnen hat, alte, in staubigen Flaschen konservierte Labor-Exemplare zu untersuchen, um wenigsten einige Anhaltspunkte zu bekommen. Dabei stießen sie auf Belege, dass, anders als bei fast allen Kopffüßern, die Weibchen des Vampirtintenfischs mehrere, durch beträchtliche Zeitabstände getrennte Reproduktionszyklen durchlaufen. Sie gehen davon aus, dass diese Zyklen über zwanzig Mal wiederholt werden. Wenn dies zutrifft, muss die Art eine sehr lange Lebenserwartung haben. Auch die Vampirtintenfische leben in der Kälte der Tiefsee und der damit verbundenen metabolischen Verlangsamung. Befunde, mit denen sich direkt auf das Risiko, zur Beute zu werden, schließen ließe, existieren keine. Siehe Henk-Jan Hoving, Vladimir Laptikhovsky und Bruce Robison, »Vampire Squid Reproductive Strategy Is Unique among Coleoid Cephalopods«, in: *Current Biology* 25, Nr. 8 (2015), S. R322-323.

S. 205 *All dies zusammengenommen ...*: In einer Hinsicht ist die Art, in der ich die Frage des Alterns von Kopffüßern behandle, ziemlich unorthodox. Ich beziehe mich zwar auf gängige Theorien (Medawar, Williams usw.), doch einige Zeit galten Kraken gerade im Hinblick auf diese Theorien als Problemfall. Und dies, weil es für viele Menschen so aussah, als seien Kraken programmiert, zu einem bestimmten Zeitpunkt zu sterben. Ihr Zerfall schien methodisch und geplant, Begriffe, die im Zusammenhang mit der kurzen Lebenszeit der Kraken häufig angeführt wurden. Wenn Fälle aufgelistet wurden, die der Medawar-Williams-Theorie entgegenstehen könnten, waren Kraken stets ganz weit oben angesiedelt. In der Sicht Medawars und Williams' geschah der altersbedingte Zerfall *nicht* vorgeplant, doch Kraken machen genau diesen Eindruck. Diese Auffassung wird untermauert durch eine Studie aus dem Jahr 1977 zur physiologischen Grundlage der Seneszenz von Kraken. Siehe Jerome Wodinsky, »Hormonal Inhibition of Feeding and Death in Octopus: Control by Optic Gland Secretion«, in: *Science* 198 (1977), S. 948-951. In dem Aufsatz wird angeführt, dass bei der Art *Octopus hummelincki* der Tod von Ausscheidungen der Augendrüsen verursacht würde. Würden diese Drüsen entfernt, lebten Kraken beiderlei Geschlechts länger und verhielten sich auch anders. In Wodinskys Interpretation: »Der Krake verfügt offenbar über ein spezifisches

›Selbstzerstörungs‹-System.« Warum aber sollte er dergleichen aufweisen? In einer Fußnote liefert Wodinsky eine Hypothese dazu: »Bei beiden Geschlechtern wird durch einen solchen Mechanismus garantiert, dass alte, große, räuberische Individuen ausgemerzt werden; dies stellt ein äußerst effektives Mittel zur Populationskontrolle dar.« Wenn diese Aussage zur Populationskontrolle als Erklärung gedacht ist, warum es den Sterbemechanismus überhaupt gibt, dann steht sie offensichtlich im Widerspruch mit den allgemeinen Evolutionsprinzipien, auf die ich mich am Anfang des Kapitels beziehe. Angenommen, es würde ein mutiertes Individuum entstehen, das länger zu leben hätte und es somit zu ein paar zusätzlichen Paarungen käme. Der Umstand, dass dies die Population schädigen würde, wird nicht verhindern, dass diese Mutation sich verbreitet. Maßnahmen zur Populationskontrolle können von Trittbrettfahrern leicht in ihr Gegenteil verkehrt werden. Justin Werfel, Donald Ingber und Yaneer Bar-Yam gehen in ihrem Modellentwurf davon aus, dass die Evolution eines programmierten Tods, wie er häufig mit Kraken assoziiert wird, möglich ist. Der Titel der Abhandlung lautet »Programmed Death Is Favored by Natural Selection in Spatial Systems«, in: *Physical Review Letters* 114 (2015), Artikel 238103. In dem der Schrift zugrunde liegenden Modell ist Reproduktion und Verbreitung jedoch eine lokale Angelegenheit: Der Nachwuchs wächst in der Regel in der Nähe auf und siedelt sich dort an. Das kann womöglich Konkurrenzprobleme innerhalb einer Familie verursachen (der Nachwuchs und vielleicht der Nachwuchs in der zweiten Generation konkurrieren um die gleichen örtlichen Ressourcen). Seit den 1980er-Jahren hat sich in einer Reihe von Modellen gezeigt, dass diese Situation – vergleichbar mit dem sprichwörtlichen Apfel, der nicht weit vom Stamm fällt – besondere evolutionäre Folgen haben kann. Kraken pflanzen sich aber nicht auf diese Weise fort. Wenn die Larve aus dem Ei schlüpft, wird sie Teil des Planktons und treibt davon; wenn sie überlebt, siedelt sie sich irgendwo auf dem Meeresboden an. Benjamin Kerr und ich haben ein Modell für kooperatives Verhalten in solchen Fällen entwickelt. Siehe Godfrey-Smith und Kerr, »Selection in Ephemeral Networks«, in: *American Naturalist* 174, Nr. 6 (2009), S. 906–911. Wie jedermann weiß, haben Krakenlarven keine Möglichkeit, sich in dem Gebiet anzusiedeln, in dem auch die Mutter gelebt hat. Wäre dies gleichwohl möglich (etwa durch eine Art chemische Rückverfolgung), würde es eine Reihe interessanter Konsequenzen mit sich bringen, darunter auch die Möglichkeit zur Kooperation und zu reproduktiver Zurückhaltung. Meines Erachtens nach ist das Sterben der Kraken jedoch weniger programmiert, als es scheint, und stellt eine extreme Manifestation der von der Medawar-Williams-Theorie behandelten Phänomene dar. (Siehe den zitierten Aufsatz von Kirkwood, der weitere Argumente dieser Art lieferte, jedoch nicht speziell auf den Oktopus bezogen war.) Auch in der Schrift von Wodinsky finden sich ein paar Hinweise. Die Entfernung der Augendrüsen verursacht verschiedene Verhaltensveränderungen sowie eine verzögerte Seneszenz (»Werden diese Drüsen nach der Eiablage entfernt, hört das Weibchen mit der Bewachung ihrer Eier auf, fängt wieder zu fressen an, nimmt an Gewicht zu und lebt noch längere Zeit.«). Diese Drüsen dürften für die Seneszenz an sich nicht verantwortlich sein, sondern für ein Verhaltensprofil und eine physiologische Disposition mit der Seneszenz als Begleiterscheinung. Demnach sind die Kopffüßer einerseits ein gutes Beispiel für die Evolutionstheorie des Alterns: Ihr Risiko, Räubern zum Opfer zu fallen, ist hoch, und ihre Lebensspanne ist äußerst kurz. Andererseits taugen sie dazu nur schlecht: Ihr Verfall scheint zu regulär, zu programmiert abzulaufen. Vielleicht unterschlägt die Geschichte, die ich hier erzählt habe, einen wichtigen Punkt, denn besonders bei männlichen Kraken, die keine Brutpflege der Eier betreiben, wirkt der plötzliche Niedergang seltsam. Dass damit eine Art Populationskontrolle vorliegt, ist eher unwahrscheinlich, und ich glaube, es wird sich herausstellen, dass sich auch bei Kraken die Medawar-Williams-Theorie bewahrheitet.

S. 211 *Der häufigste Ort, an dem ich heutzutage Kraken beobachte ...*: Eine erste Übersicht der ungewöhnlichen Merkmale des Octopolis-Areals bietet Godfrey-Smith und Lawrence, »Long-Term High-Density Occupation of a Site by *Octopus tetricus* and Possible Site Modification Due to Foraging Behavior«, in: *Marine and Freshwater Behaviour and Physiology* 45 (2012), S. 1–8. Das Areal unterliegt beständigem Wandel. Aktualisierungen finden sich auf der Webseite {Metazoan.net}, Zugriff 11.01.2019.

S. 211 *Berichte von Kraken, die gehäuft an einer Stelle zusammenkommen ...*: In einen unserer Texte haben wir eine Tabelle eingefügt, die frühere Berichte von gehäuftem Vorkommen und sozialem Verhalten von Kraken in Kategorien unterteilt. Siehe Tabelle 1 in Scheel, Godfrey-Smith und Lawrence, »Signal Use by Octopuses in Agonistic Interactions«, in: *Current Biology* 26, Nr. 3 (2016), S. 377-382.

S. 213 *Soweit zu urteilen ist, weist ihr Verhalten ...*: Völlige Sicherheit haben wir darin nicht, denn die Kameras selbst stellen eine zeitweilige Veränderung ihrer Umgebung dar. Die Kameras stehen häufig in unmittelbarer Nähe der Tiere auf dreibeinigen Stativen. Manchmal wird ein Apparat von einem Kraken attackiert. Die meiste Zeit, so unser Eindruck, unterscheiden sich die auf Video in Abwesenheit von Tauchern aufgenommenen Aktivitäten nicht signifikant von den Geschehnissen in Anwesenheit von Tauchern, und die Kraken schenken auch den Kameras die meiste Zeit keine Aufmerksamkeit. Aber völlig sicher kann man sich nicht sein.

S. 213 *Während seines Studiums hatte David Löwen in Afrika erforscht*: Siehe zum Beispiel Scheel und Packer, »Group Hunting Behavior of Lions: A Search for Cooperation«, in: *Animal Behaviour* 41, Nr. 4 (1991), S. 697-709.

S. 215 *Bisweilen filmte eine unserer autonomen Kameras einen Kraken ...*: Ich bin mir nicht sicher, was diese Fälle anbelangt, denn es könnte sich ein Krake auch außerhalb des Sichtfelds befinden (hinter der Kamera). Oder die Kamera könnte zu einem entsprechenden Verhalten veranlassen.

S. 216 *Manchmal wird er sogar seinen Mantel ...*: Der Gegenstand im Hintergrund ist eine unserer Videokameras auf einem dreibeinigen Stativ. Es handelt sich um ein hohes Stativ, das wir erst seit Kurzem an einer bestimmten Stelle einsetzen. Die anderen Dreibeiner sind niedriger und fallen weniger ins Auge.

S. 217 *Er stellte fest, dass sich aus der Dunkelheit der Hautfarbe ...*: Siehe Scheel, Godfrey-Smith und Lawrence, »Signal Use by Octopuses in Agonistic Interactions«.

S. 218 *Ich habe eine Künstlerin mit der Anfertigung einer Zeichnung beauftragt ...*: Die Zeichnung stammt aus der Hand von Eliza Jewett. Eine

Variante dieser Abbildung ist auch erschienen in: Scheel, Godfrey-Smith und Lawrence, »Signal Use by Octopuses in Agonistic Interactions«.

S. 218 *1982 meldeten Martin Moynihan und Arcadio Rodaniche die Entdeckung …*: Es handelt sich um die in Kapitel 5 besprochene Abhandlung »The Behavior and Natural History of the Caribbean Reef Squid (*Sepioteuthis sepioidea*). With a Consideration of Social, Signal and Defensive Patterns for Difficult and Dangerous Environments«, in: *Advances in Ethology* 25 (1982), S. 1–151.

S. 219 *In dem Aufsatz von Caldwell, Ross und Kollegen …*: Siehe Caldwell u. a., »Behavior and Body Patterns of the Larger Pacific Striped Octopus«, in *PLoS One* 10 (2015), Artikel e0134152.

S. 224 *In unserer zweiten Studie zu dem Areal …*: Siehe Scheel, Godfrey-Smith und Lawrence, »*Octopus tetricus* (Mollusca: Cephalopoda) as an Ecosystem Engineer«, in: *Scientia Marina* 78, Nr. 4 (2014), S. 521–528.

S. 224 *Aus einer 2011 durchgeführten Studie …*: Siehe Elena Tricarico u. a., »I Know My Neighbour: Individual Recognition in *Octopus vulgaris*«, in: *PLoS One* 6, Nr. 4 (2011), Artikel e18710.

S. 224 *1992 behauptete eine eher umstrittene Studie*: Siehe Graziano Fiorito und Pietro Scotto, »Observational Learning in *Octopus vulgaris*«, in: *Science* 256 (1992), S. 545–547.

S. 228 *Der gemeinsame Vorfahr von Vögeln und Menschen …*: Siehe Richard Dawkins, *Geschichten vom Ursprung des Lebens. Eine Zeitreise auf Darwins Spuren*, Berlin 2008.

S. 228 *In einem berühmt gewordenen Aufsatz stellte Andrew Packard 1972 die These auf …*: Siehe ders., »Cephalopods and Fish: The Limits of Convergence«, in: *Biological Reviews* 47, Nr. 2 (1972), S. 241–307. Siehe auch Frank Grasso und Jennifer Basil, »The Evolution of Flexible Behavioral Repertoires in Cephalopod Molluscs«, in: *Brain, Behavior and Evolution* 74, Nr. 3 (2009), S. 231–245.

S. 229 *Demnach lebte der letzte gemeinsame Vorfahr von Kraken, Sepien und Kalmaren …*: Auch hier beziehe ich mich wieder auf Kröger, Vinther und Fuchs, »Cephalopod Origin and Evolution: A Congruent Picture Emerging from Fossils, Development and Molecules«, in: *Bioessays* 33 (2011), S. 602–613. Wo die *Vampyromorpha*, die Vampirtintenfische genau einzuordnen sind, ist noch unklar.

S. 230 *Es wird zwar bereits eine Konkurrenz zwischen Kopffüßern und Fischen gegeben haben ...*: Seit Packard hat nicht nur der Ursprung der Kopffüßer eine andere Datierung erfahren; Ähnliches ist auch bei den Fischen geschehen. Die Fische, in denen er Konkurrenten der Kopffüßer sah, haben sich nach heutiger Erkenntnis früher entwickelt, als er noch dachte, vielleicht im Perm, was in etwa der neuen Datierung für den letzten gemeinsamen Vorfahren der Coleoidea entspricht. Siehe Thomas Near u. a., »Resolution of Ray-Finned Fish Phylogeny and Timing of Diversification«, in: *Proceedings of the National Academy of Sciences* 109, Nr. 34 (2012), S. 13698–13703.

S. 230 *2015 ist das erste Krakengenom sequenziert worden*: Siehe Caroline Albertin u. a., »The Octopus Genome and the Evolution of Cephalopod Neural and Morphological Novelties«, in: *Nature* 524 (2015), S. 220–224.

S. 231 *Als Beispiel sei eine Studie genannt ...*: Siehe Christelle Jozet-Alves, Marion Bertin und Nicola Clayton, »Evidence of Episodic-like Memory in Cuttlefish«, in: *Current Biology* 23, Nr. 23 (2013), S. R1033–1035. Die Vogel-Studie, die ihrer Forschung als Modell diente, ist oben bereits zitiert worden: Clayton und Dickinson, »Episodic-like Memory During Cache Recovery by Scrub Jays«, in: *Nature* 395 (2001), S. 272–274.

S. 235 *2002 dann wurde eine kleine Bucht zu einem Meeresschutzgebiet erklärt ...*: Das Schutzgebiet liegt in der Cabbage Tree Bay, im Norden Sydneys.

S. 236 *In den Fünfzigerjahren jenes Jahrhunderts ...*: Hierfür habe ich besonders herangezogen das Buch von Charles Clover, *The End of the Line. How Overfishing Is Changing the World and What We Eat*, New York 2006. Alanna Mitchells, *Sea Sick: The Global Ocean in Crisis*, Toronto 2009, ist eine ähnlich alarmierende Lektüre. Ein kürzerer, sehr guter Text (auch er alarmierend) ist Elizabeth Kolbert, »The Scales Fall«, in: *The New Yorker*, 2. August 2010. Huxley hat seine Rede 1883 anlässlich der Fischerei-Ausstellung in London gehalten. Clover sagt dazu: »Durch eine andere parlamentarische Untersuchung, der der kränkelnde Huxley noch angehörte, wurde diese Schlussfolgerung innerhalb eines Jahrzehnts umgestoßen.«

S. 236 *Innerhalb weniger Jahrzehnte standen viele der Fischereien ...*: Beim Kabeljau hatte, als Huxley seine Rede 1883 hielt, offensichtlich der Niedergang bereits eingesetzt. Er beschleunigte sich, stoppte jedoch während des Ersten Weltkriegs. Nach dem Krieg waren die Kablejaubestände schwankend, fielen aber tendenziell. 1992 dann brach die Fischerei auf der kanadischen Seite des Atlantiks völlig zusammen. Aus dem Jahr 2015 stammende Daten legen indes nahe, dass es dem Fisch dank Fischereibeschränkungen wieder besser geht. (»Cod Make a Comeback ...«, in: *New Scientist*, 8. Juli 2015).

S. 237 *Ein Beispiel ist die Versauerung*: Zur Versauerung der Ozeane und ihre Auswirkung auf Kopffüßer habe ich nicht viel gefunden. Ziemliche besorgniserregende Erhebungen werden besprochen bei H. O. Pörtner u. a., »Effects of Ocean Acidification on Nektonic Organisms«, in: J.-P. Gattuso und L. Hansson (Hg.), *Ocean Acidification*, Oxford 2011. Roger Hanlon sagt, dass Kopffüßer zwar mit schmutzigem Wasser aller Art zurechtkommen, aufgrund ihrer speziellen Blutchemie gleichwohl sehr empfindlich auf den Säuregrad (pH-Wert) reagieren, und dass die Versauerung eine ernsthafte Bedrohung für sie darstellt. Zitiert in Katherine Harmon Courage, *Octopus! The Most Mysterious Creature in the Sea*, New York 2013, S. 70 und 213.

S. 238 *Als ich Barron fragte ...*: Für eine ausführliche Darstellung dieser Ideen siehe Andrew Barron, »Death of the Bee Hive: Understanding the Failure of an Insect Society«, in: *Current Opinion in Insect Science* 10 (2015), S. 45–50.

S. 239 *Vielerorts in den Weltmeeren gibt es Totzonen ...*: Siehe Alanna Mitchell, *Sea Sick: The Global Ocean in Crisis*, 2009 und für eine zusammenfassende Darstellung, »What Causes Ocean ›Dead Zones‹?«, in: *Scientific American*, 25. September 2102, {www.scientificamerican.com/article/ocean-dead-zones}, Zugriff 11.01.2019. Mitchells Buch zufolge hat sich die Anzahl solcher Zonen seit 1960 alle zehn Jahre verdoppelt.

Sachregister

Matthes & Seitz Berlin · Paperback · 055

Erste Auflage dieser Ausgabe 2024

MSB Matthes & Seitz Berlin Verlagsgesellschaft mbH
Großbeerenstr. 57A, 10965 Berlin
info@matthes-seitz-berlin.de

Umschlaggestaltung: Pauline Altmann, Palingen
Satz: Tom Mrazauskas, Berlin
Druck und Bindung: GGP Media GmbH, Pößneck
ISBN 978-3-7518-4509-0
www.matthes-seitz-berlin.de